煤矿企业全面安全体检工作指南

国家安全生产监督管理总局信息研究院　组织编写

煤 炭 工 业 出 版 社

·北　　京·

内 容 提 要

本书共分七个部分，包括正常生产煤矿安全体检指南、正常建设（新建、改扩建、技术改造、兼并重组）煤矿安全体检指南、责令停产停建整改煤矿安全体检指南、长期停产停建煤矿安全体检指南、列入退出规划（计划）尚未停产的煤矿安全体检指南、煤矿上一级企业安全体检指南、煤矿企业全面安全体检报告编写指南等内容。每个体检项目分为体检内容、法规依据、相应处罚、知识链接，充分展示体检工作“干什么、怎么干，干的依据是什么，干不好会有什么处罚”。

本书为煤矿全面安全体检专项工作的参考用书。本书可供各煤矿企业相关人员，以及各级安监人员、煤监人员参考使用。

本书编委会

前　言

习近平总书记对安全生产工作做出重要指示："必须坚决遏制重特大事故频发势头，对易发重特大事故的行业领域采取风险分级管控、隐患排查治理双重预防性工作机制，推动安全生产关口前移，加强应急救援工作，最大限度减少人员伤亡和财产损失。"为认真贯彻落实习近平总书记、李克强总理等党中央、国务院领导同志关于安全生产一系列重要指示批示精神，针对煤矿安全生产面临的复杂严峻形势和不断出现的新情况新动向，国家安全监管总局、国家煤矿安监局于2017年2月20日下发《关于开展煤矿全面安全体检专项工作的通知》（安监总煤监〔2017〕11号），决定开展煤矿全面安全"体检"专项工作，围绕查大系统、治大灾害、除大隐患、防大事故，组织专家摸清煤矿基本情况，查找薄弱环节和突出问题，抓紧治理安全隐患，严惩违法违规行为，推进分类分级监管监察，提高执法工作的针对性和实效性，有效防范遏制煤矿重特大事故。该项工作从2017年3月开始，持续到2017年年底，安全体检对象为全国所有煤矿及其上一级公司。内容将涵盖正常生产煤矿、正常建设（新建、改扩建、技术改造、兼并重组）煤矿、责令停产停建整改煤矿、长期停产停建煤矿、列入淘汰落后、化解过剩产能退出规划（计划）尚未停产的煤矿以及煤矿上一级公司。

全国煤矿企业开展全面安全"体检"工作，是坚决遏制煤矿重特大事故的迫切需要，是强化监管监察执法工作的重要手段。煤矿企业也应以此为契机，用好体检成果，结合新发布的《煤矿安全生产标准化基本要求及评分方法》（试行），构建煤矿安全风险分级管控、事故隐患排查治理双重预防性工作机制，对发现的重大隐患和问题要依法依规严格处罚和整改，确保煤矿安全生产的健康发展。

为配合安全体检工作的顺利进行，服务煤炭行业，特组织编写《煤矿企业全面安全体检工作指南》。本书可以作为煤矿全面安全体检专项工作的参考用书，可供各煤矿企业相关人员，以及各级安监人员、煤监人员参考使用。全书共分七个部分，包括正常生产煤矿安全体检工作指南、正常建设（新建、改扩建、技术改造、兼并重组）煤矿安全体检工作指南、责令停产停建整改煤矿安全体检工作指南、长期停产停建煤矿安全体检工作指南、列入退出规划（计划）尚未停产的煤矿安全体检工作指南、煤矿上一级企业安全体检工作指南、煤矿企业全面安全体检报告编写指南等内容。每个体检项目分为体检内容、法规依据、相应处罚、知识链接，充分展示体检工作“干什么、怎么干，干的依据是什么，干不好会有什么处罚”。书中“法规依据”模块内的体例与图表仍采用法规原文样式，不做变动。

由于编写时间和作者水平所限，涉及法律、法规、标准和规范众多，书中难免存在疏漏和不足之处，敬请广大读者予以批评指正。

编　者

2017 年 3 月

目　　次

第一部分　正常生产煤矿安全体检工作指南

一、证照情况

1. 安全生产许可证

【体检内容】

取得安全生产许可证，并在有效期内。主要负责人、隶属关系、企业名称变更后以及改（扩）建工程验收合格后，及时变更安全生产许可证。

【法规依据】

1）《国务院关于预防煤矿生产安全事故的特别规定》（以下简称《特别规定》）

第五条第一款　煤矿未依法取得采矿许可证、安全生产许可证、煤炭生产许可证、营业执照和矿长未依法取得矿长资格证、矿长安全资格证的，煤矿不得从事生产。擅自从事生产的，属非法煤矿。

2）《煤矿企业安全生产许可证实施办法》

第二条　煤矿企业必须依照本实施办法的规定取得安全生产许可证。未取得安全生产许可证的，不得从事生产活动。

3）《煤矿企业安全生产许可证实施办法》

第十七条　安全生产许可证的有效期为3年。安全生产许可证有效期满需要延期的，煤矿企业应当于期满前3个月按照本实施办法第十条的规定，向原安全生产许可证颁发管理机关提出延期申请，并提交本实施办法第十一条规定的文件、资料和安全生产许可证正本、副本。

按照《煤矿企业安全生产许可证实施办法》第二十条、第二十一条的规定，及时变更安全生产许可证。

第二十条　煤矿企业在安全生产许可证有效期内有下列情形之一的，应当向原安全生产许可证颁发管理机关申请变更安全生产许可证：

（一）变更主要负责人的；

（二）变更隶属关系的；

（三）变更经济类型的；

（四）变更煤矿企业名称的；

（五）煤矿改建、扩建工程经验收合格的。

变更本条第一款第一、二、三、四项的，自工商营业执照变更之日起10个工作日内提出申请；变更本条第一款第五项的，应当在改建、扩建工程验收合格后10个工作日内提出申请。

申请变更本条第一款第一项的，应提供变更后的工商营业执照副本和主要负责人任命文件（或者聘书）；申请变更本条第一款第二、三、四项的，应提供变更后的工商营业执照副本；申请变更本条第一款第五项的，应提供改建、扩建工程安全设施及条件竣工验收合格的证明材料。

第二十一条　对于本实施办法第二十条第一款第一、二、三、四项的变更申请，安全生产许可证颁发管理机关在对申请人提交的相关文件、资料审核后，即可办理安全生产许可证变更。

对于本实施办法第二十条第一款第五项的变更申请，安全生产许可证颁发管理机关应当按照本实施办法第十四条、第十五条的规定办理安全生产许可证变更。

【相应处罚】

《特别规定》第五条第二款：一经发现煤矿无证照或者证照不全从事生产的，应当责令该煤矿立即停止生产，没收违法所得和开采出的煤炭以及采掘设备，并处违法所得1倍以上5倍以下的罚款；构成犯罪的，依法追究刑事责任；同时于2日内提请当地县级以上地方人民政府予以关闭，并可以向上一级地方人民政府报告。或者依据《煤矿企业安全生产许可证实施办法》第四十条第一项：责令停止生产，没收违法所得，并处10万元以上50万元以下罚款；构成犯罪的，依法追究刑事责任；

《煤矿企业安全生产许可证实施办法》第四十二条：在安全生产许可证有效期内，主要负责人、隶属关系、经济类型、煤矿企业名称发生变化，未按本实施办法申请办理变更手续的，责令限期补办变更手续，并处1万元以上3万元以下罚款。

改建、扩建工程已经验收合格，未按本实施办法规定申请办理变更手续擅自投入生产的，责令停止生产，限期补办变更手续，并处1万元以上3万元以下罚款；逾期仍不办理变更手续，继续进行生产的，依照本实施办法第四十条的规定处罚。

2. 采矿许可证

【体检内容】

取得采矿许可证，并在有效期内。

【法规依据】

1）《特别规定》

第五条第一款　煤矿未依法取得采矿许可证、安全生产许可证、煤炭生产许可证、营业执照和矿长未依法取得矿长资格证、矿长安全资格证的，煤矿不得从事生产。擅自从事生产的，属非法煤矿。

2)《矿产资源开采登记管理办法》

第七条 采矿许可证有效期，按照矿山建设规模确定：大型以上的，采矿许可证有效期最长为30年；中型的，采矿许可证有效期最长为20年；小型的，采矿许可证有效期最长为10年。采矿许可证有效期满，需要继续采矿的，采矿权人应当在采矿许可证有效期届满的30日前，到登记管理机关办理延续登记手续。

采矿权人逾期不办理延续登记手续的，采矿许可证自行废止。

第十五条 有下列情形之一的，采矿权人应当在采矿许可证有效期内，向登记管理机关申请变更登记：

（一）变更矿区范围的；

（二）变更主要开采矿种的；

（三）变更开采方式的；

（四）变更矿山企业名称的；

（五）经依法批准转让采矿权的。

【相应处罚】

《特别规定》第五条第二款：一经发现煤矿无证照或者证照不全从事生产的，应当责令该煤矿立即停止生产，没收违法所得和开采出的煤炭以及采掘设备，并处违法所得1倍以上5倍以下的罚款；构成犯罪的，依法追究刑事责任；同时于2日内提请当地县级以上地方人民政府予以关闭，并可以向上一级地方人民政府报告。

《矿产资源开采登记管理办法》第二十二条：违反本办法规定，不办理采矿许可证变更登记或者注销登记手续的，由登记管理机关责令限期改正；逾期不改正的，由原发证机关吊销采矿许可证。

3. 主要负责人安全生产知识和管理能力考核合格证

【体检内容】

主要负责人取得安全生产知识和管理能力考核合格证，符合《安全生产法》第二十四条、《煤矿安全规程》第九条的规定。

【法规依据】

1)《安全生产法》

第二十四条 生产经营单位的主要负责人和安全生产管理人员必须具备与本单位所从事的生产经营活动相应的安全生产知识和管理能力。

危险物品的生产、经营、储存单位以及矿山、金属冶炼、建筑施工、道路运输单位的主要负责人和安全生产管理人员，应当由主管的负有安全生产监督管理职责的部门对其安全生产知识和管理能力考核合格。考核不得收费。

2）《煤矿安全规程》

第九条第二款　主要负责人和安全生产管理人员必须具备煤矿安全生产知识和管理能力，并经考核合格。特种作业人员必须按国家有关规定培训合格，取得资格证书，方可上岗作业。

【相应处罚】

《安全生产法》第九十四条第二项：危险物品的生产、经营、储存单位以及矿山、金属冶炼、建筑施工、道路运输单位的主要负责人和安全生产管理人员未按照规定经考核合格的，责令限期改正，可以处五万元以下的罚款；逾期未改正的，责令停产停业整顿，并处五万元以上十万元以下的罚款，对其直接负责的主管人员和其他直接责任人员处一万元以上二万元以下的罚款。

【知识链接】

煤矿企业主要负责人，是指集团公司（矿务局）董事长、总经理、煤矿矿长或煤矿企业实际控制人等人员。煤矿企业主要负责人应当在任职之日起6个月内，完成规定学时，通过安全生产知识和管理能力考核，取得安全生产知识和管理能力考核合格证。

二、机构和人员

1. 安全生产管理机构和人员配备

【体检内容】

设置安全生产管理机构，配齐专职安全生产管理人员，符合《安全生产法》第二十一条、第二十四条和《煤矿企业安全生产许可证实施办法》第六条规定。

【法规依据】

1）《安全生产法》

第二十一条第一款　矿山、金属冶炼、建筑施工、道路运输单位和危险物品的生产、经营、储存单位，应当设置安全生产管理机构或者配备专职安全生产管理人员。

第二十四条　生产经营单位的主要负责人和安全生产管理人员必须具备与本单位所从事的生产经营活动相应的安全生产知识和管理能力。

危险物品的生产、经营、储存单位以及矿山、金属冶炼、建筑施工、道路运输单位的主要负责人和安全生产管理人员，应当由主管的负有安全生产监督管理职责的部门对其安全生产知识和管理能力考核合格。考核不得收费。

2）《煤矿企业安全生产许可证实施办法》

第六条第三、四项　煤矿企业取得安全生产许可证，应当具备下列安全生产条件：

（三）设置安全生产管理机构，配备专职安全生产管理人员；煤与瓦斯突出矿井、水文地质类型复杂矿井还应设置专门的防治煤与瓦斯突出管理机构和防治水管理机构。

（四）主要负责人和安全生产管理人员的安全生产知识和管理能力经考核合格。

【相应处罚】

《安全生产法》第九十四条第一项：未按照规定设置安全生产管理机构或者配备安全生产管理人员的，责令限期改正，可以处五万元以下的罚款；逾期未改正的，责令停产停业整顿，并处五万元以上十万元以下的罚款，对其直接负责的主管人员和其他直接责任人员处一万元以上二万元以下的罚款。

《煤矿企业安全生产许可证实施办法》第三十八条：安全生产许可证颁发管理机关应当加强对取得安全生产许可证的煤矿企业的监督检查，发现其不再具备本实施办法规定的安全生产条件的，应当责令限期整改，依法暂扣安全生产许可证；经整改仍不具备本实施办法规定的安全生产条件的，依法吊销安全生产许可证。

【知识链接】

（1）配备矿长、总工程师（技术负责人）和分管安全、生产、机电的副矿长，以及负责采煤、掘进、机电运输、通风、地质测量工作等专业技术人员。

（2）建立总工程师为首的技术管理体系，落实技术管理职责。设置采掘技术管理、“一通三防”、地质防治水等安全技术管理机构，配齐专业技术管理人员。水文地质类型复杂矿井设置专门防治管理机构。

2. 防突机构及人员配备

【体检内容】

煤与瓦斯突出矿井设置防突机构和人员，符合《防治煤与瓦斯突出规定》第四条、第二十七条规定。

【法规依据】

《防治煤与瓦斯突出规定》

第四条　有突出矿井的煤矿企业主要负责人及突出矿井的矿长是本单位防突工作的第一责任人。

有突出矿井的煤矿企业、突出矿井应当设置防突机构，建立健全防突管理制度和各级岗位责任制。

第二十七条第一款　有突出矿井的煤矿企业、突出矿井应当设置满足防突工作需要的专业防突队伍。

【相应处罚】

《防治煤与瓦斯突出规定》第一百一十九条：煤矿企业违反本规定第二十六条、第二十七条第一款、第三十二条规定的，责令限期改正，处3万元以上5万元以下的罚款；逾期未改正的，暂扣安全生产许可证。

【知识链接】

《国家煤矿安监局办公室关于转发〈云南省强化煤矿瓦斯防治十条规定实施意见〉的通知》（煤安监司办〔2015〕26号）中提到：高瓦斯和煤与瓦斯突出矿井的总工程师（技术负责人）由煤矿的行政常务副职担任，高瓦斯和煤与瓦斯突出矿井设专职通风、地测副总工程师（技术负责人）。供各煤矿企业学习借鉴。

3. 防治水机构及人员配备

【体检内容】

设立地测部门，配备专业技术人员，符合《煤矿安全规程》第二十二条规定；配备满足工作需要的防治水专业技术人员，水文地质条件复杂、极复杂的矿井设立专门的防治水机构，符合《煤矿安全规程》第二百八十三条规定。

【法规依据】

1）《煤矿防治水规定》

第五条　煤矿企业、矿井应当按照本单位的水害情况，配备满足工作需要的防治水专业技术人员，配齐专用探放水设备，建立专门的探放水作业队伍。

水文地质条件复杂、极复杂的煤矿企业、矿井，除符合本条第一款规定外，还应当设立专门的防治水机构。

2）《煤矿安全规程》

第二十二条　煤矿企业应当设立地质测量（简称地测）部门，配备所需的相关专业技术人员和仪器设备，及时编绘反映煤矿实际的地质资料和图件，建立健全煤矿地测工作规章制度。

第二百八十三条　煤矿企业应当建立健全各项防治水制度，配备满足工作需要的防治水专业技术人员，配齐专用探放水设备，建立专门的探放水作业队伍，储备必要的水害抢险救灾设备和物资。

水文地质条件复杂、极复杂的煤矿，应当设立专门的防治水机构。

【相应处罚】

《煤矿防治水规定》第一百三十条：煤矿企业违反本规定第五条第一款规定的，给予警告，并处2万元以下的罚款。

煤矿企业违反本规定第五条第二款规定仍然进行生产的，责令停产整顿，处50万元以上100万元以下的罚款；对煤矿企业负责人处3万元以上5万元以下的罚款。

【知识链接】

为加强煤矿防治水基础工作，要求所有煤矿企业、矿井必须配备专门负责防治水工作的专业技术人员，专业技术人员是指受过正规院校地质、水文地质专业教育的技术人员。水文地质条件复杂、极复杂的煤矿企业、矿井配备专业技术人员不少于3人，其他煤矿企业、矿井可配备1~3人，以满足工作需要为标准。

大部分水害事故都是由于探放水措施不落实造成的，所以，要求煤矿必须配齐专用探放水设备，建立专业探放水队伍，不能用煤电钻代替专用探水钻机。如果探放水任务少的煤矿，探放水队伍可与探放瓦斯的队伍合在一起。探放水作业人员必须经培训上岗。

矿井要设立专门防治水机构（可与地测部门合署办公），专业技术人员担任防治水机构负责人，以保证防治水工作得到充分重视，各项工作能够顺利开展。

地测防治水专业技术人员配备可参照表1-1。

表1-1 地测防治水专业技术人员配备表

井型	300万吨以上				120万~300万吨				45万~120万吨				45万吨以下				备注
水文地质类型	简单	中等	复杂	极复杂	简单	中等	复杂	极复杂	简单	中等	复杂	极复杂	简单	中等	复杂	极复杂	
矿井地质	2	3	4	5	2	2	3	4	1	2	2	3	1	1	2	2	一人最多可兼两职
储量管理	1	1	1	1	1	1	1	1	1	1	1	1	1	1	1	1	
矿井测量	3	4	4	4	2	3	3	3	2	2	2	3	1	1	1	1	
水文地质	2	3	4	5	1	2	3	4	1	2	2	3	1	1	2	2	
制图人员	1	1	2	2	1	1	1	2	1	1	1	1	1	1	1	1	
瓦斯地质	2				2				1				1				突出矿井

注：1. 水文地质条件简单、无冲击地压的瓦斯矿井设专职的地测人员。

2. 水文地质条件中等、无冲击地压的瓦斯矿井设地测部门。

3. 水文地质条件中等、无冲击地压的高瓦斯矿井设地测部门和地测副总。

4. 水文地质条件复杂或极复杂矿井、煤与瓦斯突出矿井、冲击地压矿井和400万吨以上矿井设立地测部门、地测副总和分管矿长。

5. 水文地质条件复杂、极复杂的矿井设立防治水机构。

4. 防冲机构

【体检内容】

有冲击地压矿井设置专门的防冲机构，符合《煤矿安全规程》第二百二十八条规定。

【法规依据】

《煤矿安全规程》

第二百二十八条第一项　矿井防治冲击地压（以下简称防冲）工作应当遵守下列规定：

（一）设专门的机构与人员。

【相应处罚】

《安全生产违法行为行政处罚办法》第四十五条第一项：违反操作规程或者安全管理规定作业的，给予警告，并可以对生产经营单位处 1 万元以上 3 万元以下罚款，对其主要负责人、其他有关人员处 1000 元以上 1 万元以下的罚款。

5. 人员培训

【体检内容】

主要负责人、安全生产管理人员、其他从业人员经培训合格后方可上岗，培训时间应该符合规定。

煤与瓦斯突出矿井有关人员接受防突知识的培训，经考试合格后上岗。

【法规依据】

1）《安全生产法》

第二十五条第一款　生产经营单位应当对从业人员进行安全生产教育和培训，保证从业人员具备必要的安全生产知识，熟悉有关的安全生产规章制度和安全操作规程，掌握本岗位的安全操作技能，了解事故应急处理措施，知悉自身在安全生产方面的权利和义务。未经安全生产教育和培训合格的从业人员，不得上岗作业。

2）《煤矿安全规程》

第九条　煤矿企业必须对从业人员进行安全教育和培训。培训不合格的，不得上岗作业。

主要负责人和安全生产管理人员必须具备煤矿安全生产知识和管理能力，并经考核合格。特种作业人员必须按国家有关规定培训合格，取得资格证书，方可上岗作业。

矿长必须具备安全专业知识，具有组织、领导安全生产和处理煤矿事故的能力。

3）《生产经营单位安全培训规定》

第九条　生产经营单位主要负责人和安全生产管理人员初次安全培训时间不得少于 32 学时。每年再培训时间不得少于 12 学时。

煤矿、非煤矿山、危险化学品、烟花爆竹、金属冶炼等生产经营单位主要负责人和安全生产管理人员初次安全培训时间不得少于 48 学时，每年再培训时间不得少于16学时。

第十一条　煤矿、非煤矿山、危险化学品、烟花爆竹、金属冶炼等生产经营单位必须对新上岗的临时工、合同工、劳务工、轮换工、协议工等进行强制性安全培训，保证其具备本岗位安全操作、自救互救以及应急处置所需的知识和技能后，方能安排上岗作业。

第十三条第二款　煤矿、非煤矿山、危险化学品、烟花爆竹、金属冶炼等生产经营单位新上岗的从业人员安全培训时间不得少于72学时，每年再培训的时间不得少于20学时。

4）《防治煤与瓦斯突出规定》

第三十二条第一款　突出矿井的管理人员和井下工作人员必须接受防突知识的培训，经考试合格后方准上岗作业。

5）《特别规定》

第十六条第一款　煤矿企业应当依照国家有关规定对井下作业人员进行安全生产教育和培训，保证井下作业人员具有必要的安全生产知识，熟悉有关安全生产规章制度和安全操作规程，掌握本岗位的安全操作技能，并建立培训档案。未进行安全生产教育和培训或者经教育和培训不合格的人员不得下井作业。

【相应处罚】

《生产经营单位安全培训规定》第三十条第二项：未按照规定对从业人员、被派遣劳动者、实习学生进行安全生产教育和培训或者未如实告知其有关安全生产事项的，由安全生产监管监察部门责令其限期改正，可以处5万元以下的罚款；逾期未改正的，责令停产停业整顿，并处5万元以上10万元以下的罚款，对其直接负责的主管人员和其他直接责任人员处1万元以上2万元以下的罚款。

《防治煤与瓦斯突出规定》第一百一十九条：煤矿企业违反本规定第二十三条规定，仍然进行生产的，责令限期改正，处3万元以上5万元以下的罚款；逾期未改正的，暂扣安全生产许可证。

《特别规定》第十六条第二、三款：县级以上地方人民政府负责煤矿安全生产监督管理的部门应当对煤矿井下作业人员的安全生产教育和培训情况进行监督检查；煤矿安全监察机构应当对煤矿特种作业人员持证上岗情况进行监督检查。发现煤矿企业未依照国家有关规定对井下作业人员进行安全生产教育和培训或者特种作业人员无证上岗的，应当责令限期改正，处10万元以上50万元以下的罚款；逾期未改正的，责令停产整顿。

县级以上地方人民政府负责煤矿安全生产监督管理的部门、煤矿安全监察机构未履行前款规定的监督检查职责的，对主要负责人，根据情节轻重，给予警告、记过或者记大过的行政处分。

【知识链接】

各类人员的培训应达到下列要求：

(1) 突出矿井的井下工作人员的培训包括防突基本知识和规章制度等内容。

(2) 突出矿井的区（队）长、班组长和有关职能部门的工作人员的培训包括突出的危害及发生的规律、区域和局部综合防突措施、防突的规章制度等内容。

(3) 突出矿井的防突员，属于特种作业人员，每年必须接受一次防突知识、操作技能的专项培训。专项培训包括防突的理论知识、突出发生的规律、区域和局部综合防突措施以及有关防突的规章制度等内容。

(4) 有突出矿井的煤矿企业和突出矿井的主要负责人、技术负责人应当接受防突专项培训。专项培训包括防突的理论知识和实践知识、突出发生的规律、区域和局部综合防突措施以及防突的规章制度等内容。

6. 特种作业人员

【体检内容】

特种作业人员取得特种作业操作资格证并持证上岗，特种作业操作资格证在有效期内，符合《安全生产法》第二十七条、《煤矿安全规程》第九条、《特种作业人员安全技术培训考核管理规定》第五条的规定，特种作业人员按规定进行复审，符合《特种作业人员安全技术培训考核管理规定》第二十一条规定。

【法规依据】

1)《安全生产法》

第二十七条　生产经营单位的特种作业人员必须按照国家有关规定经专门的安全作业培训，取得相应资格，方可上岗作业。

特种作业人员的范围由国务院安全生产监督管理部门会同国务院有关部门确定。

2)《特种作业人员安全技术培训考核管理规定》

第五条　特种作业人员必须经专门的安全技术培训并考核合格，取得《中华人民共和国特种作业操作证》（以下简称特种作业操作证）后，方可上岗作业。

第二十一条　特种作业操作证每3年复审1次。

特种作业人员在特种作业操作证有效期内，连续从事本工种10年以上，严格遵守有关安全生产法律法规的，经原考核发证机关或者从业所在地考核发证机关同意，特种作业操作证的复审时间可以延长至每6年1次。

【相应处罚】

《安全生产法》第九十四条第七项：特种作业人员未按照规定经专门的安全作业培训并取得相应资格，上岗作业的，责令限期改正，可以处五万元以下的罚款；逾期未改正的，责令停产停业整顿，并处五万元以上十万元以下的罚款，对其直接负责的主管人员和其他直接责任人员处一万元以上二万元以下的罚款。

《煤矿企业安全生产许可证实施办法》第三十八条：安全生产许可证颁发管理机关应当加强对取得安全生产许可证的煤矿企业的监督检查，发现其不再具备本实施办法规定的安全生产条件的，应当责令限期整改，依法暂扣安全生产许可证；经整改仍不具备本实施办法规定的安全生产条件的，依法吊销安全生产许可证。

【知识链接】

（1）煤矿企业特种作业人员应当具备从事本岗位必要的安全知识及安全操作技能，熟悉有关安全生产规章制度和安全操作规程，具备相关紧急情况处置和自救互救能力。

（2）煤矿企业特种作业人员必须经专门的安全技术培训，由培训监管部门考核合格，取得《中华人民共和国特种作业操作证》后，方可上岗作业。

（3）煤矿企业特种作业人员安全技术培训应当按照规定的培训大纲进行，初次培训时间不得少于90学时。

（4）特种作业操作资格考试包括安全生产知识考试和实际操作能力考试。安全生产知识考试合格后，进行实际操作能力考试。

（5）特种作业考试应当使用国家统一考试题库，实际操作能力考试采用国家统一考试标准在考试点进行。满分100分，80分及以上为合格。

（6）离开特种作业岗位6个月以上的特种作业人员，应当重新进行实际操作能力考试，经考试合格后方可上岗作业。

三、管理制度和责任制落实

1. 管理制度

【体检内容】

按照有关法律法规，结合本矿实际，建立健全并严格落实安全生产目标管理、投入、奖惩、技术措施审批、培训、安全办公会议制度，安全检查制度，事故隐患排查、治理、报告制度，事故报告与责任追究制度，地质灾害普查制度，井下劳动组织定员制度，矿领导带班下井制度，井工煤矿入井检身与出入井人员清点制度等各项规章制度；制定本单位的作业规程和操作规程，符合《安全生产法》第四条、《煤矿安全规程》第四条、《煤矿企业安全生产许可证实施办法》第六条规定。

【法规依据】

1）《安全生产法》

第四条　生产经营单位必须遵守本法和其他有关安全生产的法律、法规，加强安全生产管理，建立、健全安全生产责任制和安全生产规章制度，改善安全生产条件，推进安全生产标准化建设，提高安全生产水平，确保安全生产。

2）《煤矿安全规程》

第四条　从事煤炭生产与煤矿建设的企业（以下统称煤矿企业）必须遵守国家有关安全生产的法律、法规、规章、规程、标准和技术规范。

煤矿企业必须加强安全生产管理，建立健全各级负责人、各部门、各岗位安全生产与职业病危害防治责任制。

煤矿企业必须建立健全安全生产与职业病危害防治目标管理、投入、奖惩、技术措施审批、培训、办公会议制度，安全检查制度，事故隐患排查、治理、报告制度，事故报告与责任追究制度等。

煤矿企业必须建立各种设备、设施检查维修制度，定期进行检查维修，并做好记录。

煤矿必须制定本单位的作业规程和操作规程。

3）《煤矿企业安全生产许可证实施办法》

第六条第一项　煤矿企业取得安全生产许可证，应当具备下列安全生产条件：

（一）建立、健全主要负责人、分管负责人、安全生产管理人员、职能部门、岗位安全生产责任制；制定安全目标管理、安全奖惩、安全技术审批、事故隐患排查治理、安全检查、安全办公会议、地质灾害普查、井下劳动组织定员、矿领导带班下井、井工煤矿入井检身与出入井人员清点等安全生产规章制度和各工种操作规程。

【相应处罚】

《安全生产法》第九十八条第一项：生产、经营、运输、储存、使用危险物品或者处置废弃危险物品，未建立专门安全管理制度、未采取可靠的安全措施的，责令限期改正，可以处十万元以下的罚款；逾期未改正的，责令停产停业整顿，并处十万元以上二十万元以下的罚款，对其直接负责的主管人员和其他直接责任人员处二万元以上五万元以下的罚款；构成犯罪的，依照刑法有关规定追究刑事责任。

《煤矿企业安全生产许可证实施办法》第三十八条：安全生产许可证颁发管理机关应当加强对取得安全生产许可证的煤矿企业的监督检查，发现其不再具备本实施办法规定的安全生产条件的，应当责令限期整改，依法暂扣安全生产许可证；经整改仍不具备本实施办法规定的安全生产条件的，依法吊销安全生产许可证。

【知识链接】

安全生产管理制度主要是指各煤矿结合自身实际制订的作业规程和安全管理规定，包括各种涉及安全的规程、规定、标准、程序、规范、制度等。煤矿安全制度管控是指管理者根据安全管理的规章制度，主要根据其职权所进行的程序性安全管理工作。行为安全是煤矿生产顺利进行的根本保证，在煤矿员工不安全行为的众多管理手段中，安全制度管理无疑是最具基础意义的管理手段，也是使用最为广泛的管理手段。

一个完整的安全制度管控过程至少应该包括制定安全制度、执行安全制度、健全安全制度这三个基本环节。首先，需要制定安全制度，即将准备实施安全制度管理的工作或内容制定出具体的安全管理制度文件，作为实施安全制度管控的依据。其次，需要执行安全制度，即将制定出来的安全管理制度文件付诸实施，用于指导各级管理人员和职工的具体工作行为。最后，需要健全安全制度，即定期对整个安全制度管控系统进行审查，以理顺各个安全制度之间的关系，健全整个安全制度管控体系。

一般来说，制定制度环节的主要任务是保证制度管理的有效性，执行制度环节的主要任务是保证制度管理的依从性，而健全制度环节的主要任务是保证制度管理的系统性。其中任何一个环节出现问题，制度管理的功效都很难充分发挥出来。上述各阶段的管理内容彼此关联、相互衔接，共同构成了一个完整的安全制度管理过程。图 1-1 所示的是安全制度管控的方式。

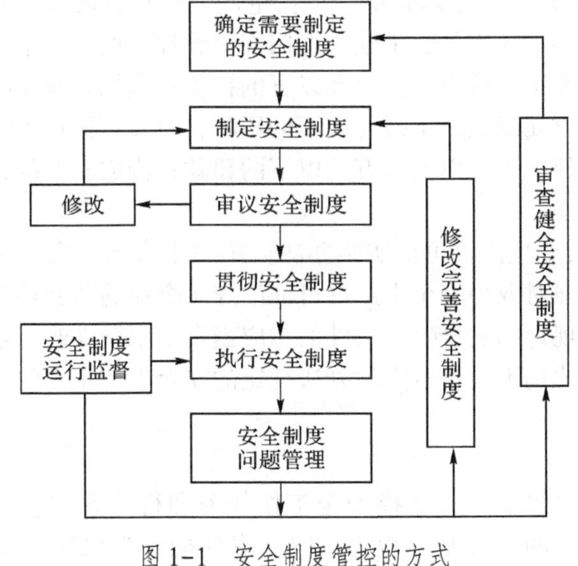

图 1-1　安全制度管控的方式

2. 责任制

【体检内容】

建立健全并严格落实主要负责人、实际控制人、分管负责人、安全生产管理人员、职能部门、各工种岗位安全生产责任制，符合《安全生产法》第四条、第十九条、第四十三条，《煤矿安全规程》第四条、《煤矿企业安全生产许可证实施办法》第六条规定。

【法规依据】

《安全生产法》

第十九条　生产经营单位的安全生产责任制应当明确各岗位的责任人员、责任范围和考核标准等内容。

生产经营单位应当建立相应的机制，加强对安全生产责任制落实情况的监督考核，保证安全生产责任制的落实。

第四十三条　生产经营单位的安全生产管理人员应当根据本单位的生产经营特点，对安全生产状况进行经常性检查；对检查中发现的安全问题，应当立即处理；不能处理的，应当及时报告本单位有关负责人，有关负责人应当及时处理。检查及处理情况应当如实记录在案。

生产经营单位的安全生产管理人员在检查中发现重大事故隐患，依照前款规定向本单位有关负责人报告，有关负责人不及时处理的，安全生产管理人员可以向主管的负有安全生产监督管理职责的部门报告，接到报告的部门应当依法及时处理。

【相应处罚】

《安全生产法》第九十八条第一项：生产、经营、运输、储存、使用危险物品或者处置废弃危险物品，未建立专门安全管理制度、未采取可靠的安全措施的，责令限期改正，可以处十万元以下的罚款；逾期未改正的，责令停产停业整顿，并处十万元以上二十万元以下的罚款，对其直接负责的主管人员和其他直接责任人员处二万元以上五万元以下的罚款；构成犯罪的，依照刑法有关规定追究刑事责任；

《煤矿企业安全生产许可证实施办法》第三十八条：安全生产许可证颁发管理机关应当加强对取得安全生产许可证的煤矿企业的监督检查，发现其不再具备本实施办法规定的安全生产条件的，应当责令限期整改，依法暂扣安全生产许可证；经整改仍不具备本实施办法规定的安全生产条件的，依法吊销安全生产许可证。

【知识链接】

岗位责任是对煤矿员工选择安全工作任务和行为方式、履行岗位安全职责、进行协作劳动的一种基本规定。岗位责任能够为煤矿员工提供必要的知识、能力要求，也能够影响煤矿员工的安全态度。

1）安全责任管控体系

岗位安全责任管控体系是“党政同责、一岗双责、齐抓共管、失职追责”：

（1）矿长主管安全。矿长是安全生产第一责任者，在安全生产工作中统领全局、通盘考虑、核心集中、全面部署、全权负责。

（2）书记引导安全。党委书记作为煤矿本质安全文化建设的责任主体，负责健全教育制度、完善教育措施，全面做好安全教育领导工作，为矿井的安全生产提供思想意识保障。

（3）生产矿长执行安全。生产矿长作为安全生产的直接管理者，要在确保矿井安全生产的基本框架和大前提下，突出执行、强化落实，把各级安全生产责任细化量化到各个层面和各个环节。

（4）总工程师保障安全。总工程师是安全生产技术主要负责人。在工作中负责对各类技术改造、技术规程、操作规程等的制定与实施，从技术层面上对安全生产提供可靠的保障。

（5）安监处长监督安全。安监处长负责严格考核、监督执行安全生产，确保各项管理规定落实到实处，排查整改各类现场安全隐患，消火各类不安全行为和不安全状态。

（6）工会主席协管安全。工会主席在安全中产中的职责是做好对“四违”人员的帮教工作，教育引导员工树立科学的安全意识，改变不安全的行为，消除人的不安全因素和行为。

（7）独立执法管控安全。矿安监处负责全矿安全生产责任制的监督与考核，在矿长的领导下独立执法，不受任何领导、部门的控制。

（8）区队长班组长现场管安全。煤矿现在的安全管理主要在基层，主要靠基层的区队长和班组长。

（9）岗位员工自保与互保安全。现场操作推行“一岗四述”（即岗位描述、手指口述、安全环境描述、应急避险描述）从而实现“要我安全→我要安全→我会安全→我能安全”的递升转变。

（10）安全培训保安全。安全培训不到位也是重大安全隐患，我们必须切实做好安全培训，特别是煤矿安全心智培训七步法（目标定向、情境体验、疏通引导、规程对标、心智重塑、现场践行、综合评审）。

2）安全责商管理步骤

安全责商管理主要通过定责、知责、履责、尽责和问责等五个程序步骤进行，增强员工的安全意识，端正员工的安全态度，提高员工的安全能力，控制“四违”行为的发生，确保员工的个体安全和群体安全。

“定责、知责、履责、尽责和问责”是构成安全责商管理的五个基本步骤，是安全责商管理“金字塔”的五块基石，如图 1-2 所示。

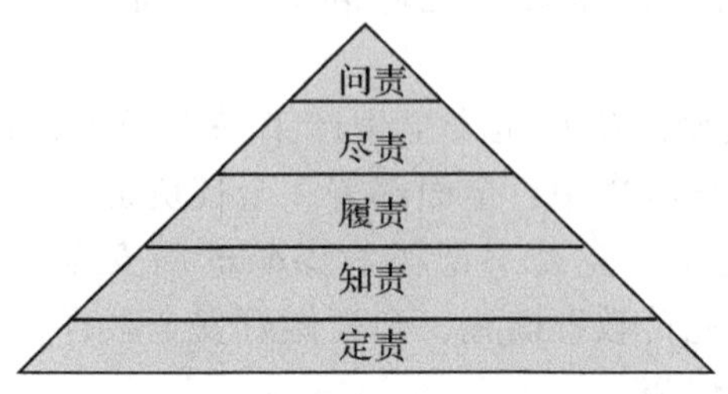

图 1-2 安全责商管理“金字塔”

（1）定责。制定安全职责一定要全面、系统、科学、合理和有效，对管理人员领导干部要求要“一岗双责”，对操作员工要求要“一岗双制”。所谓“一岗双责”是指领导干部在做好本职工作的同时，也必须做好单位内部的安全生产管理工作。所谓“一岗双制”是指操作员工的安全生产责任制和岗位责任制。

定责就是要确定每个岗位的安全职责。由于岗位安全职责具有全员性、规范性和重复性等特点，因此在制定和完善岗位安全职责时要始终坚持一个原则，即自下而上与自上而下相结合的原则。自下而上就是先根据基层的实际生产需要来确定员工和基层班组长的安全岗位职责，再根据员工和基层班组长的岗位安全管理需要，确定科队长的安全岗位职责，依次类推，最终确定厂长经理的安全岗位职责。自上而下就是为了完成上级下达的各种工作任务等，按照从矿长、区队长到基层班组长和员工的顺序逐一确定各岗位的相应岗位安全职责。这种自下而上与自上而下相结合的原则，既能满足基层安全生产的需要，又能保证上级任务的顺利完成，做到了所有岗位安全职责全面、系统、科学和有效，保证整个企业的高效运转。

岗位安全职责制定流程如图 1-3 所示。

（2）知责，也就是指安全认知力，要求员工对自己的“责”要达到感性认知和理性认知，一般我们通过让员工自己编写岗位作业说明书和演练岗位描述的方式达到知责。

知责指员工对自己承担安全责任大小及范围的认识理解程度。不少人遇到问题通常是指责对方“这是你的责任!”，很少有人能真正地认识到“这就是我的责任”。在现实的安全管理和安全培训中，有时员工并不知道自己在一件事情中到底应该承担什么样的责任，批评或受到惩处的时候还十分委屈，因此知责是完全认识、准确理解“我的责任”的能力。

（3）履责，也就是指安全执行力，按制度和标准去做，诚信履责，需要

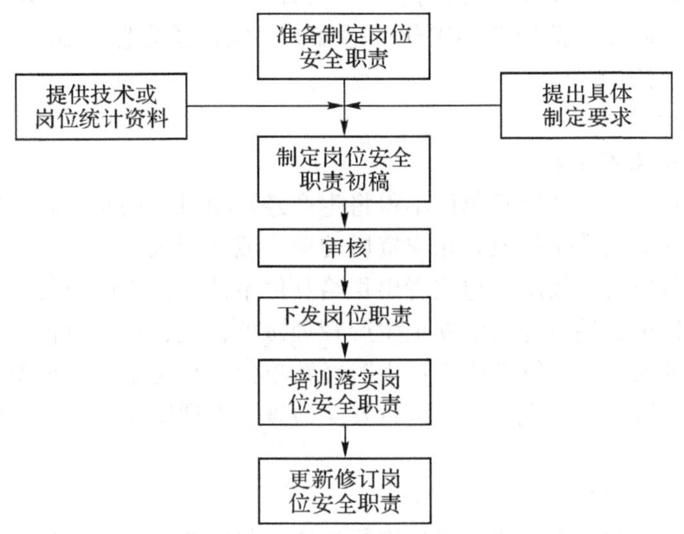

图 1-3　岗位安全职责制定流程图

考核。履责就是各岗位人员要认真履行自己的岗位职责。这个环节的主要任务是确定各岗位人员的履责方式、方法和程序等，采取各种措施保证各岗位人员的履责工作过程顺利畅通，同时也保证各岗位人员的工作权利和劳动利益不受干扰或侵犯。目前采用的履责方法有很多，在工作现场常采取“手指口述”安全确认法来履行自己的安全职责。

在履责过程中需要进行严格的安全绩效考核，安全绩效按下列几个方面进行考核计算安全绩效。

（知识+技术+经验+操作技能+安全技能+管理技能+其他）×责商=安全绩效

（4）尽责，尽责也就是安全信念力，自我担当，员工主动、自动去做。对自己责任行为能力的掌控，从而真正尽责和担当责任。一方面表现为积极正向的责任行为展示能力；另一方面表现为对负向行为的自我控制及约束力，包括对自我情绪的掌控与控制。应该说，责任的三个层次是一个由浅入深的过程，而掌控尤为重要。如果能够控制好自己的情绪以及思维，就能在本身有责任感的同时表现出来。

（5）问责，指安全究责力，安全生产一票否决。新修订的《安全生产法》加大了问责的力度。问责就是对各岗位人员是否履行了自己的岗位安全职责，以及履行的程度进行考评，按照考评结果给予相应的奖惩，并且对严重渎职人员进行责任追究。定责和履责是问责的基础和前提。

3. 托管煤矿管理

【体检内容】

托管煤矿要严格安全管理，按照《国家安全监管总局国家煤矿安监局关于加强托管煤矿安全监管监察工作的通知》（安监总煤监〔2015〕15号）要求落实安全责任。

【法规依据】

1）《安全生产法》

第四十六条　生产经营单位不得将生产经营项目、场所、设备发包或者出租给不具备安全生产条件或者相应资质的单位或者个人。

生产经营项目、场所发包或者出租给其他单位的，生产经营单位应当与承包单位、承租单位签订专门的安全生产管理协议，或者在承包合同、租赁合同中约定各自的安全生产管理职责；生产经营单位对承包单位、承租单位的安全生产工作统一协调、管理，定期进行安全检查，发现安全问题的，应当及时督促整改。

2）《特别规定》

第八条第二款第十三项　煤矿实行整体承包生产经营后，未重新取得安全生产许可证和煤炭生产许可证，从事生产的，或者承包方再次转包的，以及煤矿将井下采掘工作面和井巷维修作业进行劳务承包的，应当立即停止生产，排除隐患。

【相应处罚】

《安全生产法》第一百条：生产经营单位将生产经营项目、场所、设备发包或者出租给不具备安全生产条件或者相应资质的单位或者个人的，责令限期改正，没收违法所得；违法所得十万元以上的，并处违法所得二倍以上五倍以下的罚款；没有违法所得或者违法所得不足十万元的，单处或者并处十万元以上二十万元以下的罚款；对其直接负责的主管人员和其他直接责任人员处一万元以上二万元以下的罚款；导致发生生产安全事故给他人造成损害的，与承包方、承租方承担连带赔偿责任。

生产经营单位未与承包单位、承租单位签订专门的安全生产管理协议或者未在承包合同、租赁合同中明确各自的安全生产管理职责，或者未对承包单位、承租单位的安全生产统一协调、管理的，责令限期改正，可以处五万元以下的罚款，对其直接负责的主管人员和其他直接责任人员可以处一万元以下的罚款；逾期未改正的，责令停产停业整顿。

《特别规定》第十条第一款：煤矿有本规定第八条第二款所列情形之一，仍然进行生产的，由县级以上地方人民政府负责煤矿安全生产监督管理的部门或者煤矿安全监察机构责令停产整顿，提出整顿的内容、时间等具体要求，处50万元以上200万元以下的罚款；对煤矿企业负责人处3万元以上15万元以下的罚款。

【知识链接】

关于煤矿托管在安全方面有以下要求：

(1) 严禁将煤矿承包或者托管给没有合法有效煤矿生产证照的单位或者个人。

(2) 煤矿实行承包（托管），必须签订安全生产管理协议，或者约定双方安全生产管理职责合同。

煤矿发包或者托管给其他单位的，煤矿应当与承包单位、托管单位签订专门的安全生产管理协议，或者在承包合同、托管合同中约定各自的安全生产管理职责；煤矿对承包单位、托管单位的安全生产工作统一协调、管理，定期进行安全检查，发现安全问题的，应当及时督促整改。

(3) 承包方（托管方）按规定变更安全生产许可证后，方可进行生产。

煤矿企业在安全生产许可证有效期内有下列情形之一的，应当向原安全生产许可证颁发管理机关申请变更安全生产许可证：

①变更主要负责人的；

②变更隶属关系的；

③变更经济类型的；

④变更煤矿企业名称的；

⑤煤矿改建、扩建工程经验收合格的。

变更第①②③④项的，自工商营业执照变更之日起 10 个工作日内提出申请；变更第⑤项的，应当在改建、扩建工程验收合格后 10 个工作日内提出申请。

申请变更第①项的，应提供变更后的工商营业执照副本和主要负责人任命文件（或者聘书）；申请变更第②③④项的，应提供变更后的工商营业执照副本；申请变第⑤项的，应提供改建、扩建工程安全设施及条件竣工验收合格的证明材料。

(4) 承包方（托管方）严禁再次将煤矿承包（托管）给其他单位或者个人。

承包方（托管方）再次将煤矿承包（托管）给其他单位或者个人，往往形成安全投入不足、安全生产责任不落实，只顾生产不管安全，甚至违法生产，从而导致事故发生，所以杜绝承包方（托管方）再次将煤矿承包（托管）给其他单位或者个人。

(5) 严禁将井下采掘工作面或者井巷维修作业作为独立工程承包（托管）给其他企业或者个人。

煤矿将井下采掘工作面或者井巷维修作业作为独立工程承包（托管）给其他企业或者个人的现象在国内煤矿中甚为普遍，是作为“减员分流提效”

的供给侧改革的措施，即可减轻煤矿企业的负担，又可推卸安全责任。但这样做不仅出现两个以上生产经营单位在同一作业区域内进行生产经营活动，可能危及对方的生产安全，而且在安全生产责任制、安全措施制定、安全检查等方面不能统一安排，容易形成安全生产责任制不明、安全措施遗漏、安全期检查不到位，最终会导致事故发生。

（6）改制煤矿在改制期间，必须明确安全生产责任人的，建立健全安全生产管理机构和配备安全管理人员；完成改制后，必须重新取得或者变更采矿许可证、安全生产许可证、营业执照。

4. 生产计划落实情况

【体检内容】

下达的本年度生产计划不得超能力。

【法规依据】

《煤矿生产能力管理办法》

第十八条　煤矿应当按照均衡生产原则，安排年度、季度、月度生产计划，合理组织生产。年度原煤产量不得超过生产能力，月度原煤产量不得超过月计划的 10%。无月度计划的，月产量不得超过生产能力的 1/12。煤矿应在显著位置公示煤矿生产能力和年度、月度生产计划，接受社会、群众和舆论监督。

【相应处罚】

负责煤矿生产能力核定工作的部门发现煤矿企业有超能力生产行为的，按照《国务院关于预防煤矿生产安全事故的特别规定》（国务院令第 446 号）予以严厉处罚。

《特别规定》第十条第一款：煤矿有本规定第八条第二款所列情形之一，仍然进行生产的，由县级以上地方人民政府负责煤矿安全生产监督管理的部门或者煤矿安全监察机构责令停产整顿，提出整顿的内容、时间等具体要求，处 50 万元以上 200 万元以下的罚款；对煤矿企业负责人处 3 万元以上 15 万元以下的罚款。

【知识链接】

每年组织一次对地方煤矿生产能力核定工作进行抽查，适时组织开展普核或专项核定工作。

5. 技术管理

【体检内容】

建立以总工程师为首的技术管理体系，落实技术管理职责。矿井生产需要的资料、图纸齐全，并及时更新。

【法规依据】

《关于进一步加强煤矿企业安全技术管理工作的指导意见》（安监总煤装〔2011〕51号）

【知识链接】

煤矿企业要建立健全以总工程师为首的安全技术管理体系，总工程师应具有煤矿安全生产相关专业本科及以上学历、具备煤炭主体专业高级工程师及以上技术职称，具有从事煤矿安全生产相关工作3年以上工作经历。要设立采掘生产技术、矿井“一通三防”、地质测量、水害防治、职业危害防治、工程设计和科研等安全技术管理机构，配齐技术管理和工作人员。技术管理机构在总工程师的直接领导下，全面承担煤矿技术管理日常工作。矿井的采煤、开拓（掘进）、通风、机电、运输等生产区（队）必须配备技术负责人，专职技术管理工作。区（队）技术负责人应具备煤炭相关专业中专以上学历，煤炭主体专业初级以上专业技术职称（包括注册安全工程师）。

1）总工程师职责、职权

（1）负责贯彻国家法律法规、方针政策、行业规章所涉及的技术规定、规范、标准。

（2）负责技术管理体系的建立，组织加强技术管理，推进技术进步，提升安全生产技术保障水平。

（3）组织编制本矿的中长期发展规划和年度、季度生产计划，提出实现技术经济目标的技术措施。

（4）组织制定和批准煤矿的技术标准、技术规范、作业规程、操作规程和相关技术管理制度。

（5）组织编制矿井地质勘探、矿井技术改造、开拓延深、采区设计以及相关配套工程等重大技术方案和设计。

（6）负责提出并组织研究解决资源合理开发、采掘平衡、合理集中生产、提高矿井机械化水平、生产系统综合能力配套、煤炭洗选加工和综合利用、环境保护、信息技术等重大技术问题。

（7）充分了解开采活动对生态环境、自然资源的消极影响和破坏作用，积极开展环境协调、资源节约开采技术的研究与推广应用工作。

（8）组织研究和实施提高矿井抗灾能力的技术措施，组织制定防治水、火、瓦斯、煤尘、顶板、机电、运输等事故的措施，预防重大事故发生。组织制定和审批矿井灾害预防和处理计划、事故灾害应急预案和安全技术措施工程保障计划。

（9）煤矿发生生产安全事故和灾害时，在主要负责人的领导下组织制定事故和灾害的抢险救援措施，参与组织指挥抢险救援工作。认真分析总结事故原因教训，制定和组织落实防范措施。

（10）组织编制本矿技术发展规划和年度计划，并组织实施；组织技术攻关和科技交流；积极推广应用新技术、新工艺、新装备、新材料；负责技术人员和技术管理人员的知识更新和技术培训工作。主持本矿技术人员的技术业务考核和职称评定工作。

（11）积极推进煤矿安全生产标准化工作，保证各种技术管理制度的实施。

2）副矿长及副总工程师职责、职权

（1）协助总工程师健全完善技术管理体系，编制技术标准。

（2）协助总工程师健全完善质量管理体系、加强质量控制、强化质量验收、主持竣工验收、解决施工中重大技术质量问题。

（3）负责编制贯彻执行与工程技术、质量相关的法律、法规、规范、规程、标准和文件。

（4）负责建立健全施工组织设计、施工方案等技术管理制度；组织审定重大工程和特殊单项工程的技术方案，根据总工程师授权、审批基层上报的施工组织设计、安全施工方案、专项工程施工方案、重大技术问题的处理方案等。

（5）负责新技术推广应用、技术交流等工作。

（6）指导各专业人员的技术培训工作。

（7）审核本矿技术文件。

（8）完成总工程师分配的其他相关工作任务。

（9）为了及时排除安全、质量隐患，避免发生可能发生的事故，紧急情况下有权决定局部停止作业。

（10）对主管范围内违反国家技术法规及矿技术管理制度、规定的行为有权制止。

3）生产系统各科室技术负责人职责、职权

（1）协助总（副）工程师健全完善技术管理体系。

（2）协助总（副）工程师健全完善质量管理体系、加强质量控制、强化质量验收、参与竣工验收、解决施工中重大技术质量问题。

（3）参与编制、贯彻、执行与工程技术、质量相关的法律、法规、规范、规程、标准和文件。

（4）参与施工组织设计、施工方案等技术管理制度；参与审定重大工程和特殊单项工程的技术方案，根据总工程师授权、审批基层上报的施工组织设计、安全施工方案、专项工程施工方案、重大技术问题的处理方案等。

（5）组织制定重点质量问题的就纠正和预防措施；参加重大质量事故分析和处理方案的制定。

（6）完成总工程师（副总工程师）分配的其他相关工作任务。

（7）对本单位技术管理人员的技术工作进行监督和考核。

（8）对违反国家技术法规和本矿技术、质量管理制度或规定的行为有权制止。

（9）行使总工程师（副总工程师）授予的其他职权。

4）安全技术管理机构的职责

（1）按规定负责制定或参与审查矿井延伸方案、技术改造方案和采区设计方案等工作，确保生产系统技术上可行、安全可靠、消除事故隐患。

（2）负责采掘作业规程的组织制定和审批工作，确保作业规程在技术上的可操作性和安全技术措施的完整性。

（3）负责制定和完善采掘作业、顶板管理、一通三防和运输管理制度和管理标准。

（4）负责新技术、新设备的引进和推广应用工作。

（5）负责矿井隐蔽致灾因素的调查，制定相应的安全技术防治措施。

（6）负责地质测量专业安全技术政策法规的贯彻实施，严格资源管理。

（7）负责矿井采掘作业中地质构造的分析和排查工作，并对水文地质危害情况进行预测预报，制定防治措施。

（8）负责矿井测绘、设计和施工技术资料的审查和管理。

（9）负责监督检查钻探和防治水工程的施工质量和安全技术措施。

（10）负责矿井中长期规划及年月度计划的制定和组织协调工作。

（11）深入现场，及时发现和处理不安全问题，制止“三违”，实现安全生产。

（12）定期召开由技术负责人主持的技术会议，分析总结矿井技术管理中存在的问题，引进和推广先进的生产经验和管理方法，指导安全生产工作。

（13）按规定参与事故的调查和处理。

6. 现场管理

【体检内容】

加强现场管理，实现安全生产标准化达标，符合《煤矿安全生产标准化基本要求及评分方法（试行）》规定。

【法规依据】

1）《煤矿安全规程》

第四条第一款　从事煤炭生产与煤矿建设的企业（以下统称煤矿企业）必须遵守国家有关安全生产的法律、法规、规章、规程、标准和技术规范。

2）《煤矿安全生产标准化考核定级办法》（以下简称《定级办法》）

3）《煤矿安全生产标准化基本要求及评分方法》（以下简称《评分方

法》）

【相应处罚】

《安全生产违法行为行政处罚办法》第四十五条第一项：违反操作规程或者安全管理规定作业的，给予警告，并可以对生产经营单位处 1 万元以上 3 万元以下罚款，对其主要负责人、其他有关人员处 1000 元以上 1 万元以下的罚款。

【知识链接】

（1）煤矿应每年至少一次对本单位安全生产标准化的实施情况进行评定，验证各项安全生产制度措施的适宜性、充分性和有效性，检查安全生产工作目标、指标的完成情况。

煤矿安全生产标准化，是以风险分级管控为核心、以隐患排查治理为基础。绩效，应是对隐患排查的情况及治理成效的具体分析，不能简单理解为或等同于企业或各部门每年所发生的伤亡情况。一个企业、一个部门连续几年未发生过任何伤亡事故，不代表其安全生产标准化管理的绩效就肯定好。将伤亡情况当作唯一的绩效，是中国多年来许多企业的恶习，在安全生产标准化工作中须加以彻底改进。

煤矿企业负责人每年至少组织一次绩效评定工作，把握好评定依据及相关信息的准确性，并组织相关人员对上述的适宜性、充分性、有效性进行认真分析，得出客观评定结论，并把评定结果向所有部门、全体员工通报，让他们清楚本企业一段时期内安全管理的基本情况，了解安全生产标准化工作在本企业推行的主要作用、亮点及存在的主要问题，以利于下一步更好地开展安全生产标准化工作。评定结果同时作为考评相关部门、相关人员一定时期内安全管理工作成效的一个重要依据。

（2）发生死亡事故后，应重新进行评定。

如果发生了伤亡事故，说明煤矿企业在安全管理中的某些环节出现了严重的缺陷或问题，需要马上对相关的安全管理制度、措施进行客观评定，努力找出问题根源所在，有的放矢，对症下药，不断完善有关制度和措施。评定过程中，要对前一次评定后提出的纠正措施、建议的落实情况与效果作出评价，并向企业的所有部门和员工通报。

（3）应将煤矿安全生产标准化工作评定报告向所有部门、所属单位和从业人员通报。

开展评定时，首先应让全体员工理解评定的方式和时间，并争取让大部分员工参与评定过程。评定是对前一阶段安全管理工作的整体回顾，涉及安全管理的各个方面，涉及所有相关的部门，因此，有必要将安全生产标准化工作评定报告向所有部门、所属的所有单位、全体从业人员通报。

（4）应将煤矿安全生产标准化实施情况的评定结果，纳入部门、所属单位、员工年度安全绩效考评。

安全绩效考评涉及安全管理的方方面面，而安全生产标准化实施情况好坏，与安全管理的许多方面都有着密不可分的关系。所以，应将评定结果纳入到对各部门、各单位、全体员工的安全绩效考评中，以促使安全生产标准化在各部门能得以真正的重视。

四、开拓部署与采掘生产

1. 开拓系统

【体检内容】

井筒数目及功能设施、主要巷道和专用回风巷、主要硐室布置合理；满足通风、运输、行人等相关规定要求。

井筒数目及功能设施符合《煤矿安全规程》第八十七条、第一百四十五条规定；符合《煤炭工业矿井设计规范》3.1.7 的规定；

主要巷道布置符合《煤矿安全规程》第八十六条、第八十八条、第九十条、第九十一条、第九十二条、第一百九十五条、第二百三十一条、第二百六十二条、第三百零七条规定；符合《防治煤与瓦斯突出规定》第 16 条规定；符合《煤炭工业矿井设计规范》3.3 规定；

主要硐室符合《煤矿安全规程》第二百三十一条、第二百五十六条、第三百一十二条、第二百一十三条、第三百三十一条、第三百三十二条、第三百三十三条、第四百五十六条、第四百五十七条、第四百五十八条规定；符合《煤矿防治水规定》第五十九条、第六十条、第六十八条；符合《煤炭工业矿井设计规范》4.3 的规定。

【法规依据】

1）《煤矿安全规程》

第八十六条　新建非突出大中型矿井开采深度（第一水平）不应超过 1000 m，改扩建大中型矿井开采深度不应超过 1200 m，新建、改扩建小型矿井开采深度不应超过 600 m。

矿井同时生产的水平不得超过 2 个。

第八十七条　每个生产矿井必须至少有 2 个能行人的通达地面的安全出口，各出口间距不得小于 30 m。

采用中央式通风的新建和改扩建矿井，设计中应当规定井田边界的安全出口。

新建、扩建矿井的回风井严禁兼作提升和行人通道，紧急情况下可作为安全出口。

第八十八条　井下每一个水平到上一个水平和各个采（盘）区都必须至少有2个便于行人的安全出口，并与通达地面的安全出口相连。未建成2个安全出口的水平或者采（盘）区严禁回采。

井巷交岔点，必须设置路标，标明所在地点，指明通往安全出口的方向。

通达地面的安全出口和2个水平之间的安全出口，倾角不大于45°时，必须设置人行道，并根据倾角大小和实际需要设置扶手、台阶或者梯道。倾角大于45°时，必须设置梯道间或者梯子间，斜井梯道间必须分段错开设置，每段斜长不得大于10 m；立井梯子间中的梯子角度不得大于80°，相邻2个平台的垂直距离不得大于8 m。

安全出口应当经常清理、维护，保持畅通。

第九十条　巷道净断面必须满足行人、运输、通风和安全设施及设备安装、检修、施工的需要，并符合下列要求：

（一）采用轨道机车运输的巷道净高，自轨面起不得低于2 m。架线电机车运输巷道的净高，在井底车场内、从井底到乘车场，不小于2.4 m；其他地点，行人的不小于2.2 m，不行人的不小于2.1 m。

（二）采（盘）区内的上山、下山和平巷的净高不得低于2 m，薄煤层内的不得低于1.8 m。

（三）运输巷（包括管、线、电缆）与运输设备最突出部分之间的最小间距，应当符合表3的要求。

巷道净断面的设计，必须按支护最大允许变形后的断面计算。

表3　运输巷与运输设备最突出部分之间的最小间距

巷道类型	顶部/m	两侧/m	备　注
轨道机车运输巷道		0.3	综合机械化采煤矿井为0.5 m
输送机运输巷道		0.5	输送机机头和机尾处与巷帮支护的距离应当满足设备检查和维修的需要，并不得小于0.7 m
卡轨车、齿轨车运输巷道	0.3	0.3	单轨运输巷道宽度应当大于2.8 m，双轨运输巷道宽度应当大于4.0 m
单轨吊车运输巷道	0.5	0.85	曲线巷道段应当在直线巷道允许安全间隙的基础上，内侧加宽不小于0.1 m，外侧加宽不小于0.2 m。巷道内外侧加宽要从曲线巷道段两侧直线段开始，加宽段的长度不小于5.0 m

表3(续)

巷道类型	顶部/m	两侧/m	备　　注
无轨胶轮车运输巷道	0.5	0.5	曲线巷道段应当在直线巷道允许安全间隙的基础上，按无轨胶轮车内、外轮曲率半径计算需加大的巷道宽度。巷道内外侧加宽要从曲线巷道两侧直线段开始，加宽段的长度应当满足安全运输的要求
设置移动变电站或者平板车的巷道		0.3	移动变电站或者平板车上设备最突出部分与巷道侧的间距

第九十一条　新建矿井、生产矿井新掘运输巷的一侧，从巷道道碴面起1.6 m的高度内，必须留有宽0.8 m（综合机械化采煤及无轨胶轮车运输的矿井为1 m）以上的人行道，管道吊挂高度不得低于1.8 m。

生产矿井已有巷道人行道的宽度不符合上述要求时，必须在巷道的一侧设置躲避硐，2个躲避硐的间距不得超过40 m。躲避硐宽度不得小于1.2 m，深度不得小于0.7 m，高度不得小于1.8 m。躲避硐内严禁堆积物料。

采用无轨胶轮车运输的矿井人行道宽度不足1 m时，必须制定专项安全技术措施，严格执行“行人不行车，行车不行人”的规定。

在人车停车地点的巷道上下人侧，从巷道道碴面起1.6 m的高度内，必须留有宽1 m以上的人行道，管道吊挂高度不得低于1.8 m。

第九十二条　在双向运输巷中，两车最突出部分之间的距离必须符合下列要求：

（一）采用轨道运输的巷道：对开时不得小于0.2 m，采区装载点不得小于0.7 m，矿车摘挂钩地点不得小于1 m。

（二）采用单轨吊车运输的巷道：对开时不得小于0.8 m。

（三）采用无轨胶轮车运输的巷道：

1. 双车道行驶，会车时不得小于0.5 m。

2. 单车道应当根据运距、运量、运速及运输车辆特性，在巷道的合适位置设置机车绕行道或者错车硐室，并设置方向标识。

第一百四十五条　箕斗提升井或者装有带式输送机的井筒兼作风井使用时，必须遵守下列规定：

（一）生产矿井现有箕斗提升井兼作回风井时，井上下装、卸载装置和井塔（架）必须有防尘和封闭措施，其漏风率不得超过15%。装有带式输送机的井筒兼作回风井时，井筒中的风速不得超过6 m/s，且必须装设甲烷断电仪。

（二）箕斗提升井或者装有带式输送机的井筒兼作进风井时，箕斗提升井筒中的风速不得超过 6 m/s、装有带式输送机的井筒中的风速不得超过 4 m/s，并有防尘措施。装有带式输送机的井筒中必须装设自动报警灭火装置、敷设消防管路。

第一百九十五条　突出矿井的采掘布置应当遵守下列规定：

（一）主要巷道应当布置在岩层或者无突出危险煤层内。突出煤层的巷道优先布置在被保护区域或者其他无突出危险区域内。

（二）应当减少井巷揭开（穿）突出煤层的次数，揭开（穿）突出煤层的地点应当合理避开地质构造带。

（三）在同一突出煤层的集中应力影响范围内，不得布置 2 个工作面相向回采或者掘进。

第一百九十六条　突出煤层的采掘工作应当遵守下列规定：

（一）严禁采用水力采煤法、倒台阶采煤法或者其他非正规采煤法。

（二）在急倾斜煤层中掘进上山时，应当采用双上山、伪倾斜上山等掘进方式，并加强支护。

（三）上山掘进工作面采用爆破作业时，应当采用深度不大于 1.0 m 的炮眼远距离全断面一次爆破。

（四）预测或者认定为突出危险区的采掘工作面严禁使用风镐作业。

（五）在过突出孔洞及其附近 30 m 范围内进行采掘作业时，必须加强支护。

（六）在突出煤层的煤巷中安装、更换、维修或者回收支架时，必须采取预防煤体冒落引起突出的措施。

第二百三十一条　冲击地压矿井巷道布置与采掘作业应当遵守下列规定：

（一）开采冲击地压煤层时，在应力集中区内不得布置 2 个工作面同时进行采掘作业。2 个掘进工作面之间的距离小于 150 m 时，采煤工作面与掘进工作面之间的距离小于 350 m 时，2 个采煤工作面之间的距离小于 500 m 时，必须停止其中一个工作面。相邻矿井、相邻采区之间应当避免开采相互影响。

（二）开拓巷道不得布置在严重冲击地压煤层中，永久硐室不得布置在冲击地压煤层中。煤层巷道与硐室布置不应留底煤，如果留有底煤必须采取底板预卸压措施。

（三）严重冲击地压厚煤层中的巷道应当布置在应力集中区外。双巷掘进时 2 条平行巷道在时间、空间上应当避免相互影响。

（四）冲击地压煤层应当严格按顺序开采，不得留孤岛煤柱。在采空区内不得留有煤柱，如果必须在采空区内留煤柱时，应当进行论证，报企业技术负责人审批，并将煤柱的位置、尺寸以及影响范围标在采掘工程平面图上。开采孤岛煤柱的，应当进行防冲安全开采论证；严重冲击地压矿井不得开采孤岛煤柱。

（五）对冲击地压煤层，应当根据顶底板岩性适当加大掘进巷道宽度。应当优先选择无煤柱护巷工艺，采用大煤柱护巷时应当避开应力集中区，严禁留大煤柱影响邻近层开采。巷道严禁采用刚性支护。

（六）采用垮落法管理顶板时，支架（柱）应当有足够的支护强度，采空区中所有支柱必须回净。

（七）冲击地压煤层掘进工作面临近大型地质构造、采空区、其他应力集中区时，必须制定专项措施。

（八）应当在作业规程中明确规定初次来压、周期来压、采空区“见方”等期间的防冲措施。

（九）在无冲击地压煤层中的三面或者四面被采空区所包围的区域开采和回收煤柱时，必须制定专项防冲措施。

第二百五十六条　井上、下必须设置消防材料库，并符合下列要求：

（一）井上消防材料库应当设在井口附近，但不得设在井口房内。

（二）井下消防材料库应当设在每一个生产水平的井底车场或者主要运输大巷中，并装备消防车辆。

（三）消防材料库储存的消防材料和工具的品种和数量应当符合有关要求，并定期检查和更换；消防材料和工具不得挪作他用。

第二百六十二条　对开采容易自燃和自燃的单一厚煤层或者煤层群的矿井，集中运输大巷和总回风巷应当布置在岩层内或者不易自燃的煤层内；布置在容易自燃和自燃的煤层内时，必须锚喷或者砌碹，碹后的空隙和冒落处必须用不燃性材料充填密实，或者用无腐蚀性、无毒性的材料进行处理。

第三百零七条　煤层顶、底板分布有强岩溶承压含水层时，主要运输巷、轨道巷和回风巷应当布置在不受水害威胁的层位中，并以石门分区隔离开采。对已经不具备石门隔离开采条件的应当制定防突水安全技术措施，并报矿总工程师审批。

第三百一十二条　主要泵房至少有 2 个出口，一个出口用斜巷通到井筒，并高出泵房底板 7 m 以上；另一个出口通到井底车场，在此出口通路内，应当设置易于关闭的既能防水又能防火的密闭门。泵房和水仓的连接通道，应当设置控制闸门。

排水系统集中控制的主要泵房可不设专人值守，但必须实现图像监视和专人巡检。

第三百三十一条　井下爆炸物品库应当采用硐室式、壁槽式或者含壁槽的硐室式。

爆炸物品必须贮存在硐室或者壁槽内，硐室之间或者壁槽之间的距离，必须符合爆炸物品安全距离的规定。

井下爆炸物品库应当包括库房、辅助硐室和通向库房的巷道。辅助硐室中，应当有检查电雷管全电阻、发放炸药以及保存爆破工空爆炸物品箱等的专用硐室。

第三百三十二条　井下爆炸物品库的布置必须符合下列要求：

（一）库房距井筒、井底车场、主要运输巷道、主要硐室以及影响全矿井或者一翼通风的风门的法线距离：硐室式不得小于 100 m，壁槽式不得小于 60 m。

（二）库房距行人巷道的法线距离：硐室式不得小于 35 m，壁槽式不得小于 20 m。

（三）库房距地面或者上下巷道的法线距离：硐室式不得小于 30 m，壁槽式不得小于 15 m。

（四）库房与外部巷道之间，必须用 3 条相互垂直的连通巷道相连。连通巷道的相交处必须延长 2 m，断面积不得小于 4 m^2，在连通巷道尽头还必须设置缓冲砂箱隔墙，不得将连通巷道的延长段兼作辅助硐室使用。库房两端的通道与库房连接处必须设置齿形阻波墙。

（五）每个爆炸物品库房必须有 2 个出口，一个出口供发放爆炸物品及行人，出口的一端必须装有能自动关闭的抗冲击波活门；另一出口布置在爆炸物品库回风侧，可以铺设轨道运送爆炸物品，该出口与库房连接处必须装有 1 道常闭的抗冲击波密闭门。

（六）库房地面必须高于外部巷道的地面，库房和通道应当设置水沟。

（七）贮存爆炸物品的各硐室、壁槽的间距应当大于殉爆安全距离。

第三百三十三条　井下爆炸物品库必须采用砌碹或者用非金属不燃性材料支护，不得渗漏水，并采取防潮措施。爆炸物品库出口两侧的巷道，必须采用砌碹或者用不燃性材料支护，支护长度不得小于 5 m。库房必须备有足够数量的消防器材。

第四百五十六条　永久性井下中央变电所和井底车场内的其他机电设备硐室，应当采用砌碹或者其他可靠的方式支护，采区变电所应当用不燃性材料支护。

硐室必须装设向外开的防火铁门。铁门全部敞开时，不得妨碍运输。铁门上应当装设便于关严的通风孔。装有铁门时，门内可加设向外开的铁栅栏门，但不得妨碍铁门的开闭。

从硐室出口防火铁门起 5 m 内的巷道，应当砌碹或者用其他不燃性材料支护。硐室内必须设置足够数量的扑灭电气火灾的灭火器材。

井下中央变电所和主要排水泵房的地面标高，应当分别比其出口与井底车场或者大巷连接处的底板标高高出 0.5 m。

硐室不应有滴水。硐室的过道应当保持畅通，严禁存放无关的设备和物件。

第四百五十七条　采掘工作面配电点的位置和空间必须满足设备安装、拆除、检修和运输等要求，并采用不燃性材料支护。

第四百五十八条　变电硐室长度超过 6 m 时，必须在硐室的两端各设 1 个出口。

2)《防治煤与瓦斯突出规定》

第十六条　突出矿井的巷道布置应当符合下列要求和原则：

（一）运输和轨道大巷、主要风巷、采区上山和下山（盘区大巷）等主要巷道布置在岩层或非突出煤层中。

（二）减少井巷揭穿突出煤层的次数。

（三）井巷揭穿突出煤层的地点应当合理避开地质构造破坏带。

（四）突出煤层的巷道优先布置在被保护区域或其他卸压区域。

3)《煤矿防治水规定》

第六十条　矿井主要水仓应当有主仓和副仓，当一个水仓清理时，另一个水仓能够正常使用。

新建、改扩建矿井或者生产矿井的新水平，正常涌水量在 1000 m^3/h 以下时，主要水仓的有效容量应当能容纳 8 h 的正常涌水量。

正常涌水量大于 1000 m^3/h 的矿井，主要水仓有效容量可以按照下式计算：

$$V = 2(Q + 3000)$$

式中　V——主要水仓的有效容量，m^3；

Q——矿井每小时的正常涌水量，m^3。

采区水仓的有效容量应当能容纳 4 h 的采区正常涌水量。

矿井最大涌水量与正常涌水量相差大的矿井，排水能力和水仓容量应当由有资质的设计单位编制专门设计，由煤矿企业总工程师组织审查批准。

水仓进口处应当设置箅子。对水砂充填和其他涌水中带有大量杂质的矿井，还应当设置沉淀池。水仓的空仓容量应当经常保持在总容量的 50% 以上。

第六十八条第二、三项　建筑防水闸门应当符合下列规定：

（二）防水闸门的施工及其质量，符合设计要求。闸门和闸门硐室不得漏水。

（三）防水闸门硐室前、后两端，分别砌筑不小于 5 m 的混凝土护碹，碹后用混凝土填实，不得空帮、空顶。防水闸门硐室和护碹采用高标号水泥进行注浆加固，注浆压力符合设计要求。

4)《煤炭工业矿井设计规范》

3.1.6 井筒数量及功能应符合下列规定：

1 斜井或立井开拓的矿井宜开凿两个提升井筒；

2 风井数量应根据开拓部署、通风系统要求、安全生产需要、合理工期安排及投资效益等，经综合论证后确定；

3 箕斗提升井或装有带式输送机的井筒兼作风井使用时，应符合下列规定：

1）箕斗提升井兼作回风井时，井上下装、卸载装置和井塔（架）必须采取密闭措施，其漏风率不得超过15%，并应采取防尘措施。装有带式输送机的井筒兼作回风井时，井筒中的风速不得超过6 m/s，且必须装有甲烷断电仪；

2）箕斗提升井或装有带式输送机的井筒兼作进风井时，箕斗提升井筒中的风速不得超过6 m/s、装有带式输送机的井筒中的风速不得超过4 m/s，并应采取防尘措施，井筒中必须装设自动报警灭火装置和敷设消防管路。

4 高瓦斯矿井、有煤（岩）与瓦斯（二氧化碳）突出危险的矿井必须设专用回风井。

3.3 开拓巷道布置

3.3.1 开拓巷道布置应满足矿井生产、安全和抗灾的要求，并应符合简化矿井运输、通风系统和多做煤巷、少做岩巷的原则。

3.3.2 多煤层矿井应根据煤层间距合理划分煤组，采用分组运输大巷或集中运输大巷布置方式。近水平多煤层矿井各分组大巷宜垂直重叠布置。

3.3.3 近水平及缓倾斜煤层矿井，主要回风道宜与主要运输道在同一水平成组布置，但主要回风道标高宜高于主要运输道的标高。其他矿井的主要回风道与主要运输道应布置在不同的水平。

3.3.4 开拓巷道不得布置在下列层位与区域：

1 有煤（岩）与瓦斯（二氧化碳）突出危险的煤层；

2 有严重冲击地压的煤层；

3 防水（砂）煤岩柱中。

3.3.5 开拓巷道不宜布置在软弱地层和富水性较强的地层中，不宜沿断层布置，并应避开活动断层和应力集中区。

3.3.6 矿井采区巷道和开拓巷道不应布置在禁采区内，因煤层赋存和高速铁路、城际铁路等客运专线及设计速度200 km/h的客货共线铁路线路布置等原因造成开拓巷道从高速铁路下方穿过时，巷道顶距铁路路基、桥梁及隧道等建筑物底部基础的距离，应根据巷道上覆岩层稳定程度、岩性、含水性等因素，以不引起上覆岩层沉降变形为原则，经计算确定；并且在巷道施工、使用期间或巷道废弃后，应采取防止顶板冒落、加强支护、注浆、防渗水、充填密闭等措施，确保在铁路的服务年限内，开拓巷道不会因变形、渗水等原因引起高速铁路、城际铁路等客运专线及设计速度 200 km/h 的客货共线铁路路基、桥梁及隧道基础的沉降变形。

3.3.7 布置在自燃、容易自燃煤层中的开拓巷道，必须采用锚喷支护或拱碹支护。碹后的空隙和冒落处必须采用不燃性材料充填密实，或用无腐蚀性、无毒性的材料进行处理。

3.3.8 突水危险严重和水文地质条件极复杂的矿井，开拓巷道的布置应保证采区涌水自流进入矿井主排水系统。

3.3.9 开拓巷道的断面应符合下列规定：

1 巷道净断面必须按支护最大允许变形后的断面设计；

2 巷道的净高、净宽、人行道、安全间隙、检修与操作空间必须符合现行国家标准《煤矿巷道断面和交岔点设计规范》GB 50419 的有关规定。

3.3.10 开拓巷道的巷道断面形状及支护方式应根据围岩条件、矿压特点、用途和服务年限等因素选择，并应符合下列规定：

1 岩石巷道应采用拱形断面，锚喷支护；当围岩条件差、地压大，且采用单一支护不合理时，应采用联合支护；

2 煤巷、煤岩巷宜采用矩形断面，锚喷支护；当围岩条件差、地压大时，宜采用拱形断面，并应采用锚喷支护或联合支护。

4.3 主要硐室

4.3.1 主要硐室应根据设备安装尺寸进行布置，并应便于操作、检修和设备更换，同时应符合通风、防水、防火等安全要求。

4.3.2 主要硐室位置的选择应符合下列规定：

1 应选择在比较稳定坚硬的岩（煤）层中，并应避开断层、陷落柱、强含水层和松散破碎岩（煤）层以及膨胀性岩层；

2 主要硐室不得布置在有煤（岩）与瓦斯（二氧化碳）突出危险的煤（岩）层以及有冲击地压危险的煤层中；

3 井下机电设备硐室应设在进风流中。

4.3.3 井下设置的主排水泵房、管子道、水仓、主变电所、架线电机车修理间及变流室、蓄电池电机车修理间及充电变流室、推车机及翻车机硐室、自卸矿车卸载站、爆炸材料库及发放硐室、消防材料库、防水闸门硐室、井下换装硐室、车辆存放间、避难硐室等各主要硐室，其平面和空间布置、安全设防及通风要求、支护方式及水仓有效容量等应符合现行国家标准《煤矿井底车场硐室设计规范》GB 50416 的有关规定。

4.3.4 罐笼提升的立井井筒与井底车场连接处两侧巷道均应设置双侧人行道，人行道宽度不应小于 1.0 m。连接处巷道高度和长度应满足设备布置和通过最长材料、下井最大件设备、罐笼同时进出车层数及操车设备的要求，其净高不应小于4.5 m，每侧加强支护段长度不应小于井筒净半径的3倍。

4.3.5 箕斗装载硐室布置应根据主井提升方式、装载设备布置，以及便于设备安装、检修、更换和行人安全等因素确定。箕斗装载硐室位置，当大巷采用矿车运煤时，宜设在运输水平以下；当大巷采用带式输送机运煤，且围岩条件适宜时，宜抬高设在运输水平以上。

4.3.6 井底煤仓位置应根据大巷运输方式、装载硐室位置、围岩条件及装载带式输送机巷与装载硐室相互联接关系等因素经比较确定，并应符合下列规定：

1 井底煤仓宜选用圆形直仓；

2 布置两个及以上的井底煤仓时，煤仓间应留有岩柱，其大小应根据煤仓所处围岩的岩性确定，但净岩柱不应小于其中最大煤仓掘进直径的2.5倍；

3 井底煤仓的有效容量应按合理平衡主运输和提升能力确定；

4 斜煤仓应采用耐磨材料铺底，其倾角不宜小于60°。

4.3.7 清理撒煤硐室及水窝泵房布置应根据井筒淋水量、撒煤量、井底与运输大巷相对关系和清理方式等因素确定，并应符合下列规定：

1 当主井底在运输水平以下时，应将撒煤、淋水引至井筒外侧，并应设置清理斜巷及清理、排水硐室；主井底在运输水平时，应在运输水平设清理硐室，不应设排水硐室；

2 副立井井底清理方式，当主井底在运输水平以下时，宜设至主井底泄水巷，并应集中清理；当主井底在运输水平或集中方式不经济时，可在副立井井底水窝设置水泵，并应单独清理，但应设置便于行人的通道；

3 井底撒煤应采用机械化清理。

4.3.8 矿井潜水电泵泵房应结合主排水泵房和水仓特点布置，宜与主排水泵房配水巷、水仓或井底水窝联合布置。

【相应处罚】

《煤矿企业安全生产许可证实施办法》第三十八条：安全生产许可证颁发管理机关应当加强对取得安全生产许可证的煤矿企业的监督检查，发现其不再具备本实施办法规定的安全生产条件的，应当责令限期整改，依法暂扣安全生产许可证；经整改仍不具备本实施办法规定的安全生产条件的，依法吊销安全生产许可证。

《安全生产违法行为行政处罚办法》第四十五条第一项：违反操作规程或者安全管理规定作业的，给予警告，并可以对生产经营单位处1万元以上3万元以下罚款，对其主要负责人、其他有关人员处1000元以上1万元以下的罚款。

【知识链接】

井田开拓方式的确定：

（1）井田开拓方式应根据矿井地形地貌条件、井田地质条件、煤层赋存条件、开采技术条件、装备条件、地面外部条件、设计生产能力等因素，经多方案比较后确定。

（2）当煤层赋存条件和地形条件适宜时，宜采用平硐开拓方式。

（3）煤层赋存较浅，表土层不厚，水文地质条件简单或表土层虽较厚，属于干旱贫水区，且井筒不需特殊工法施工的缓倾斜、倾斜煤层，宜采用斜井开拓方式。

（4）煤层赋存较深、表土层厚、水文地质条件复杂、井筒需用特殊工法施工或多水平开采的急倾斜煤层，宜采用立井开拓方式。

2. 采区巷道

【体检内容】

采区巷道布置合理，符合《煤矿安全规程》第一百四十九条、第一百九十五条；第二百三十一条规定；符合《防治煤与瓦斯突出规定》第十六条、第二十三条规定。

【法规依据】

1）《煤矿安全规程》

第一百四十九条　生产水平和采（盘）区必须实行分区通风。

准备采区，必须在采区构成通风系统后，方可开掘其他巷道；采用倾斜长壁布置的，大巷必须至少超前 2 个区段，并构成通风系统后，方可开掘其他巷道。采煤工作面必须在采（盘）区构成完整的通风、排水系统后，方可回采。

高瓦斯、突出矿井的每个采（盘）区和开采容易自燃煤层的采（盘）区，必须设置至少 1 条专用回风巷；低瓦斯矿井开采煤层群和分层开采采用联合布置的采（盘）区，必须设置 1 条专用回风巷。

采区进、回风巷必须贯穿整个采区，严禁一段为进风巷、一段为回风巷。

第一百九十五条　突出矿井的采掘布置应当遵守下列规定：

（一）主要巷道应当布置在岩层或者无突出危险煤层内。突出煤层的巷道优先布置在被保护区域或者其他无突出危险区域内。

（二）应当减少井巷揭开（穿）突出煤层的次数，揭开（穿）突出煤层的地点应当合理避开地质构造带。

（三）在同一突出煤层的集中应力影响范围内，不得布置 2 个工作面相向回采或者掘进。

第二百三十一条　冲击地压矿井巷道布置与采掘作业应当遵守下列规定：

（一）开采冲击地压煤层时，在应力集中区内不得布置 2 个工作面同时进行采掘作业。2个掘进工作面之间的距离小于150 m时，采煤工作面与掘进工作面之间的距离小于350 m时，2个采煤工作面之间的距离小于500 m时，必须停止其中一个工作面。相邻矿井、相邻采区之间应当避免开采相互影响。

（二）开拓巷道不得布置在严重冲击地压煤层中，永久硐室不得布置在冲击地压煤层中。煤层巷道与硐室布置不应留底煤，如果留有底煤必须采取底板预卸压措施。

（三）严重冲击地压厚煤层中的巷道应当布置在应力集中区外。双巷掘进时2条平行巷道在时间、空间上应当避免相互影响。

（四）冲击地压煤层应当严格按顺序开采，不得留孤岛煤柱。在采空区内不得留有煤柱，如果必须在采空区内留煤柱时，应当进行论证，报企业技术负责人审批，并将煤柱的位置、尺寸以及影响范围标在采掘工程平面图上。开采孤岛煤柱的，应当进行防冲安全开采论证；严重冲击地压矿井不得开采孤岛煤柱。

（五）对冲击地压煤层，应当根据顶底板岩性适当加大掘进巷道宽度。应当优先选择无煤柱护巷工艺，采用大煤柱护巷时应当避开应力集中区，严禁留大煤柱影响邻近层开采。巷道严禁采用刚性支护。

（六）采用垮落法管理顶板时，支架（柱）应当有足够的支护强度，采空区中所有支柱必须回净。

（七）冲击地压煤层掘进工作面临近大型地质构造、采空区、其他应力集中区时，必须制定专项措施。

（八）应当在作业规程中明确规定初次来压、周期来压、采空区“见方”等期间的防冲措施。

（九）在无冲击地压煤层中的三面或者四面被采空区所包围的区域开采和回收煤柱时，必须制定专项防冲措施。

2）《防治煤与瓦斯突出规定》

第十六条　突出矿井的巷道布置应当符合下列要求和原则：

（一）运输和轨道大巷、主要风巷、采区上山和下山（盘区大巷）等主要巷道布置在岩层或非突出煤层中；

（二）减少井巷揭穿突出煤层的次数；

（三）井巷揭穿突出煤层的地点应当合理避开地质构造破坏带；

（四）突出煤层的巷道优先布置在被保护区域或其他卸压区域。

【相应处罚】

《特别规定》第十条第一款：煤矿有本规定第八条第二款所列情形之一，仍然进行生产的，由县级以上地方人民政府负责煤矿安全生产监督管理的部门或者煤矿安全监察机构责令停产整顿，提出整顿的内容、时间等具体要求，处

50 万元以上 200 万元以下的罚款；对煤矿企业负责人处 3 万元以上 15 万元以下的罚款。

《煤矿企业安全生产许可证实施办法》第三十八条：安全生产许可证颁发管理机关应当加强对取得安全生产许可证的煤矿企业的监督检查，发现其不再具备本实施办法规定的安全生产条件的，应当责令限期整改，依法暂扣安全生产许可证；经整改仍不具备本实施办法规定的安全生产条件的，依法吊销安全生产许可证。

《防治煤与瓦斯突出规定》第一百一十五条：煤矿企业违反本规定第十六条、第十九条、第二十一条、第二十二条第一款和第二款规定的，责令限期改正，处 50 万元以上 100 万元以下的罚款；逾期未改正的，责令停止施工或停产整顿。

【知识链接】

1）采区布置

（1）和井田内其他采区相比，煤层赋存条件好，地质构造和开采技术条件简单，地质勘查程度高。

（2）资源可靠、可采储量丰富，探明的经济基础储量比例不应低于井田内其他采区。

（3）采区生产能力大，服务年限长，能保证接替采区的正常接替。

（4）地面一般应无影响开采的重要建（构）筑物，村庄少。

（5）首采区应位于工业场地保护煤柱线附近，工程量省、贯通距离短。

（6）当有中央采区时，中央采区应作为矿井首采采区。

2）采区巷道布置

（1）采区巷道布置方式应根据煤层赋存条件、开采技术条件、采煤方法、采掘机械化装备水平、采区运输方式、采区设计生产能力等因素，经技术经济比较后确定。

（2）无煤与瓦斯突出危险的矿井，采区准备巷道层位的选择，应体现煤巷布置为主、少布置岩巷的原则。凡煤层倾角及顶底板岩性条件适宜，采区上（下）山及分阶段平巷均应布置在煤层中。

有煤与瓦斯突出危险的矿井，采区巷道布置应符合现行《煤矿安全规程》的有关规定。

（3）高瓦斯矿井、有煤与瓦斯突出危险的矿井的每个采区和开采容易自然煤层的采区，或低瓦斯矿井开采煤层群和分层开采联合布置的采区，均必须按现行《煤矿安全规程》的有关规定设置专用回风巷；采区进、回风巷严禁一段进风、一段回风。

（4）采煤工作面回采巷道（包括工作面运输巷和回风巷），一般应采用单巷布置。当煤层瓦斯含量大、采区涌水量大，或因掘进、通风、运输等要求，单巷布置不能满足要求时，可采用双巷或多巷布置，但应明确巷间煤柱的回收措施。

(5) 缓倾斜、倾斜薄及中厚煤层、厚煤层分层开采，条件适宜，回采巷道应采用无煤柱护巷工艺；厚度小于2.5 m、不易自燃或自燃煤层，可采用沿空留巷。沿空掘巷和沿空留巷，应采取巷旁密闭或充填措施。

(6) 采区巷道断面，必须以支护最大允许变形后的断面能满足通风、运输、行人、管线及设备安装检修等需要为原则确定。净断面的选取，应符合现行《煤矿安全规程》和国家现行标准《煤矿矿井巷道断面及交岔点设计规范》(MT/T 5024) 的有关规定。

(7) 采区巷道支护形式，应根据围岩性质、巷道用途及服务年限、巷道受采动影响程度等因素确定。岩石巷道宜采用光爆锚喷支护，煤及半煤岩巷道宜采用锚杆、锚带、锚网、锚索、金属支架等支护。

3. 开采顺序

【体检内容】

煤层和工作面开采顺序满足瓦斯治理、防治水、防煤层自然发火要求，符合《煤矿安全规程》第九十五条、第一百一十一条、第一百四十九条、第一百九十二条、第二百三十一条、第二百六十三条、第三百零六条规定；符合《防治煤与瓦斯突出规定》第二十二条规定；符合《煤炭工业矿井设计规范》3.4.2的规定。

【法规依据】

1)《煤矿安全规程》

第九十五条　采（盘）区开采前必须按照生产布局和资源回收合理的要求编制采（盘）区设计，并严格按照采（盘）区设计组织施工，情况发生变化时及时修改设计。

一个采（盘）区内同一煤层的一翼最多只能布置1个采煤工作面和2个煤（半煤岩）巷掘进工作面同时作业。一个采（盘）区内同一煤层双翼开采或者多煤层开采的，该采（盘）区最多只能布置2个采煤工作面和4个煤（半煤岩）巷掘进工作面同时作业。

采掘过程中严禁任意扩大和缩小设计确定的煤柱。采空区内不得遗留未经设计确定的煤柱。

严禁任意变更设计确定的工业场地、矿界、防水和井巷等的安全煤柱。

严禁在高速铁路下开采安全煤柱。

下山采区未形成完整的通风、排水等生产系统前，严禁掘进回采巷道。

第一百一十一条　采用分层垮落法回采时，下一分层的采煤工作面必须在上一分层顶板垮落的稳定区域内进行回采。

第一百四十九条 生产水平和采（盘）区必须实行分区通风。

准备采区，必须在采区构成通风系统后，方可开掘其他巷道；采用倾斜长壁布置的，大巷必须至少超前2个区段，并构成通风系统后，方可开掘其他巷道。采煤工作面必须在采（盘）区构成完整的通风、排水系统后，方可回采。

高瓦斯、突出矿井的每个采（盘）区和开采容易自燃煤层的采（盘）区，必须设置至少1条专用回风巷；低瓦斯矿井开采煤层群和分层开采采用联合布置的采（盘）区，必须设置1条专用回风巷。

采区进、回风巷必须贯穿整个采区，严禁一段为进风巷、一段为回风巷。

第一百九十二条 突出矿井必须确定合理的采掘部署，使煤层的开采顺序、巷道布置、采煤方法、采掘接替等有利于区域防突措施的实施。

突出矿井在编制生产发展规划和年度生产计划时，必须同时编制相应的区域防突措施规划和年度实施计划，将保护层开采、区域预抽煤层瓦斯等工程与矿井采掘部署、工程接替等统一安排，使矿井的开拓区、抽采区、保护层开采区和被保护层有效区按比例协调配置，确保采掘作业在区域防突措施有效区内进行。

第二百三十一条第（四）项 冲击地压煤层应当严格按顺序开采，不得留孤岛煤柱。在采空区内不得留有煤柱，如果必须在采空区内留煤柱时，应当进行论证，报企业技术负责人审批，并将煤柱的位置、尺寸以及影响范围标在采掘工程平面图上。开采孤岛煤柱的，应当进行防冲安全开采论证；严重冲击地压矿井不得开采孤岛煤柱。

第二百六十三条 开采容易自燃和自燃煤层时，采煤工作面必须采用后退式开采，并根据采取防火措施后的煤层自然发火期确定采（盘）区开采期限。在地质构造复杂、断层带、残留煤柱等区域开采时，应当根据矿井地质和开采技术条件，在作业规程中另行确定采（盘）区开采方式和开采期限。回采过程中不得任意留设设计外煤柱和顶煤。采煤工作面采到终采线时，必须采取措施使顶板冒落严实。

第三百零六条 矿井建设和延深中，当开拓到设计水平时，必须在建成防、排水系统后方可开拓掘进。

2)《防治煤与瓦斯突出规定》

第二十二条 在同一突出煤层正在采掘的工作面应力集中范围内，不得安排其他工作面进行回采或者掘进。具体范围由矿技术负责人确定，但不得小于30 m。

突出煤层的掘进工作面应当避开邻近煤层采煤工作面的应力集中范围。

在突出煤层的煤巷中安装、更换、维修或回收支架时，必须采取预防煤体垮落而引起突出的措施。

3）《煤炭工业矿井设计规范》

3.4.2 煤层开采顺序应根据煤层赋存条件、开采技术条件等，经分析论证确定，并应符合下列规定：

（1）多煤层相距较近时，应采用先采上层、后采下层的下行式开采；多煤层层间距较大，且开采下部煤层不影响安全开采上部煤层时，可采用先采下层、后采上层的上行式开采。

（2）开采有煤与瓦斯（二氧化碳）突出煤层，经论证需要先开采下部保护层时，可采用先采下层，后采上层的上行式开采。

（3）开采有冲击地压煤层时，应选择无冲击地压或弱冲击地压煤层作为保护层开采。

（4）不同煤质的煤层以及厚、薄煤层宜合理搭配开采。

【相应处罚】

《特别规定》第十条第一款：煤矿有本规定第八条第二款所列情形之一，仍然进行生产的，由县级以上地方人民政府负责煤矿安全生产监督管理的部门或者煤矿安全监察机构责令停产整顿，提出整顿的内容、时间等具体要求，处50万元以上200万元以下的罚款；对煤矿企业负责人处3万元以上15万元以下的罚款。

《防治煤与瓦斯突出规定》第一百一十五条：煤矿企业违反本规定第十六条、第十九条、第二十一条、第二十二条第一款和第二款规定的，责令限期改正，处50万元以上100万元以下的罚款；逾期未改正的，责令停止施工或停产整顿。

【知识链接】

1）井田阶段的开采顺序

阶段的开采顺序有两种方式：

（1）下行式，即自上而下进行开采，先采上阶段，而后开采下阶段。

（2）上行式，与下行式相反。

2）采区的开采顺序

阶段中采区的开采顺序，按照回采工作对主要开拓巷道的位置关系，可分为三种。

（1）前进式回采——当阶段运输平巷掘进一定距离后，从靠近主要开拓巷道的矿块开始回采，向井田边界依次推进。

（2）后退式回采顺序——阶段运输巷道掘进到井田边界后，从井田边界的矿块开始，向主要开拓巷道方向依次回采。

（3）混合式回采——混合式回采是指初期采用前进式开采，当阶段运输平巷掘进完毕后，再改为后退式开采，或既前进，又后退同时开采。

4. 采掘工作面

【体检内容】

矿井采掘工作面数量符合《煤矿安全规程》第九十五条规定、《关于加强煤矿井下生产布局管理控制超强度生产的意见》（发改运行〔2014〕893号）、《煤炭工业矿井设计规范》5.1.2的规定。

【法规依据】

1）《煤矿安全规程》

第九十五条　采（盘）区开采前必须按照生产布局和资源回收合理的要求编制采（盘）区设计，并严格按照采（盘）区设计组织施工，情况发生变化时及时修改设计。

一个采（盘）区内同一煤层的一翼最多只能布置1个采煤工作面和2个煤（半煤岩）巷掘进工作面同时作业。一个采（盘）区内同一煤层双翼开采或者多煤层开采的，该采（盘）区最多只能布置2个采煤工作面和4个煤（半煤岩）巷掘进工作面同时作业。

2）《关于加强煤矿井下生产布局管理控制超强度生产的意见》（发改运行〔2014〕893号）

（八）推广“一井一面”、“一井两面”生产模式。原则上一个采（盘）区只布置一个采煤工作面生产。中小型矿井同时生产的采煤工作面不得超过2个。大型矿井同时生产的采煤工作面不得超过3个。

3）《煤炭工业矿井设计规范》

5.1.2　采区内同时生产的回采工作面个数，同一煤层的一翼不应超过1个回采工作面；同一煤层双翼开采或多煤层开采时，不应超过2个回采工作面。

【相应处罚】

《特别规定》第十条第一款：煤矿有本规定第八条第二款所列情形之一，仍然进行生产的，由县级以上地方人民政府负责煤矿安全生产监督管理的部门或者煤矿安全监察机构责令停产整顿，提出整顿的内容、时间等具体要求，处50万元以上200万元以下的罚款；对煤矿企业负责人处3万元以上15万元以下的罚款。

5. 采煤方法

【体检内容】

淘汰巷采等落后采煤方法，采用有利于瓦斯、水害和煤层自然发火防治的采煤方法，符合《煤矿安全规程》第九十七条、第一百一十三条、第一百一十四条、第一百一十五条、第一百一十六条、第一百九十六条、第二百六十三条规定；符合《防治煤与瓦斯突出规定》第十九条规定；符合《煤炭工业矿井设计规范》5.2.1 规定。

【法规依据】

1）《煤矿安全规程》

第九十七条第三、四款　采煤工作面必须正规开采，严禁采用国家明令禁止的采煤方法。

高瓦斯、突出、有容易自燃或者自燃煤层的矿井，不得采用前进式采煤方法。

第一百一十三条　采用水力采煤时，必须遵守下列规定：

（一）第一次采用水力采煤的矿井，必须根据矿井地质条件、煤层赋存条件等因素编制开采设计，并经行业专家论证。

（二）水采工作面必须采用矿井全风压通风。可以采用多条回采巷道共用 1 条回风巷的布置方式，但回采巷道数量不得超过 3 个，且必须正台阶布置，单枪作业，依次回采。采用倾斜短壁水力采煤法时，回采巷道两侧的回采煤垛应当上下错开，左右交替采煤。

应当根据煤层自然发火期进行区段划分，保证划分区段在自然发火期内采完并及时密闭。密闭设施必须进行专项设计。

（三）相邻回采巷道及工作面回风巷之间必须开凿联络巷，用以通风、运料和行人。应当及时安设和调整风帘（窗）等控风设施。联络巷间距和支护形式必须在作业规程中规定。

（四）采煤工作面应当采用闭式顺序落煤，贯通前的采硐可以采用局部通风机辅助通风。应当在作业规程中明确工作面顶煤、顶板突然垮落时的安全技术措施。

（五）回采水枪应当使用液控水枪，水枪到控制台距离不得小于 10 m。对使用中的水枪，每 3 个月应当至少进行 1 次耐压试验。

（六）采煤工作面附近必须设置通信设备，在水枪附近必须有直通高压泵房的声光兼备的信号装置。

严禁水枪司机在无支护条件下作业。水枪司机与煤水泵司机、高压泵司机之间必须装电话及声光兼备的信号装置。

（七）用明槽输送煤浆时，倾角超过 25°的巷道，明槽必须封闭，否则禁止行人。倾角在 15°~25°时，人行道与明槽之间必须加设挡板或者挡墙，其高度不得小于 1 m；在拐弯、倾角突然变大及有煤浆溅出的地点，在明槽处应当加高挡板或者加盖。在行人经常跨过的明槽处，必须设过桥。必须保持巷道行人侧畅通。

除不行人的急倾斜专用岩石溜煤眼外，不得无槽、无沟沿巷道底板运输煤浆。

（八）工作面回风巷内严禁设置电气设备，在水枪落煤期间严禁行人和安排其他作业。

有下列情形之一的，严禁采用水力采煤：

（一）突出矿井，以及掘进工作面瓦斯涌出量大于 3 m^3/min 的高瓦斯矿井。

（二）顶板不稳定的煤层。

（三）顶底板容易泥化或者底鼓的煤层。

（四）容易自燃煤层。

第一百一十四条　采用综合机械化采煤时，必须遵守下列规定：

（一）必须根据矿井各个生产环节、煤层地质条件、厚度、倾角、瓦斯涌出量、自然发火倾向和矿山压力等因素，编制工作面设计。

（二）运送、安装和拆除综采设备时，必须有安全措施，明确规定运送方式、安装质量、拆装工艺和控制顶板的措施。

（三）工作面煤壁、刮板输送机和支架都必须保持直线。支架间的煤、矸必须清理干净。倾角大于 15°时，液压支架必须采取防倒、防滑措施；倾角大于 25°时，必须有防止煤（矸）窜出刮板输送机伤人的措施。

（四）液压支架必须接顶。顶板破碎时必须超前支护。在处理液压支架上方冒顶时，必须制定安全措施。

（五）采煤机采煤时必须及时移架。移架滞后采煤机的距离，应当根据顶板的具体情况在作业规程中明确规定；超过规定距离或者发生冒顶、片帮时，必须停止采煤。

（六）严格控制采高，严禁采高大于支架的最大有效支护高度。当煤层变薄时，采高不得小于支架的最小有效支护高度。

（七）当采高超过 3 m 或者煤壁片帮严重时，液压支架必须设护帮板。当采高超过 4.5 m 时，必须采取防片帮伤人措施。

（八）工作面两端必须使用端头支架或者增设其他形式的支护。

（九）工作面转载机配有破碎机时，必须有安全防护装置。

（十）处理倒架、歪架、压架，更换支架，以及拆修顶梁、支柱、座箱等大型部件时，必须有安全措施。

（十一）在工作面内进行爆破作业时，必须有保护液压支架和其他设备的安全措施。

（十二）乳化液的配制、水质、配比等，必须符合有关要求。泵箱应当设自动给液装置，防止吸空。

（十三）采煤工作面必须进行矿压监测。

第一百一十五条　采用放顶煤开采时，必须遵守下列规定：

（一）矿井第一次采用放顶煤开采，或者在煤层（瓦斯）赋存条件变化较大的区域采用放顶煤开采时，必须根据顶板、煤层、瓦斯、自然发火、水文地质、煤尘爆炸性、冲击地压等地质特征和灾害危险性进行可行性论证和设计，并由煤矿企业组织行业专家论证。

（二）针对煤层开采技术条件和放顶煤开采工艺特点，必须制定防瓦斯、防火、防尘、防水、采放煤工艺、顶板支护、初采和工作面收尾等安全技术措施。

（三）放顶煤工作面初采期间应当根据需要采取强制放顶措施，使顶煤和直接顶充分垮落。

（四）采用预裂爆破处理坚硬顶板或者坚硬顶煤时，应当在工作面未采动区进行，并制定专门的安全技术措施。严禁在工作面内采用炸药爆破方法处理未冒落顶煤、顶板及大块煤（矸）。

（五）高瓦斯、突出矿井的容易自燃煤层，应当采取以预抽方式为主的综合抽采瓦斯措施和综合防灭火措施，保证本煤层瓦斯含量不大于 6 m^3/t。

（六）严禁单体支柱放顶煤开采。

有下列情形之一的，严禁采用放顶煤开采：

（一）缓倾斜、倾斜厚煤层的采放比大于 1∶3，且未经行业专家论证的；急倾斜水平分段放顶煤采放比大于 1∶8 的。

（二）采区或者工作面采出率达不到矿井设计规范规定的。

（三）煤层有突出危险的。

（四）坚硬顶板、坚硬顶煤不易冒落，且采取措施后冒放性仍然较差，顶板垮落充填采空区的高度不大于采放煤高度的。

（五）矿井水文地质条件复杂，放顶煤开采后有可能与地表水、老窑积水和强含水层导通的。

（六）放顶煤开采后有可能沟通火区的。

第一百一十六条　采用连续采煤机开采，必须根据工作面地质条件、瓦斯涌出量、自然发火倾向、回采速度、矿山压力，以及煤层顶底板岩性、厚度、倾角等因素，编制开采设计和回采作业规程，并符合下列要求：

（一）工作面必须形成全风压通风后方可回采。

（二）严禁采煤机司机等人员在空顶区作业。

（三）运输巷与短壁工作面或者回采支巷连接处（出口），必须加强支护。

（四）回收煤柱时，连续采煤机的最大进刀深度应当根据顶板状况、设备配套、采煤工艺等因素合理确定。

（五）采用垮落法控制顶板，对于特殊地质条件下顶板不能及时冒落时，必须采取强制放顶或者其他处理措施。

（六）采用煤柱支承采空区顶板及上覆岩层的部分回采方式时，应当有防止采空区顶板大面积垮塌的措施。

（七）应当及时安设和调整风帘（窗）等控风设施。

（八）容易自燃煤层应当分块段回采，且每个采煤块段必须在自然发火期内回采结束并封闭。

有下列情形之一的，严禁采用连续采煤机开采：

（一）突出矿井或者掘进工作面瓦斯涌出量超过 3 m^3/min 的高瓦斯矿井。

（二）倾角大于 8°的煤层。

（三）直接顶不稳定的煤层。

第一百九十六条　突出煤层的采掘工作应当遵守下列规定：

（一）严禁采用水力采煤法、倒台阶采煤法或者其他非正规采煤法。

（二）在急倾斜煤层中掘进上山时，应当采用双上山、伪倾斜上山等掘进方式，并加强支护。

（三）上山掘进工作面采用爆破作业时，应当采用深度不大于 1.0 m 的炮眼远距离全断面一次爆破。

（四）预测或者认定为突出危险区的采掘工作面严禁使用风镐作业。

（五）在过突出孔洞及其附近 30 m 范围内进行采掘作业时，必须加强支护。

（六）在突出煤层的煤巷中安装、更换、维修或者回收支架时，必须采取预防煤体冒落引起突出的措施。

第二百六十三条　开采容易自燃和自燃煤层时，采煤工作面必须采用后退式开采，并根据采取防火措施后的煤层自然发火期确定采（盘）区开采期限。在地质构造复杂、断层带、残留煤柱等区域开采时，应当根据矿井地质和开采技术条件，在作业规程中另行确定采（盘）区开采方式和开采期限。回采过程中不得任意留设设计外煤柱和顶煤。采煤工作面采到终采线时，必须采取措施使顶板冒落严实。

2）《煤炭工业矿井设计规范》

5.2.1　采煤方法及工艺的选择应符合下列规定：

（1）选择采煤方法，应根据地质条件、煤层赋存条件、开采技术条件、设备状况及其发展趋势等因素，经综合技术经济比较后确定。

（2）大型矿井应以综合机械化采煤工艺为主，条件适宜的中、小型矿井宜采用综采工艺。

（3）条件适宜时，应采用先进成套综采设备，并应装备安全高效采煤工作面。

【相应处罚】

《特别规定》第十条第一款：煤矿有本规定第八条第二款所列情形之一，仍然进行生产的，由县级以上地方人民政府负责煤矿安全生产监督管理的部门或者煤矿安全监察机构责令停产整顿，提出整顿的内容、时间等具体要求，处50万元以上200万元以下的罚款；对煤矿企业负责人处3万元以上15万元以下的罚款。

《安全生产法》第九十六条第六项：使用应当淘汰的危及生产安全的工艺、设备的，责令限期改正，可以处五万元以下的罚款；逾期未改正的，处五万元以上二十万元以下的罚款，对其直接负责的主管人员和其他直接责任人员处一万元以上二万元以下的罚款；情节严重的，责令停产停业整顿；构成犯罪的，依照刑法有关规定追究刑事责任。

【知识链接】

严禁采用仓储式、巷道式、高落式等国家明令禁止的采煤方法。

我国煤矿采煤工作面主要有前进式和后退式两种采煤方法。前进式采煤法是在掘好必要的开拓、准备及相关联络巷后，不预掘采煤工作面进、回风巷就直接掘开切眼，并从开切眼起进行前进式采煤，即从采区中央（采区上下山）向采区边界逐步推进的一种采煤方法。后退式采煤法则是在掘好必要的开拓、准备及相关联络巷基础上，预掘采煤工作面进、回风巷到采区边界后，开切眼，并从开切眼起进行后退式采煤，即从采区边界向采区中央逐步推进的一种采煤方法。

前进式采煤法具有一些优点，如巷道掘进工程量小，费用低；准备时间短，有利于缓解矿井采掘接替矛盾；回采巷道的服务时间短，维修次数少，维护费用低等。但其缺陷和不足也十分明显：

（1）回采巷道维护条件差，漏风大，容易造成工作面风量不足，引起采空区煤炭自然发火。前进式采煤的回采巷道一侧为采空区，对其维护比较困难，且容易形成较大的采空区漏风，造成采煤工作面风量不足。如果煤具有自然发火危险，易造成采空区煤炭自燃火灾。

（2）对工作面前方地质条件变化的预测性差，不利于对安全问题的预先防范和煤与瓦斯突出的防治。虽然随着地质探测技术的发展，可以掌握工作面前方较大的地质构造，但对微小构造尚缺乏有效的技术手段。采煤工作面采用前进式采煤方法，其前方没有巷道探测地质变化和煤层特征，一旦出现异常变化，容易造成生产的被动；如果煤层具有煤与瓦斯突出危险，不利于突出的预测预报，万一发生突出，其强度和破坏性往往更大。

（3）不利于煤矿瓦斯抽放。瓦斯抽放是高瓦斯矿井、煤与瓦斯突出矿井治理瓦斯的最重要措施。采煤工作面采用前进式采煤方法时，对煤层的瓦斯抽放只能采用穿层钻孔预抽的方法，一旦预抽效果不佳，采取边采边抽进行补救极为困难。

（4）掘进与回采相互影响。如果生产的组织管理不善，有时会严重影响生产的正常进行。

与前进式采煤方法相比，后退式采煤法则在瓦斯治理、突出防治和预防自然发火方面具有更多优势。采用后退式采煤方法时，回采巷道两侧为实体煤，维护条件好，漏风小；回采前掘进回采巷道，不仅掘进和回采互不影响，而且可以探测煤层的地质条件变化，预测煤与瓦斯突出危险性，掌握生产的主动权；在先掘的回采巷道内可以布置瓦斯抽放钻场，既可进行煤层瓦斯预抽，也可进行边采边抽，有利于更有效地治理瓦斯。

6. 超能力生产

【体检内容】

矿井月产量按月度计划组织生产；没有月度计划的，不得超过矿井核定（设计）生产能力的1/12，符合《煤矿生产能力管理办法》第18条规定。灾害严重矿井重新进行生产能力核定，符合国家安全监管总局等4部门《关于开展灾害严重煤矿生产能力核定工作的通知》（安监总煤行〔2015〕98号）规定。

【法规依据】

《煤矿生产能力管理办法》

第十八条　煤矿应当按照均衡生产原则，安排年度、季度、月度生产计划，合理组织生产。年度原煤产量不得超过生产能力，月度原煤产量不得超过月计划的10%。无月度计划的，月产量不得超过生产能力的1/12。煤矿应在显著位置公示煤矿生产能力和年度、月度生产计划，接受社会、群众和舆论监督。

【相应处罚】

《特别规定》第十条第一款：煤矿有本规定第八条第二款所列情形之一，仍然进行生产的，由县级以上地方人民政府负责煤矿安全生产监督管理的部门或者煤矿安全监察机构责令停产整顿，提出整顿的内容、时间等具体要求，处50万元以上200万元以下的罚款；对煤矿企业负责人处3万元以上15万元以下的罚款。

《安全生产违法行为行政处罚办法》第四十五条第四项：超过核定的生产能力、强度或者定员进行生产的，给予警告，并可以对生产经营单位处1万元以上3万元以下罚款，对其主要负责人、其他有关人员处1千元以上1万元以下的罚款。

【知识链接】

超能力生产违背煤矿生产规律，是煤矿安全重大隐患，所有生产煤矿必须按照公告生产能力组织生产，合理安排年度、季度、月度生产计划。煤矿全年原煤产量不得超过核定生产能力的110%；或者月度产量不得超过核定生产能力的10%。企业集团公司不得向所属煤矿下达超过公告生产能力的生产计划及相关经济指标。

7. 四个煤量

【体检内容】

开拓煤量、准备煤量、回采煤量及安全（抽采、超前治理）煤量是否平衡，有无“剃头下山”开采情况。四个煤量的可采期符合《煤矿生产能力核定标准》第二十三条规定、《煤矿瓦斯抽采达标暂行规定》第十一条和第十三条规定。

【法规依据】

1）《煤矿生产能力核定标准》

第二十三条第六项　必须保证回采工作面的正常接续，均衡稳定生产，“三个煤量”及抽采达标煤量符合国家有关规定。大中型矿井开拓煤量可采期应达到3~5年以上，准备煤量可采期应达到1年以上，回采煤量可采期应达到4~6个月以上。小型矿井开拓煤量可采期应达到2~3年以上，准备煤量可采期应达到8~10个月以上，回采煤量可采期应达到3~5个月以上，瓦斯抽采矿井抽采掘平衡。

2）《煤矿瓦斯抽采达标暂行规定》

第十一条　矿井在编制生产发展规划和年度生产计划时，必须同时组织编制相应的瓦斯抽采达标规划和年度实施计划，确保“抽掘采平衡”。矿井生产规划和计划的编制应当以预期的矿井瓦斯抽采达标煤量为限制条件。

抽采达标规划包括：抽采达标工程（表）、抽采量（表）、抽采设备设施（表）、资金计划（表），抽采达标范围可规划产量（表）、采面接替（表）、巷道掘进（表）等。

年度实施计划包括：年度瓦斯抽采达标的煤层范围及相对应的年度产量安排（表）、采面接替（表）、巷道掘进（表），年度抽采工程（表）、抽采设备设施（表）、施工队伍、抽采时间、抽采量（表）、抽采指标、资金计划（表）以及其他保障措施。

矿井应当积极试验和考察不同抽采方式和参数条件下的煤层瓦斯抽采规律，根据抽采参数、抽采时间和抽采效果之间的关系，确定矿井合理抽采方式下的抽采超前时间，并结合抽采工程施工周期，安排抽采、掘进、回采三者之间的接替关系。

煤矿企业对矿井瓦斯抽采规划、计划、设计、工程施工、设备设施以及抽采计量、效果等每年应当至少进行一次审查。

第十三条　矿井确定开拓和开采布局时，应当充分考虑瓦斯抽采达标需要的工程和时间。

煤层群开采的矿井，应当部署抽采采动卸压瓦斯的配套工程。

开采保护层时，必须布置对被保护层进行瓦斯抽采的配套工程，确保抽采达标。

在煤层底（顶）板布置专用抽采瓦斯巷道，采用穿层钻孔抽采瓦斯时，其专用抽采瓦斯巷道应当满足下列要求：

（一）巷道的位置、数量应当满足可实现抽采达标的抽采方法的要求；

（二）巷道施工应当满足抽采达标所需的抽采时间要求；

（三）敷设抽采管路、布置钻场及钻孔的抽采巷道采用矿井全风压通风时，巷道风速不得低于 0.5 m/s。

【相应处罚】

《特别规定》第十条第一款：煤矿有本规定第八条第二款所列情形之一，仍然进行生产的，由县级以上地方人民政府负责煤矿安全生产监督管理的部门或者煤矿安全监察机构责令停产整顿，提出整顿的内容、时间等具体要求，处50万元以上200万元以下的罚款；对煤矿企业负责人处3万元以上15万元以下的罚款。

【知识链接】

1）矿井“四量”计算方法

（1）开拓煤量=(煤层两翼已开拓的走向长度×采区平均斜长×煤层平均厚度×煤的容重-地质损失-开拓煤量可采期限内不能开采的煤量)×采区回采率

（2）准备煤量=(采区走向长度×采区斜长×煤层平均厚度×煤的容重-地质损失-呆滞煤量)×采区回采率

（3）抽采煤量=(抽采达标范围面积×煤层平均厚度×煤的容重-地质损失)×采区回采率

（4）回采煤量=工作面走向可采长度×工作面倾向可采长度×采高×煤的容重×工作面回采率

2）矿井“四量”可采期计算方法

开拓煤量可采期(年)=期末开始煤量/当年计划年产量

准备煤量可采期(月)=期末准备煤量/当年平均月计划产量

抽采煤量可采期(月)=期末抽采煤量/当年平均月计划回采产量

回采煤量可采期(月)=期末回采煤量/当年平均月计划回采产量

（1）新建矿井移交生产时计算开拓煤量、准备煤量可采期采用移交当时的开拓煤量、准备煤量和年设计生产能力及月平均设计生产能力抽采煤量和回采煤量可采期计算采用移交当时的抽采煤量、回采煤量和当年平均月计划回采产量。

（2）当矿井的当年计划年产量超过矿井设计能力时，计算开拓煤量及准备煤量可采期采用当年计划年产量；当矿井的当年计划生产未达到设计能力时，计算开拓煤量及准备煤量可采期采用设计能力。

（3）集团公司综合计算“四量”可采期时，公式中的分子分母按各矿井相加之和求得

8. 图纸

【体检内容】

采掘工程平面图、通风系统图等图纸按规定填绘，能反映实际情况，符合《煤矿安全规程》第 14 条规定。

【法规依据】

《煤矿安全规程》

第十四条　井工煤矿必须按规定填绘反映实际情况的下列图纸：

（一）矿井地质图和水文地质图。

（二）井上、下对照图。

（三）巷道布置图。

（四）采掘工程平面图。

（五）通风系统图。

（六）井下运输系统图。

（七）安全监控布置图和断电控制图、人员位置监测系统图。

（八）压风、排水、防尘、防火注浆、抽采瓦斯等管路系统图。

（九）井下通信系统图。

（十）井上、下配电系统图和井下电气设备布置图。

（十一）井下避灾路线图。

【相应处罚】

《安全生产违法行为行政处罚办法》第四十五条第一项：违反操作规程或者安全管理规定作业的，给予警告，并可以对生产经营单位处 1 万元以上 3 万元以下罚款，对其主要负责人、其他有关人员处 1000 元以上 1 万元以下的罚款。

《煤矿企业安全生产许可证实施办法》第三十八条：安全生产许可证颁发管理机关应当加强对取得安全生产许可证的煤矿企业的监督检查，发现其不再具备本实施办法规定的安全生产条件的，应当责令限期整改，依法暂扣安全生产许可证；经整改仍不具备本实施办法规定的安全生产条件的，依法吊销安全

生产许可证。

【知识链接】

（1）矿区必备的综合性图件：①矿区地层综合柱状图；②矿区煤系地层综合柱状图；③矿区煤（岩）层对比图；④矿区地形地质图或基岩地质图；⑤矿区主要地质剖面图；⑥矿区或区域地质构造纲要图；⑦矿区主要可采煤层底板等高线图。

（2）矿井必备的综合性图件：①矿井为煤系地层综合柱状图，1：200～1：1000；②矿井煤（岩）层对比图，1：200～1：500；③矿井地形地质图或基岩地质图，1：2000～1：5000；④矿井可采煤层底板等高线及储量计算图（急倾斜煤层加绘立面投影图），1：2000或1：5000；⑤矿井地质剖面图，1：1000或1：2000；⑥矿井水平地质切面图（适用于煤层倾角大于25度的多煤层矿井），1：2000或1：5000。

（3）矿井通风系统图：①矿井通风系统图必须标明风流方向、风量和通风设施的安装地点；②必须按季绘制通风系统图，并按月补充修改；③多煤层同时开采的矿井，必须绘制分层通风系统图；④应当绘制矿井通风系统立体示意图和矿井通风网络图。

9. 采矿许可

【体检内容】

依法在采矿许可证规定的范围内开采，井巷煤柱留设符合《煤矿安全规程》第九十五条、第一百二十三条规定。

【法规依据】

1）《煤矿安全规程》

第九十五条第三、四、五款　采掘过程中严禁任意扩大和缩小设计确定的煤柱。采空区内不得遗留未经设计确定的煤柱。

严禁任意变更设计确定的工业场地、矿界、防水和井巷等的安全煤柱。

严禁在高速铁路下开采安全煤柱。

第一百二十三条　建（构）筑物下、水体下、铁路下，以及主要井巷煤柱开采，必须经过试采。试采前，必须按其重要程度以及可能受到的影响，采取相应技术措施并编制开采设计。

2）《煤炭法》

第二十四条　煤炭生产应当依法在批准的开采范围内进行，不得超越批准的开采范围越界、越层开采。采矿作业不得擅自开采保安煤柱，不得采用可能危及相邻煤矿生产安全的决水、爆破、贯通巷道等危险方法。

【相应处罚】

《矿产资源法》第四十条：超越批准的矿区范围采矿的，责令退回本矿区范围内开采、赔偿损失，没收越界开采的矿产品和违法所得，可以并处罚款；拒不退回本矿区范围内开采，造成矿产资源破坏的，吊销采矿许可证，依照刑法第一百五十六条的规定对直接责任人员追究刑事责任。

【知识链接】

目前，超层越界采矿行为尚无统一的概念，其定义描述与实质性界定散见于国土资源、煤炭、安监等几部门文件中。“层”首先应理解为描述层状、似层状构造的矿体，以煤矿最为明显；“界”则表现为闭合的平面范围和垂向上为开采上下限标高。“层”、“界”框定了开采的空间区域，为平面上由若干个拐点组成的闭合曲线及纵向上由高程限定而成的立体空间。

超层越界违法行为的界定：一是持合法采矿许可证的行为人实施的违法行为。超层越界首先确定了一个超越活动的参照点——“层”和“界”，该“层”和“界”是由依法取得的采矿许可证确定的，采矿许可证划定的矿区范围是其采矿权唯一、合法、封闭的采矿活动场所，只有持有合法采矿许可证的矿山企业才可能实施超层越界行为。二是产生了损害结果。直接结果是行为人超越了其合法矿区范围，进入矿业权空白区或他人矿业权区域，虽然侵犯的法律关系不完全一致，进入矿业权空白区的超层越界开采行为侵犯了《矿产资源法》所保护的矿产资源法律关系，即侵犯了矿产资源的国家所有权；进入他人合法矿业权区域则成为民法所调整的法律关系，但都损害了他人的合法利益或违法人获得不法收益。三是“连续”为超层越界违法行为的重要表征。“连续”开采是行为人在“界”内活动的向外延伸，即从界内连续采矿至界外，是一个由“合法活动”向“违法开采”渐变的过程，具有可控性。区别于持有合法有效的采矿许可证而直接在界外开采，由于无“越界”过程，不存在由“合法活动”向“违法开采”渐变的过程而定性为非法采矿。正确理解“连续”的含义，可正确区分“超层越界”和“非法采矿”，尤其是杜绝将持有合法有效的采矿许可证而直接在界外非法开采定性为“超层越界”，减少违法者受到较轻处罚、客观上降低违法者违法成本现象的发生。

10. 回采工艺及设备

【体检内容】

回采工艺及采掘设备先进、适用、可靠，符合《煤炭工业矿井设计规范》5.2.2、5.2.3的规定。

【法规依据】

《煤炭工业矿井设计规范》

5.2.2　缓倾斜、倾斜煤层采煤方法及工艺的选择应符合下列规定：

1　宜采用走向长壁采煤法。当煤层倾角不大于12°时，可采用倾向长壁采煤法；当煤层倾角大于35°时，宜采用伪斜走向长壁采煤法；

2　不具备长壁开采技术条件时，宜采用短壁采煤法；

3　煤层厚度 7 m 以下，开采条件适宜时，宜采用一次采全高综采工艺；厚度 4~7 m，且不适宜采用一次采全高综采工艺时，应采用综采放顶煤工艺或分层综采工艺；

4　煤层厚度 7 m 以上，开采条件适宜时，宜采用综采放顶煤工艺或分层综采工艺；

5　不适宜综采时，可采用普采。

5.2.3　急倾斜煤层采煤方法及工艺的选择应符合下列规定：

1　厚度大于 15 m 的无煤与瓦斯突出，且条件适宜时，应采用水平分层综采放顶煤工艺。不适宜综采放顶煤开采工艺时，可采用水平分层综采或普采开采工艺；

2　厚度 6~15 m 的煤层宜采用水平分层或斜切分层采煤法；

3　厚度 2~6 m、倾角大于 55°，且赋存较稳定的煤层，宜采用伪倾斜柔性掩护支架采煤法，其工作面伪倾斜角度宜为煤炭能自溜；

4　当煤层赋存条件不适宜采用本条第 1 款~第 3 款的采煤方法时，可根据具体条件采用伪俯斜走向分段密集支柱采煤法、伪俯斜掩护支柱采煤法或正台阶采煤法等。

【相应处罚】

《特别规定》第十条第一款：煤矿有本规定第八条第二款所列情形之一，仍然进行生产的，由县级以上地方人民政府负责煤矿安全生产监督管理的部门或者煤矿安全监察机构责令停产整顿，提出整顿的内容、时间等具体要求，处 50 万元以上 200 万元以下的罚款；对煤矿企业负责人处 3 万元以上 15 万元以下的罚款。

11. 循环作业

【体检内容】

坚持正规循环作业，确定合理的推进度，采掘进度与支护、通风、防突等工序相协调，保证各辅助环节及时跟进到位。

【法规依据】

《国务院安委会办公室关于进一步加强煤矿瓦斯治理工作的指导意见》（安委办〔2008〕17 号）

4. 合理组织生产。煤矿必须按照《煤炭生产许可证》载明的能力编制生产计划和组织生产，严禁超能力组织生产；高瓦斯和煤与瓦斯突出矿井各采区的同一煤层只能有 1 个回采工作面进行生产，严禁超强度组织生产；要严格劳动组织管理，按照核定能力和生产计划核定劳动定员，严禁超定员组织生产；要坚持正规循环作业，采掘工作面要确定合理的推进度，采掘进度要与支护、通风等工序相协调，保证各辅助环节及时跟进到位。

【相应处罚】

《安全生产违法行为行政处罚办法》第四十五条第（一）项：违反操作规程或者安全管理规定作业的，给予警告，并可以对生产经营单位处 1 万元以上 3 万元以下罚款，对其主要负责人、其他有关人员处 1000 元以上 1 万元以下的罚款。

【知识链接】

采掘作业应组织正规循环作业，按循环作业图表进行施工。正规循环作业：采掘工作面在 24 小时内，按质、按量安全地完成作业规程循环图表规定的全部工序和工作量，并周而复始地完成规定循环个数。

劳动组织科学、合理，可以实现巷道的快速施工，应坚持正规循环作业和尽量采用多工序平行交叉作业。编制好的循环图表，需在实践中进一步检验修改，使之不断改进、完善、规范，真正起到指导施工的作用。工作面交接班要求每班的负责人、各工种以及每个岗位上的职工，都要在现场对口交接，并做到交任务、交措施、交设备、交安全，确保工作面无隐患、各种状况良好，做到不拖班延点，以使工作面及时连续作业，充分利用工时。

五、通风系统

1. 通风系统

【体检内容】

矿井通风系统能力满足矿井安全生产需要，通风能力核定符合《煤矿安全规程》第一百三十九条规定。矿井、采区、采掘工作面、硐室通风系统稳定可靠，符合《煤矿安全规程》第一百四十六条、第一百四十七条、第一百四十八条、第一百五十二条、第一百五十三条、第一百五十五条规定。生产水平和采（盘）区实行分区通风，符合《煤矿安全规程》第一百四十九条规定。

突出矿井通风系统符合《防治煤与瓦斯突出规定》第二十三条规定。

专用回风巷设置符合《煤矿安全规程》第一百四十九条规定。

采掘工作面、硐室无不合理的串联、扩散通风，符合《煤矿安全规程》第一百五十条、第一百六十八条规定。

采区变电所、井下爆炸材料库、井下充电室实现独立通风，符合《煤矿安全规程》第一百六十六条、第一百六十七条、第一百六十八条规定；井下机电设备硐室、瓦斯抽采泵站应设在新鲜风流中，符合《煤矿安全规程》第一百六十八条规定。

采空区及时封闭，符合《煤矿安全规程》第一百五十四条规定。

采掘工作面空气温度超过《煤矿安全规程》第六百五十五条规定时，应采取相应的降温措施。

【法规依据】

1）《煤矿安全规程》

第一百三十九条　矿井每年安排采掘作业计划时必须核定矿井生产和通风能力，必须按实际供风量核定矿井产量，严禁超通风能力生产。

第一百四十六条　进风井口必须布置在粉尘、有害和高温气体不能侵入的地方。已布置在粉尘、有害和高温气体能侵入的地点的，应当制定安全措施。

第一百四十七条　新建高瓦斯矿井、突出矿井、煤层容易自燃矿井及有热害的矿井应当采用分区式通风或者对角式通风；初期采用中央并列式通风的只能布置一个采区生产。

第一百四十八条　矿井开拓新水平和准备新采区的回风，必须引入总回风巷或者主要回风巷中。在未构成通风系统前，可将此回风引入生产水平的进风中；但在有瓦斯喷出或者有突出危险的矿井中，开拓新水平和准备新采区时，必须先在无瓦斯喷出或者无突出危险的煤（岩）层中掘进巷道并构成通风系统，为构成通风系统的掘进巷道的回风，可以引入生产水平的进风中。上述2种回风流中的甲烷和二氧化碳浓度都不得超过0.5%，其他有害气体浓度必须符合本规程第一百三十五条的规定，并制定安全措施，报企业技术负责人审批。

第一百四十九条　生产水平和采（盘）区必须实行分区通风。

准备采区，必须在采区构成通风系统后，方可开掘其他巷道；采用倾斜长壁布置的，大巷必须至少超前2个区段，并构成通风系统后，方可开掘其他巷道。采煤工作面必须在采（盘）区构成完整的通风、排水系统后，方可回采。

高瓦斯、突出矿井的每个采（盘）区和开采容易自燃煤层的采（盘）区，必须设置至少1条专用回风巷；低瓦斯矿井开采煤层群和分层开采采用联合布置的采（盘）区，必须设置1条专用回风巷。

采区进、回风巷必须贯穿整个采区，严禁一段为进风巷、一段为回风巷。

第一百五十条　采、掘工作面应当实行独立通风，严禁2个采煤工作面之间串联通风。

同一采区内1个采煤工作面与其相连接的1个掘进工作面、相邻的2个掘进工作面，布置独立通风有困难时，在制定措施后，可采用串联通风，但串联通风的次数不得超过1次。

采区内为构成新区段通风系统的掘进巷道或者采煤工作面遇地质构造而重新掘进的巷道，布置独立通风有困难时，其回风可以串入采煤工作面，但必须制定安全措施，且串联通风的次数不得超过1次；构成独立通风系统后，必须立即改为独立通风。

对于本条规定的串联通风，必须在进入被串联工作面的巷道中装设甲烷传感器，且甲烷和二氧化碳浓度都不得超过 0.5%，其他有害气体浓度都应当符合本规程第一百三十五条的要求。

开采有瓦斯喷出、有突出危险的煤层或者在距离突出煤层垂距小于 10 m 的区域掘进施工时，严禁任何 2 个工作面之间串联通风。

第一百五十二条　煤层倾角大于 12°的采煤工作面采用下行通风时，应当报矿总工程师批准，并遵守下列规定：

（一）采煤工作面风速不得低于 1 m/s。

（二）在进、回风巷中必须设置消防供水管路。

（三）有突出危险的采煤工作面严禁采用下行通风。

第一百五十三条　采煤工作面必须采用矿井全风压通风，禁止采用局部通风机稀释瓦斯。

采掘工作面的进风和回风不得经过采空区或者冒顶区。

无煤柱开采沿空送巷和沿空留巷时，应当采取防止从巷道的两帮和顶部向采空区漏风的措施。

矿井在同一煤层、同翼、同一采区相邻正在开采的采煤工作面沿空送巷时，采掘工作面严禁同时作业。

水采和连续采煤机开采的采煤工作面由采空区回风时，工作面必须有足够的新鲜风流，工作面及其回风巷的风流中的甲烷和二氧化碳浓度必须符合本规程第一百七十二条、第一百七十三条和第一百七十四条的规定。

第一百五十四条　采空区必须及时封闭。必须随采煤工作面的推进逐个封闭通至采空区的连通巷道。采区开采结束后 45 天内，必须在所有与已采区相连通的巷道中设置密闭墙，全部封闭采区。

第一百五十五条　控制风流的风门、风桥、风墙、风窗等设施必须可靠。

不应在倾斜运输巷中设置风门；如果必须设置风门，应当安设自动风门或者设专人管理，并有防止矿车或者风门碰撞人员以及矿车碰坏风门的安全措施。

开采突出煤层时，工作面回风侧不得设置调节风量的设施。

第一百六十六条　井下爆炸物品库必须有独立的通风系统，回风风流必须直接引入矿井的总回风巷或者主要回风巷中。新建矿井采用对角式通风系统时，投产初期可利用采区岩石上山或者用不燃性材料支护和不燃性背板背严的煤层上山作爆炸物品库的回风巷。必须保证爆炸物品库每小时能有其总容积 4 倍的风量。

第一百六十七条　井下充电室必须有独立的通风系统，回风风流应当引入回风巷。

井下充电室，在同一时间内，5 t 及以下的电机车充电电池的数量不超过 3 组、5 t 以上的电机车充电电池的数量不超过 1 组时，可不采用独立通风，但必须在新鲜风流中。

井下充电室风流中以及局部积聚处的氢气浓度，不得超过 0.5%。

第一百六十八条　井下机电设备硐室必须设在进风风流中；采用扩散通风的硐室，其深度不得超过 6 m、入口宽度不得小于 1.5 m，并且无瓦斯涌出。

井下个别机电设备设在回风流中的，必须安装甲烷传感器并实现甲烷电闭锁。

采区变电所及实现采区变电所功能的中央变电所必须有独立的通风系统。

第六百五十五条　当采掘工作面空气温度超过 26 ℃、机电设备硐室超过 30 ℃时，必须缩短超温地点工作人员的工作时间，并给予高温保健待遇。

当采掘工作面的空气温度超过 30 ℃、机电设备硐室超过 34 ℃时，必须停止作业。

新建、改扩建矿井设计时，必须进行矿井风温预测计算，超温地点必须有降温设施。

2）《防治煤与瓦斯突出规定》

第二十三条　突出矿井的通风系统应当符合下列要求：

（一）井巷揭穿突出煤层前，具有独立的、可靠的通风系统；

（二）突出矿井、有突出煤层的采区、突出煤层工作面都有独立的回风系统。采区回风巷是专用回风巷；

（三）在突出煤层中，严禁任何两个采掘工作面之间串联通风；

（四）煤（岩）与瓦斯突出煤层采区回风巷及总回风巷安设高低浓度甲烷传感器；

（五）突出煤层采掘工作面回风侧不得设置调节风量的设施。易自燃煤层的回采工作面确需设置调节设施的，须经煤矿企业技术负责人批准；

（六）严禁在井下安设辅助通风机；

（七）突出煤层掘进工作面的通风方式采用压入式。

3）《特别规定》

第八条第二款第五项　煤矿有下列重大安全生产隐患和行为的，应当立即停止生产，排除隐患：

（五）通风系统不完善、不可靠的。

【相应处罚】

《安全生产违法行为行政处罚办法》第四十五条第一项：违反操作规程或者安全管理规定作业的，给予警告，并可以对生产经营单位处 1 万元以上 3 万元以下罚款，对其主要负责人、其他有关人员处 1000 元以上 1 万元以下的罚款。

《特别规定》第十条第一款：煤矿有本规定第八条第二款所列情形之一，仍然进行生产的，由县级以上地方人民政府负责煤矿安全生产监督管理的部门或者煤矿安全监察机构责令停产整顿，提出整顿的内容、时间等具体要求，处50万元以上200万元以下的罚款；对煤矿企业负责人处3万元以上15万元以下的罚款。

2. 通风设备

【体检内容】

主要通风机的安装和使用符合《煤矿安全规程》第一百五十八条的规定。

主要通风机反风设施和各类保护符合《煤矿安全规程》第一百五十九条、第一百六十条和《煤矿主要通风机站设计规范》5.0.5、5.0.6、5.0.7的规定。

【法规依据】

1)《煤矿安全规程》

第一百五十八条　矿井必须采用机械通风。

主要通风机的安装和使用应当符合下列要求：

（一）主要通风机必须安装在地面；装有通风机的井口必须封闭严密，其外部漏风率在无提升设备时不得超过5%，有提升设备时不得超过15%。

（二）必须保证主要通风机连续运转。

（三）必须安装2套同等能力的主要通风机装置，其中1套作备用，备用通风机必须能在10 min内开动。

（四）严禁采用局部通风机或者风机群作为主要通风机使用。

（五）装有主要通风机的出风井口应当安装防爆门，防爆门每6个月检查维修1次。

（六）至少每月检查1次主要通风机。改变主要通风机转数、叶片角度或者对旋式主要通风机运转级数时，必须经矿总工程师批准。

（七）新安装的主要通风机投入使用前，必须进行试运转和通风机性能测定，以后每5年至少进行1次性能测定。

（八）主要通风机技术改造及更换叶片后必须进行性能测试。

（九）井下严禁安设辅助通风机。

第一百五十九条　生产矿井主要通风机必须装有反风设施，并能在10 min内改变巷道中的风流方向；当风流方向改变后，主要通风机的供给风量不应小于正常供风量的40%。

每季度应当至少检查1次反风设施，每年应当进行1次反风演习；矿井通风系统有较大变化时，应当进行1次反风演习。

第一百六十条　严禁主要通风机房兼作他用。主要通风机房内必须安装水柱计（压力表）、电流表、电压表、轴承温度计等仪表，还必须有直通矿调度室的电话，并有反风操作系统图、司机岗位责任制和操作规程。主要通风机的运转应当由专职司机负责，司机应当每小时将通风机运转情况记入运转记录簿内；发现异常，立即报告。实现主要通风机集中监控、图像监视的主要通风机房可不设专职司机，但必须实行巡检制度。

2）《煤矿主要通风机站设计规范》

5.0.5　高压电动机的保护应符合下列规定：

1　高压电动机应装设绕组及引出线相间保护、过负荷保护、低电压保护；同步电动机还应装设失步保护和非同步冲击保护。上述保护应按现行国家标准《电力装置的继电保护和自动装置设计规范》GB 50062 的有关规定执行。

2　低电压保护装置的整定应按下列原则进行：

1）当电源电压短时降低或短时中断后，根据生产过程不允许自启动的电动机，保护装置的电压整定值采用 40%～50% 额定电压或略高，时限为 0.5～1.5 s；

2）当主要通风机用异步电动机传动时，保护装置的电压整定值采用 40%～50% 额定电压，时限为 5～10 s。

3　电动机单相接地故障保护设置应按现行国家标准《电力装置的继电保护和自动装置设计规范》GB 50062 的有关规定执行。

4　电动机的防雷保护应按现行国家标准《工业与民用电力装置的过电压保护设计规范》GBJ 64 中有关规定执行。

5.0.6　交流低压电动机应装设短路保护和接地保护，并应根据具体情况分别装设过负荷保护、断相保护和低电压保护。变压器保护应按现行国家标准《电力装置的继电保护和自动装置设计规范》GB 50062 有关规定执行。

5.0.7　主要通风机站的控制和监测仪表设置应符合下列规定：

1　主要通风机电动机必须装设电压表和电流表，并应装设有功电度表和无功电度表。同步电动机还应装设功率因数表，转子回路还应装设直流电流表和直流电压表。

2　如成套控制屏上已装有上述仪表时，配电装置上可不再重复装设。

3　主要通风机站内应装设下列仪表及传感器：

1）水柱计、电流表、电压表、轴承温度计等仪表；

2）主要通风机设备开停传感器；

3）主要风门开关传感器；

4）通风机风量和负压传感器；

5）井下风流中瓦斯和一氧化碳含量传感器；

6）连续检测通风机轴承温度和大容量电动机的定子绕组温度等检测保护仪表，并在超温时能发出声光超温信号。

4 本条第3款中的仪表及检测信息、声光信号应在值班室监视。

5 主要通风机宜集中监控。有条件时，可实现自动化运行，矿井生产调度室可监控。

6 集中控制时应实现远距离启动和停止主要通风机，需要反风时应保证远距离控制反风门，当主要通风机因故停车时，应保证自动启动备用通风机及其相应辅助装置、自动监控通风机和电动机的轴承润滑系统。应设置主要通风机运行、停车和事故停车的指示信号。

【相应处罚】

《特别规定》第十条第一款：煤矿有本规定第八条第二款所列情形之一，仍然进行生产的，由县级以上地方人民政府负责煤矿安全生产监督管理的部门或者煤矿安全监察机构责令停产整顿，提出整顿的内容、时间等具体要求，处50万元以上200万元以下的罚款；对煤矿企业负责人处3万元以上15万元以下的罚款。

《安全生产法》第九十六条第二项：安全设备的安装、使用、检测、改造和报废不符合国家标准或者行业标准的，责令限期改正，可以处五万元以下的罚款；逾期未改正的，处五万元以上二十万元以下的罚款，对其直接负责的主管人员和其他直接责任人员处一万元以上二万元以下的罚款；情节严重的，责令停产停业整顿；构成犯罪的，依照刑法有关规定追究刑事责任。

《安全生产违法行为行政处罚办法》第四十五条第一项：违反操作规程或者安全管理规定作业的，给予警告，并可以对生产经营单位处1万元以上3万元以下罚款，对其主要负责人、其他有关人员处1000元以上1万元以下的罚款。

【知识链接】

1）矿井通风设备

矿井必须采用机械通风，通风设备主要是指矿用通风机，是确保矿井通风系统正常、安全、稳定运行的关键设备，号称矿井的“肺”。

国外煤矿如美国，主要通风机以轴流式为主，因为轴流式通风机调节范围宽，加速性能、动态特性和运行效率优于离心式风机。轴流式通风机有卧式和立式布置；电动机有内置式和外置式；调节方式有停车动叶可调和液压动叶可调，叶轮最大直径达6.3 m；转子叶片用高强度铝合金制成，质量轻，防火防爆性能好。对旋式通风机（也属轴流式的范围）在苏联、波兰使用广泛，离心式通风机在大中型矿井使用量相对较少。

国内使用对旋式通风机呈增长的趋势，最大直径达3.8 m，最高效率

0.75~0.83，实际运行效率多为0.5~0.65。目前，在中高压通风矿井推广对旋式通风机，但必须与管网匹配，否则，仍然会出现低效运行。由于技术的进步，每隔6~8年更换一次叶片，是经济可行的，这样可使通风机运行效率提高15%~20%。

2）矿井反风设施

反风设施就是引导正常风流反向流动的一套设置，它是由反风道、闸门、慢速绞车等组成，是矿井主要通风机必须装置的安全设备，也是灾害发生时急救的重要设施。

反风设施应满足下列要求：定期进行检修，确保反风装置处于良好状态；动作灵敏可靠，能在10 min内改变巷道中风流方向；结构要严密，漏风少，反风量不应小于正常风量的40%；每年至少进行一次反风演习。

3. 通风设施

【体检内容】

风门、风窗、风桥、风筒、密闭等井上下通风设施安全可靠，施工位置、构筑质量和使用管理符合《煤矿安全规程》第一百四十四条、第一百五十五条规定，能满足防灾抗灾要求。

密闭墙应编号建档，符合《煤矿安全规程》第二百七十八条规定。

【法规依据】

1）《煤矿安全规程》

第一百四十四条　进、回风井之间和主要进、回风巷之间的每条联络巷中，必须砌筑永久性风墙；需要使用的联络巷，必须安设2道联锁的正向风门和2道反向风门。

第一百五十五条　控制风流的风门、风桥、风墙、风窗等设施必须可靠。

不应在倾斜运输巷中设置风门；如果必须设置风门，应当安设自动风门或者设专人管理，并有防止矿车或者风门碰撞人员以及矿车碰坏风门的安全措施。

开采突出煤层时，工作面回风侧不得设置调节风量的设施。

第二百七十八条　永久性密闭墙的管理应当遵守下列规定：

（一）每个密闭墙附近必须设置栅栏、警标，禁止人员入内，并悬挂说明牌。

（二）定期测定和分析密闭墙内的气体成分和空气温度。

（三）定期检查密闭墙外的空气温度、瓦斯浓度，密闭墙内外空气压差以及密闭墙墙体。发现封闭不严、有其他缺陷或者火区有异常变化时，必须采取措施及时处理。

（四）所有测定和检查结果，必须记入防火记录簿。

（五）矿井做大幅度风量调整时，应当测定密闭墙内的气体成分和空气温度。

（六）井下所有永久性密闭墙都应当编号，并在火区位置关系图中注明。

密闭墙的质量标准由煤矿企业统一制定。

2）《防治煤与瓦斯突出规定》

第一百零三条　在突出煤层的石门揭煤和煤巷掘进工作面进风侧，必须设置至少 2 道牢固可靠的反向风门。风门之间的距离不得小于 4 m。

反向风门距工作面的距离和反向风门的组数，应当根据掘进工作面的通风系统和预计的突出强度确定，但反向风门距工作面回风巷不得小于 10 m。

反向风门墙垛可用砖、料石或混凝土砌筑，嵌入巷道周边岩石的深度可根据岩石的性质确定，但不得小于 0.2 m；墙垛厚度不得小于 0.8 m。在煤巷构筑反向风门时，风门墙体四周必须掏槽，掏槽深度见硬帮硬底后再进入实体煤不小于 0.5 m。通过反向风门墙垛的风筒、水沟、刮板输送机道等，必须设有逆向隔断装置。

人员进入工作面时必须把反向风门打开、顶牢。工作面放炮和无人时，反向风门必须关闭。

【相应处罚】

《安全生产违法行为行政处罚办法》第四十五条第一项：违反操作规程或者安全管理规定作业的，给予警告，并可以对生产经营单位处 1 万元以上 3 万元以下罚款，对其主要负责人、其他有关人员处 1000 元以上 1 万元以下的罚款。

【知识链接】

（1）进、回风井之间和主要进、回风巷之间的每个联络巷中，必须砌筑永久性风墙；需要使用的联络巷必须安设 2 道联锁的正向风门和 2 道反向风门；风门间距不小于常用运输工具长度。

（2）不应在倾斜巷道中设置风门；如果必须设置风门，应安设自动风门或设专人管理，并有防止矿车或风门碰撞人员以及矿车破坏风门的安全措施。

（3）凡报废的采区通向运输大巷和总回风巷的所有联络巷，所有结束回采的工作面、平巷间的联络巷、岩石集中巷连通煤层的巷道都应设置永久性密闭。

（4）凡是进风、回风风流平面交叉的地点均应设置风桥，风桥应用不燃性材料建筑，风桥不应设风门。

（5）开采突出煤层时，在其进风侧巷道中，必须设置 2 道坚固的反向风门，工作面回风侧不应设置风窗。

（6）矿井的总进风巷、矿井一翼的总进风巷、总回风巷应设置永久测风站，采掘工作面及其他用风地点应设置临时测风站。

4. 风量

【体检内容】

矿井和采掘工作面、硐室及其他地点风量，符合《煤矿安全规程》第一百三十八条规定，应满足排放瓦斯及其他有害气体和降温需要。

矿井总进风量必须大于实际需要风量 15%，符合《煤矿安全生产标准化基本要求及考核评分办法》通风部分的规定。

【法规依据】

《煤矿安全规程》

第一百三十八条　矿井需要的风量应当按下列要求分别计算，并选取其中的最大值：

（一）按井下同时工作的最多人数计算，每人每分钟供给风量不得少于 4 m^3。

（二）按采掘工作面、硐室及其他地点实际需要风量的总和进行计算。各地点的实际需要风量，必须使该地点的风流中的甲烷、二氧化碳和其他有害气体的浓度，风速、温度及每人供风量符合本规程的有关规定。

使用煤矿用防爆型柴油动力装置机车运输的矿井，行驶车辆巷道的供风量还应当按同时运行的最多车辆数增加巷道配风量，配风量不小于 4 m^3/min · kW。

按实际需要计算风量时，应当避免备用风量过大或者过小。煤矿企业应当根据具体条件制定风量计算方法，至少每 5 年修订 1 次。

【相应处罚】

《安全生产违法行为行政处罚办法》第四十五条第一项：违反操作规程或者安全管理规定作业的，给予警告，并可以对生产经营单位处 1 万元以上 3 万元以下罚款，对其主要负责人、其他有关人员处 1000 元以上 1 万元以下的罚款。

《安全生产法》第九十六条第二项：安全设备的安装、使用、检测、改造和报废不符合国家标准或者行业标准的，责令限期改正，可以处五万元以下的罚款；逾期未改正的，处五万元以上二十万元以下的罚款，对其直接负责的主管人员和其他直接责任人员处一万元以上二万元以下的罚款；情节严重的，责令停产停业整顿；构成犯罪的，依照刑法有关规定追究刑事责任。

【知识链接】

1）回采工作面需风量的计算

回采工作面的需风量应该按 CH_4、CO_2 涌出量和炸药消耗量、工作面的气温、风速、人数等因素分别计算，取其最大值，计算公式见表 1-2。

表 1-2　回采工作面的需风量计算表

<table>
<tr><th>序号</th><th>计算项目</th><th>计算公式</th><th>式中符号含义</th></tr>
<tr><td>1</td><td>按 CH_4 涌出量计算</td><td>$Q_{采}=100Q_{CH_4}K_{采通}/C_{CH_4}$</td><td rowspan="6">$Q_{采}$—回采工作面实际需风量，$m^3/min$；
Q_{CH_4}—回采工作面 CH_4 相对涌出量，m^3/min；
$K_{采通}$—系数，机采工作面取 1.2~1.6，炮采工作面取 1.4~2.0，水采工作面取 2.0~3.0；
C_{CH_4}—回采工作面回风流中的 CH_4 最大允许含量,%，取 1；
Q_{CO_2}—回采工作面 CO_2 相对涌出量，m^3/min；
C_{CO_2}—回采工作面回风流中的 CO_2 最大允许含量,%，取 1.5；
$V_{采}$—回采工作面的风速，一般为 0.9 ~ 1.6 m/s；
$S_{采}$—回采工作面的有效通风断面，取平均控顶距时的断面，m^2；
$K_{采}$—系数，可根据工作面长度取0.8~1.4；
A—回采工作面一次爆炸使用的最大炸药量，kg；
$N_{采}$—回采工作面同时工作的最多人数，人</td></tr>
<tr><td>2</td><td>按 CO_2 涌出量计算</td><td>$Q_{采}=100Q_{CO_2}K_{采通}/C_{CO_2}$</td></tr>
<tr><td>3</td><td>按工作面温度计算</td><td>$Q_{采}=60V_{采}\ S_{采}\ K_{采}$</td></tr>
<tr><td>4</td><td>按炸药消耗量计算</td><td>$Q_{采}=25A$</td></tr>
<tr><td>5</td><td>按工作人数计算</td><td>$Q_{采}=4N_{采}$</td></tr>
<tr><td>6</td><td>按风速进行验算</td><td>$15S_{采}\leqslant Q_{采}\leqslant 240S_{采}$</td></tr>
</table>

2）掘进工作面需风量计算

掘进工作面的需风量应该按 CH_4 涌出量和炸药消耗量、局部通风机实际吸风量、人数等因素分别计算，取其最大值，计算公式见表 1-3。

表 1-3　回采工作面的需风量计算表

<table>
<tr><th>序号</th><th>计算项目</th><th>计算公式</th><th>式中符号含义</th></tr>
<tr><td>1</td><td>按 CH_4 涌出量计算</td><td>$Q_{掘}=100Q_{CH_4}K_{掘通}/C_{CH_4}$</td><td rowspan="3">$Q_{掘}$—掘进工作面实际需风量，$m^3/min$；
Q_{CH_4}—掘进工作面 CH_4 相对涌出量，m^3/min；
$K_{掘通}$—系数，一般可取 1.5~2.0；
C_{CH_4}—掘进工作面回风流中的 CH_4 最大允许含量,%，取 1；
$Q_{通}$—掘进工作面所用局部通风机实际吸入的风量，m^3/min；</td></tr>
<tr><td>2</td><td>按局部通风机实际吸风量</td><td>$Q_{掘}=Q_{通}\ IK_{掘}$</td></tr>
<tr><td>3</td><td>按炸药消耗量计算</td><td>$Q_{掘}=25A$</td></tr>
</table>

表 1-3（续）

<table>
<tr><th>序号</th><th colspan="2">计算项目</th><th>计算公式</th><th>式中符号含义</th></tr>
<tr><td>4</td><td colspan="2">按工作人数计算</td><td>$Q_{掘}=4N_{掘}$</td><td rowspan="3">I——一个掘进工作面同时工作的局部通风机的台数；
$K_{掘}$—系数，一般取 1.2~1.3，进风巷道中无瓦斯涌出时取 1.2，有瓦斯涌出时取 1.3；
A—掘进工作面一次爆炸使用的最大炸药量，kg；
$N_{掘}$—掘进工作面同时工作的最多人数，人。
$S_{掘}$—掘进巷道断面积，m^2</td></tr>
<tr><td rowspan="2">5</td><td rowspan="2">按风速进行验算</td><td>煤、半煤岩巷</td><td>$15S_{掘} \leqslant Q_{掘} \leqslant 240S_{掘}$</td></tr>
<tr><td>岩巷</td><td>$9S_{掘} \leqslant Q_{掘} \leqslant 240S_{掘}$</td></tr>
</table>

5. 风速

【体检内容】

井巷中的风速符合《煤矿安全规程》第一百三十六条的规定。

【法规依据】

《煤矿安全规程》

第一百三十六条　井巷中的风流速度应当符合表 5 要求。

表 5　井巷中的允许风流速度

井巷名称	允许风速/（$m \cdot s^{-1}$）	
	最低	最高
无提升设备的风井和风硐		15
专为升降物料的井筒		12
风桥		10
升降人员和物料的井筒		8
主要进、回风巷		8
架线电机车巷道	1.0	8
输送机巷，采区进、回风巷	0.25	6
采煤工作面、掘进中的煤巷和半煤岩巷	0.25	4
掘进中的岩巷	0.15	4
其他通风人行巷道	0.15	

设有梯子间的井筒或者修理中的井筒，风速不得超过 8 m/s；梯子间四周

经封闭后，井筒中的最高允许风速可以按表 5 规定执行。

无瓦斯涌出的架线电机车巷道中的最低风速可低于表 5 的规定值，但不得低于 0.5 m/s。

综合机械化采煤工作面，在采取煤层注水和采煤机喷雾降尘等措施后，其最大风速可高于表 5 的规定值，但不得超过 5 m/s。

【相应处罚】

《安全生产违法行为行政处罚办法》第四十五条第一项：违反操作规程或者安全管理规定作业的，给予警告，并可以对生产经营单位处 1 万元以上 3 万元以下罚款，对其主要负责人、其他有关人员处 1000 元以上 1 万元以下的罚款。

《特别规定》第十条第一款：煤矿有本规定第八条第二款所列情形之一，仍然进行生产的，由县级以上地方人民政府负责煤矿安全生产监督管理的部门或者煤矿安全监察机构责令停产整顿，提出整顿的内容、时间等具体要求，处 50 万元以上 200 万元以下的罚款；对煤矿企业负责人处 3 万元以上 15 万元以下的罚款。

【知识链接】

风速是指风流单位时间内流过的距离。井巷中的风速过高或过低都会影响工人的身体健康。风速过低时，汗水不易蒸发，人体多余热量不易散失掉，人就会感到闷热不舒服，同时瓦斯也容易积聚；风速过高时，容易使人感冒，矿尘飞扬，对安全生产和工人的身体健康都不利。

（1）矿井每 10 天至少进行一次全面测风，测风地点、位置、测风周期应由矿技术负责人根据实际情况确定，必须符合有关规定。

（2）测风应在专门的测风站进行。在无测风站的地点测风时，要选择巷道断面规整、无片帮空顶、无障碍物、无淋水和前后 10 m 内无拐弯的直线巷道内进行。

6. 通风阻力

【体检内容】

矿井通风阻力应符合《煤矿井工开采通风技术条件》（AQ 1028—2006）。排风量在 2 万 m^3/min 以下的风井系统，通风负压不应超过 2940 Pa。排风量大于 2 万 m^3/min 的风井系统，通风负压不应超过 3920 Pa。

定期进行矿井通风阻力测定，符合《煤矿安全规程》第一百五十六条规定。

【法规依据】

《煤矿安全规程》

第一百五十六条　新井投产前必须进行 1 次矿井通风阻力测定，以后每 3

年至少测定 1 次。生产矿井转入新水平生产、改变一翼或者全矿井通风系统后，必须重新进行矿井通风阻力测定。

【相应处罚】

《安全生产违法行为行政处罚办法》第四十五条第一项：违反操作规程或者安全管理规定作业的，给予警告，并可以对生产经营单位处 1 万元以上 3 万元以下罚款，对其主要负责人、其他有关人员处 1000 元以上 1 万元以下的罚款。

《特别规定》第十条第一款：煤矿有本规定第八条第二款所列情形之一，仍然进行生产的，由县级以上地方人民政府负责煤矿安全生产监督管理的部门或者煤矿安全监察机构责令停产整顿，提出整顿的内容、时间等具体要求，处 50 万元以上 200 万元以下的罚款；对煤矿企业负责人处 3 万元以上 15 万元以下的罚款。

【知识链接】

矿井通风系统阻力应满足表 1-4 的要求。

表 1-4　矿井风量和阻力的合理分配表

矿井通风系统风量/($m^3 \cdot min^{-1}$)	通风系统阻力/Pa
<3000	<1500
3000~5000	<2000
5000~10000	<2500
10000~20000	<2940
>20000	<3920

注：引自《煤矿井工开采通风技术条件》(AQ 1028—2006)。

7. 局部通风

【体检内容】

局部通风机和风筒安装应符合《煤矿安全规程》第一百六十四条规定。

局部通风机供电须实现“三专两闭锁”，主备风机自动切换，对旋风机两极均要实现瓦斯电、风电闭锁；采用 2 台局部通风机同时供电的掘进工作面，须同时实现“三专两闭锁”。突出煤层和石门揭煤掘进工作面须实现“双风机、双电源”。

临时停工掘进工作面的通风管理，符合《煤矿安全规程》第一百六十五条规定。

【法规依据】

《煤矿安全规程》

第一百六十四条　安装和使用局部通风机和风筒时，必须遵守下列规定：

（一）局部通风机由指定人员负责管理。

（二）压入式局部通风机和启动装置安装在进风巷道中，距掘进巷道回风口不得小于 10 m；全风压供给该处的风量必须大于局部通风机的吸入风量，局部通风机安装地点到回风口间的巷道中的最低风速必须符合本规程第一百三十六条的要求。

（三）高瓦斯、突出矿井的煤巷、半煤岩巷和有瓦斯涌出的岩巷掘进工作面正常工作的局部通风机必须配备安装同等能力的备用局部通风机，并能自动切换。正常工作的局部通风机必须采用三专（专用开关、专用电缆、专用变压器）供电，专用变压器最多可向 4 个不同掘进工作面的局部通风机供电；备用局部通风机电源必须取自同时带电的另一电源，当正常工作的局部通风机故障时，备用局部通风机能自动启动，保持掘进工作面正常通风。

（四）其他掘进工作面和通风地点正常工作的局部通风机可不配备备用局部通风机，但正常工作的局部通风机必须采用三专供电；或者正常工作的局部通风机配备安装一台同等能力的备用局部通风机，并能自动切换。正常工作的局部通风机和备用局部通风机的电源必须取自同时带电的不同母线段的相互独立的电源，保证正常工作的局部通风机故障时，备用局部通风机能投入正常工作。

（五）采用抗静电、阻燃风筒。风筒口到掘进工作面的距离、正常工作的局部通风机和备用局部通风机自动切换的交叉风筒接头的规格和安设标准，应当在作业规程中明确规定。

（六）正常工作和备用局部通风机均失电停止运转后，当电源恢复时，正常工作的局部通风机和备用局部通风机均不得自行启动，必须人工开启局部通风机。

（七）使用局部通风机供风的地点必须实行风电闭锁和甲烷电闭锁，保证当正常工作的局部通风机停止运转或者停风后能切断停风区内全部非本质安全型电气设备的电源。正常工作的局部通风机故障，切换到备用局部通风机工作时，该局部通风机通风范围内应当停止工作，排除故障；待故障被排除，恢复到正常工作的局部通风后方可恢复工作。使用 2 台局部通风机同时供风的，2 台局部通风机都必须同时实现风电闭锁和甲烷电闭锁。

（八）每 15 天至少进行一次风电闭锁和甲烷电闭锁试验，每天应当进行一次正常工作的局部通风机与备用局部通风机自动切换试验，试验期间不得影响局部通风，试验记录要存档备查。

（九）严禁使用 3 台及以上局部通风机同时向 1 个掘进工作面供风。不得使用 1 台局部通风机同时向 2 个及以上作业的掘进工作面供风。

第一百六十五条　使用局部通风机通风的掘进工作面，不得停风；因检修、停电、故障等原因停风时，必须将人员全部撤至全风压进风流处，切断电源，设置栅栏、警示标志，禁止人员入内。

【相应处罚】

《安全生产违法行为行政处罚办法》第四十五条第一项：违反操作规程或者安全管理规定作业的，给予警告，并可以对生产经营单位处1万元以上3万元以下罚款，对其主要负责人、其他有关人员处1000元以上1万元以下的罚款。

《特别规定》第十条第一款：煤矿有本规定第八条第二款所列情形之一，仍然进行生产的，由县级以上地方人民政府负责煤矿安全生产监督管理的部门或者煤矿安全监察机构责令停产整顿，提出整顿的内容、时间等具体要求，处50万元以上200万元以下的罚款；对煤矿企业负责人处3万元以上15万元以下的罚款。

8. 通风管理

【体检内容】

通风报表、记录、图纸齐全完善，符合《煤矿安全规程》第一百四十条、第一百四十二条、第一百四十三条、第一百五十七条规定。

通风检测仪表齐全，检验、调校，符合《煤矿安全规程》及《煤矿安全规程执行说明》第一百四十一条规定，风表、光干涉甲烷测定器、催化式甲烷检测报警仪及传感器、直读式粉尘浓度测定仪、井下粉尘采样器等由相应资质的检验单位检验。

【法规依据】

1）《煤矿安全规程》

第一百四十条　矿井必须建立测风制度，每10天至少进行1次全面测风。对采掘工作面和其他用风地点，应当根据实际需要随时测风，每次测风结果应当记录并写在测风地点的记录牌上。

应当根据测风结果采取措施，进行风量调节。

第一百四十一条　矿井必须有足够数量的通风安全检测仪表。仪表必须由具备相应资质的检验单位进行检验。

第一百四十二条　矿井必须有完整的独立通风系统。改变全矿井通风系统时，必须编制通风设计及安全措施，由企业技术负责人审批。

第一百四十三条　贯通巷道必须遵守下列规定：

（一）巷道贯通前应当制定贯通专项措施。综合机械化掘进巷道在相距50 m前、其他巷道在相距20 m前，必须停止一个工作面作业，做好调整通风系统的准备工作。

停掘的工作面必须保持正常通风，设置栅栏及警标，每班必须检查风筒的完好状况和工作面及其回风流中的瓦斯浓度，瓦斯浓度超限时，必须立即处理。

掘进的工作面每次爆破前，必须派专人和瓦斯检查工共同到停掘的工作面检查工作面及其回风流中的瓦斯浓度，瓦斯浓度超限时，必须先停止在掘工作面的工作，然后处理瓦斯，只有在2个工作面及其回风流中的甲烷浓度都在1.0%以下时，掘进的工作面方可爆破。每次爆破前，2个工作面入口必须有专人警戒。

（二）贯通时，必须由专人在现场统一指挥。

（三）贯通后，必须停止采区内的一切工作，立即调整通风系统，风流稳定后，方可恢复工作。

间距小于20 m的平行巷道的联络巷贯通，必须遵守以上规定。

第一百五十七条　矿井通风系统图必须标明风流方向、风量和通风设施的安装地点。必须按季绘制通风系统图，并按月补充修改。多煤层同时开采的矿井，必须绘制分层通风系统图。

应当绘制矿井通风系统立体示意图和矿井通风网络图。

2）《煤矿安全规程执行说明》

第一百四十一条　通风安全检测仪表检验

【原文】第一百四十一条　矿井必须有足够数量的通风安全检测仪表。仪表必须由具备相应资质的检验单位进行检验。

【执行说明】需要由相应资质的检验单位进行检验的通风安全仪表主要包括风表、光干涉甲烷测定器、催化式甲烷检测报警仪及传感器、直读式粉尘浓度测定仪、井下粉尘采样器等。

具备相应资质的检验单位，是指法定的计量检测机构。

【相应处罚】

《安全生产违法行为行政处罚办法》第四十五条第一项：违反操作规程或者安全管理规定作业的，给予警告，并可以对生产经营单位处1万元以上3万元以下罚款，对其主要负责人、其他有关人员处1000元以上1万元以下的罚款。

《特别规定》第十条第一款：煤矿有本规定第八条第二款所列情形之一，仍然进行生产的，由县级以上地方人民政府负责煤矿安全生产监督管理的部门或者煤矿安全监察机构责令停产整顿，提出整顿的内容、时间等具体要求，处50万元以上200万元以下的罚款；对煤矿企业负责人处3万元以上15万元以下的罚款。

【知识链接】

1）矿井通风管理的主要内容

(1) 矿井空气成分、气候条件、粉尘浓度的检测。

(2) 矿井风量计算与井巷测风。

(3) 矿井通风压力与通风阻力的测定。

(4) 矿井主要通风机工况检查及性能测定。

(5) 通风设施维修管理与矿井漏风状况检查。

(6) 风量调节与矿井灾变时期的通风管理。

(7) 填写通风安全报表，绘制通风系统图。

(8) 矿井井巷维护与管理。建立有效的巷道维修制度，特别做好回风侧通风巷道的维修工作；经常保持断面合适、支架完整、坡度适宜、水沟畅通等。

(9) 通风费用估算与通风系统评价。

(10) 加强矿井通风安全仪器仪表的管理：通风安全仪器仪表的维修检查应经常化、制度化，应设专人负责，实行登记制度，定期检验校正，及时修理补充。

(11) 矿井瓦斯等级鉴定与矿井瓦斯的管理。

(12) 矿井防尘防火的管理。

(13) 编制灾害预防与处理计划。

2) 矿井通风基础管理

建立健全通风安全管理组织机构，负责全矿日常通风安全管理以及通风检测、粉尘测定工作。建立健全各级领导、职能机构、岗位人员通风安全生产责任制，实行通风安全目标管理。落实党和国家一系列安全生产方针政策等要求，确保煤矿通防安全措施落实在现场。

(1) 煤矿企业必须按照《安全生产法》的规定，建立安全管理机构，配齐安全管理人员。煤矿的“一通三防”、煤与瓦斯突出矿井的防突等安全管理工作必须明确专门人员负责，有序有效开展工作。

(2) 按规定绘制图纸，完善相关记录、台账、报表、报告、计划及支持性文件等资料，并与现场实际相符；

(3) 及时调整完善矿井通风系统，并绘制全矿通风系统图。要建立主要通风设备设施技术文件、通风系统图、日常检查维修记录以及通风系统和设备设施检测检验、隐患排查治理、通风管理安全措施投入、特殊工种培训考核等记录档案资料。通风管理基础资料要与井下现场相对应。

(4) 管理、技术以及作业人员掌握相应的岗位技能，规范操作，无违章指挥、违章作业和违反劳动纪律（以下简称“三违”）行为，作业前进行安全确认。

3) 矿井通风系统管理

（1）全矿井、一翼或者一个水平通风系统改变时，编制通风设计及安全技术措施，经企业技术负责人审批；巷道贯通制定安全技术措施，经矿总工程师审批；井下爆炸物品库、充电硐室、采区变电所、实现采区变电所功能的中央变电所有独立的通风系统。

（2）井下没有违反《煤矿安全规程》规定的扩散通风、采空区通风和利用局部通风机通风的采煤工作面；对于允许布置的串联通风，制定安全技术措施，其中开拓新水平和准备新采区的开掘巷道的回风引入生产水平的进风中的安全技术措施，经企业技术负责人审批，其他串联通风的安全技术措施，经矿总工程师审批。

（3）采区专用回风巷不得用于运输、安设电气设备，突出区不行人；专用回风巷道维修时制定专项措施，经矿总工程师审批。

（4）装有主通风机的回风井的防爆门符合规定，每6个月检查维修1次；每季度至少检查1次反风设施；制定年度全矿性反风技术方案，按规定审批，实施有总结报告，并达到反风效果。

（5）新安装的主要通风机投入使用前，进行1次通风机性能测定和试运转工作，投入使用后每5年至少进行1次性能测定；矿井通风阻力测定符合《煤矿安全规程》规定。

（6）矿井每年进行1次通风能力核定；每10天至少进行1次井下全面测风，井下各硐室和巷道的供风量满足计算所需风量。

（7）矿井有效风量率不低于85%；矿井外部漏风率每年至少测定1次，外部漏风率在无提升设备时不得超过5%，有提升设备时不得超过15%。

（8）采煤工作面进、回风巷实际断面不小于设计断面的2/3；其他通风巷道实际断面不小于设计断面的4/5；矿井通风系统的阻力符合AQ 1028规定；矿井内各地点风速符合《煤矿安全规程》规定。

（9）矿井主要通风机安设监测系统，能够实时准确监测风机运行状态、风量、风压等参数。

六、安全监控及人员位置监测

1. 安全监控系统及人员位置监测系统

【体检内容】

建立健全安全监控系统，对矿井各重要场所瓦斯等相关数据进行实时监测，并可实现对矿井相关设备的自动化控制。监控系统功能完善。符合《煤矿安全规程》第四百八十九条、第四百九十条规定和《煤矿安全监控系统及检测仪器使用管理规范》（AQ 1029—2007）4、9的规定。

【法规依据】

1）《煤矿安全规程》

第四百八十九条　矿用有线调度通信电缆必须专用。严禁安全监控系统与图像监视系统共用同一芯光纤。矿井安全监控系统主干线缆应当分设两条，从不同的井筒或者一个井筒保持一定间距的不同位置进入井下。

设备应当满足电磁兼容要求。系统必须具有防雷电保护，入井线缆的入井口处必须具有防雷措施。

系统必须连续运行。电网停电后，备用电源应当能保持系统连续工作时间不小于2 h。

监控网络应当通过网络安全设备与其他网络互通互联。

安全监控和人员位置监测系统主机及联网主机应当双机热备份，连续运行。当工作主机发生故障时，备份主机应当在5 min内自动投入工作。

当系统显示井下某一区域瓦斯超限并有可能波及其他区域时，矿井有关人员应当按瓦斯事故应急救援预案切断瓦斯可能波及区域的电源。

安全监控和人员位置监测系统显示和控制终端、有线调度通信系统调度台必须设置在矿调度室，全面反映监控信息。矿调度室必须24 h有监控人员值班。

第四百九十条　安全监控设备必须具有故障闭锁功能。当与闭锁控制有关的设备未投入正常运行或者故障时，必须切断该监控设备所监控区域的全部非本质安全型电气设备的电源并闭锁；当与闭锁控制有关的设备工作正常并稳定运行后，自动解锁。

安全监控系统必须具备甲烷电闭锁和风电闭锁功能。当主机或者系统线缆发生故障时，必须保证实现甲烷电闭锁和风电闭锁的全部功能。系统必须具有断电、馈电状态监测和报警功能。

2）《煤矿安全监控系统及检测仪器使用管理规范》（AQ 1029—2007）

4　一般要求

4.1　瓦斯矿井必须装备煤矿安全监控系统。

4.2　煤矿安全监控系统必须24 h连续运行。

4.3　接入煤矿安全监控系统的各类传感器稳定性应不小于15 d。

4.4　煤矿安全监控系统传感器的数据及状态必须传输到地面主机。

4.5　煤矿必须按矿用产品安全标志证书规定的型号选择监控系统的传感器、断电控制器等关联设备，严禁对不同系统间的设备进行置换。

4.6　国有重点煤矿必须实现矿务局（公司）所属高瓦斯和煤与瓦斯突出矿井的安全监控系统联网；国有地方和乡镇煤矿必须实现县（市）范围内高瓦斯和煤与瓦斯突出矿井安全监控系统联网。

4.7　煤矿区队长以上管理人员、安检员、班组长、爆破工、电钳工下井时必须携带便携式甲烷检测仪或甲烷检测报警矿灯。

4.8　煤矿采掘工、打眼工、在回风流工作的工人下井时宜携带甲烷检测报警矿灯或甲烷报警矿灯。

9　煤矿安全监控系统及联网信息处理

9.1　地面中心站的装备

9.1.1　煤矿安全监控系统的主机及系统联网主机必须双机或多机备份，24 h 不间断运行。当工作主机发生故障时，备份主机应在 5 min 内投入工作。

9.1.2　中心站应双回路供电并配备不小于 8 h 在线式不间断电源。

9.1.3　中心站设备应有可靠的接地装置和防雷装置。

9.1.4　联网主机应装备防火墙等网络安全设备。

9.1.5　中心站应使用录音电话。

9.2　煤矿安全监控系统信息的处理

9.2.1　地面中心站必须 24 h 有人值班。值班人员应认真监视监视器所显示的各种信息，详细记录系统各部分的运行状态，接收上一级网络中心下达的指令并及时进行处理，填写运行日志，打印安全监控日报表，报矿主要负责人和矿井主要技术负责人审阅。

9.2.2　系统发出报警、断电、馈电异常信息时，中心站值班人员必须立即通知矿井调度部门，查明原因，并按规定程序及时报上一级网络中心。处理结果应记录备案。

9.2.3　调度值班人员接到报警、断电信息后，应立即向矿值班领导汇报，同时按规定指挥现场人员停止工作，断电时撤出人员，处理过程应记录备案。

9.2.4　当系统显示井下某一区域瓦斯超限并有可能波及其他区域时，中心站值班员应按瓦斯事故应急预案手动遥控切断瓦斯可能波及区域的电源。

9.3　联网信息的处理

9.3.1　煤矿安全监控系统联网实行分级管理。国有重点煤矿必须向矿务局（公司）安全监控网络中心上传实时测控数据，国有地方和乡镇煤矿必须向县（市）安全监控网络中心上传实时测控数据。网络中心对煤矿安全监控系统的运行进行监督和指导。

9.3.2　网络中心必须 24 h 有人值班。值班人员应认真监视测控数据，核对煤矿上传的隐患处理情况，发现异常情况要详细查询，按规定进行处理。填写运行日志，打印报警信息日报表，报值班领导审阅。

9.3.3　网络中心值班人员发现煤矿瓦斯超限报警、馈电状态异常情况等必须通知煤矿核查情况，按应急预案进行处理。

9.3.4　煤矿安全监控系统中心站值班人员接到网络中心发出的报警处理指令后，要立即处理落实，并将处理结果向网络中心反馈。

9.3.5　网络中心值班人员发现煤矿安全监控系统通讯中断或出现无记录情况，必须查明原因，并根据具体情况下达处理意见，处理情况记录备案，上报值班领导。

9.3.6　网络中心每月应对瓦斯超限情况进行汇总分析，报当地煤炭行业主管部门和煤矿安全监察分局。

【相应处罚】

《特别规定》第十条第一款：煤矿有本规定第八条第二款所列情形之一，仍然进行生产的，由县级以上地方人民政府负责煤矿安全生产监督管理的部门或者煤矿安全监察机构责令停产整顿，提出整顿的内容、时间等具体要求，处50万元以上200万元以下的罚款；对煤矿企业负责人处3万元以上15万元以下的罚款。

2. 安全监控装备

【体检内容】

监测监控系统的中心站、分站、传感器等设备齐全，安装设置符合《煤矿安全监控系统及检测仪器使用管理规范》（AQ 1029—2007）5的规定。

【法规依据】

《煤矿安全监控系统及检测仪器使用管理规范》（AQ 1029—2007）

5　设计和安装

5.1　煤矿的采区设计、采掘作业规程和安全技术措施，必须对安全测控仪器的种类、数量和位置，信号电缆和电源电缆的敷设，断电区域等做出明确规定，并绘制布置图和断电控制图。

5.2　安装前，使用单位必须根据已批准的作业规程或安全技术措施提出《安装申请单》，分别送通风和机电部门。安装断电控制系统时，使用单位或机电部门必须根据断电范围要求，提供断电条件，并接通井下电源及控制线，在连接时必须有安全监测工在场监护。

5.3　为防止甲烷超限断电时切断安全测控仪器的供电电源，安全测控仪器的供电电源必须取自被控开关的电源侧，严禁接在被控开关的负荷侧。

5.4　模拟量传感器应设置在能正确反映被测物理量的位置。开关量传感器应设置在能正确反映被监测状态的位置。声光报警器应设置在经常有人工作便于观察的地点。

5.5　井下分站，应设置在便于人员观察、调试、检验及支护良好、无滴水、无杂物的进风巷道或硐室中，安设时应垫支架，使其距巷道底板不小于300 mm，或吊挂在巷道中。

5.6　隔爆兼本质安全型等防爆电源，宜设置在采区变电所，严禁设置在断电范围内。隔爆兼本质安全型防爆电源严禁设置在下列区域：（1）低瓦斯和高瓦斯矿井的采煤工作面和回风巷内；（2）煤与瓦斯突出矿井的采煤工作面、进风巷和回风巷；（3）掘进工作面内；（4）采用串联通风的被串采煤工作面、进风巷和回风巷；（5）采用串联通风的被串掘进巷道内。

5.7　为保证安全监控系统的断电和故障闭锁功能，断电控制器与被控开关之间必须正确接线。具体方法由煤矿主要技术负责人审定。

5.8　与安全测控仪器关联的电气设备，电源线和控制线在拆除或改线时，必须与安全测控管理部门共同处理。检修与安全测控仪器关联的电气设备，需要安全测控仪器停止运行时，须经矿主要负责人或主要技术负责人同意，并制定安全措施后方可进行。

【相应处罚】

《安全生产法》第九十六条第二项：安全设备的安装、使用、检测、改造和报废不符合国家标准或者行业标准的，责令限期改正，可以处五万元以下的罚款；逾期未改正的，处五万元以上二十万元以下的罚款，对其直接负责的主管人员和其他直接责任人员处一万元以上二万元以下的罚款；情节严重的，责令停产停业整顿；构成犯罪的，依照刑法有关规定追究刑事责任。

3. 传感器

【体检内容】

甲烷传感器报警值、断电值、复电值应准确，监控中心能实时反映监控场所瓦斯的真实状态。甲烷传感器（便携仪）的设置地点，报警、断电、复电浓度和断电范围符合《煤矿安全规程》第四百九十八条、第四百九十九条、第五百条、第五百零一条规定和《煤矿安全监控系统及检测仪器使用管理规范》（AQ 1029—2007）6 的规定。其他各类传感器设置符合《煤矿安全规程》第五百零三条规定和《煤矿安全监控系统及检测仪器使用管理规范》（AQ 1029—2007）7 的规定。

【法规依据】

1）《煤矿安全规程》

第四百九十八条　甲烷传感器（便携仪）的设置地点，报警、断电、复电浓度和断电范围必须符合表 18 的要求。

第四百九十九条　井下下列地点必须设置甲烷传感器：

（一）采煤工作面及其回风巷和回风隅角，高瓦斯和突出矿井采煤工作面回风巷长度大于 1000 m 时回风巷中部。

（二）煤巷、半煤岩巷和有瓦斯涌出的岩巷掘进工作面及其回风流中，高瓦斯和突出矿井的掘进巷道长度大于 1000 m 时掘进巷道中部。

（三）突出矿井采煤工作面进风巷。

（四）采用串联通风时，被串采煤工作面的进风巷；被串掘进工作面的局部通风机前。

（五）采区回风巷、一翼回风巷、总回风巷。

（六）使用架线电机车的主要运输巷道内装煤点处。

（七）煤仓上方、封闭的带式输送机地面走廊。

（八）地面瓦斯抽采泵房内。

（九）井下临时瓦斯抽采泵站下风侧栅栏外。

（十）瓦斯抽采泵输入、输出管路中。

表18　甲烷传感器（便携仪）的设置地点，报警、断电、复电浓度和断电范围

设置地点	报警浓度/%	断电浓度/%	复电浓度/%	断电范围
采煤工作面回风隅角	≥1.0	≥1.5	<1.0	工作面及其回风巷内全部非本质安全型电气设备
低瓦斯和高瓦斯矿井的采煤工作面	≥1.0	≥1.5	<1.0	工作面及其回风巷内全部非本质安全型电气设备
突出矿井的采煤工作面	≥1.0	≥1.5	<1.0	工作面及其进、回风巷内全部非本质安全型电气设备
采煤工作面回风巷	≥1.0	≥1.0	<1.0	工作面及其回风巷内全部非本质安全型电气设备
突出矿井采煤工作面进风巷	≥0.5	≥0.5	<0.5	工作面及其进、回风巷内全部非本质安全型电气设备
采用串联通风的被串采煤工作面进风巷	≥0.5	≥0.5	<0.5	被串采煤工作面及其进、回风巷内全部非本质安全型电气设备
高瓦斯、突出矿井采煤工作面回风巷中部	≥1.0	≥1.0	<1.0	工作面及其回风巷内全部非本质安全型电气设备
采煤机	≥1.0	≥1.5	<1.0	采煤机电源
煤巷、半煤岩巷和有瓦斯涌出岩巷的掘进工作面	≥1.0	≥1.5	<1.0	掘进巷道内全部非本质安全型电气设备
煤巷、半煤岩巷和有瓦斯涌出岩巷的掘进工作面回风流中	≥1.0	≥1.0	<1.0	掘进巷道内全部非本质安全型电气设备
突出矿井的煤巷、半煤岩巷和有瓦斯涌出岩巷的掘进工作面的进风分风口处	≥0.5	≥0.5	<0.5	掘进巷道内全部非本质安全型电气设备

表18(续)

设置地点	报警浓度/%	断电浓度/%	复电浓度/%	断电范围
采用串联通风的被串掘进工作面局部通风机前	≥0.5	≥0.5	<0.5	被串掘进巷道内全部非本质安全型电气设备
	≥0.5	≥1.5	<0.5	被串掘进工作面局部通风机
高瓦斯矿井双巷掘进工作面混合回风流处	≥1.0	≥1.0	<1.0	除全风压供风的进风巷外，双掘进巷道内全部非本质安全型电气设备
高瓦斯和突出矿井掘进巷道中部	≥1.0	≥1.0	<1.0	掘进巷道内全部非本质安全型电气设备
掘进机、连续采煤机、锚杆钻车、梭车	≥1.0	≥1.5	<1.0	掘进机、连续采煤机、锚杆钻车、梭车电源
采区回风巷	≥1.0	≥1.0	<1.0	采区回风巷内全部非本质安全型电气设备
一翼回风巷及总回风巷	≥0.75	—	—	
使用架线电机车的主要运输巷道内装煤点处	≥0.5	≥0.5	<0.5	装煤点处上风流100 m内及其下风流的架空线电源和全部非本质安全型电气设备
矿用防爆型蓄电池电机车	≥0.5	≥0.5	<0.5	机车电源
矿用防爆型柴油机车、无轨胶轮车	≥0.5	≥0.5	<0.5	车辆动力
井下煤仓	≥1.5	≥1.5	<1.5	煤仓附近的各类运输设备及其他非本质安全型电气设备
封闭的带式输送机地面走廊内，带式输送机滚筒上方	≥1.5	≥1.5	<1.5	带式输送机地面走廊内全部非本质安全型电气设备
地面瓦斯抽采泵房内	≥0.5			
井下临时瓦斯抽采泵站下风侧栅栏外	≥1.0	≥1.0	<1.0	瓦斯抽采泵站电源

第五百条　突出矿井在下列地点设置的传感器必须是全量程或者高低浓度甲烷传感器：

（一）采煤工作面进、回风巷。

（二）煤巷、半煤岩巷和有瓦斯涌出的岩巷掘进工作面回风流中。

（三）采区回风巷。

（四）总回风巷。

第五百零一条　井下下列设备必须设置甲烷断电仪或者便携式甲烷检测报警仪：

（一）采煤机、掘进机、掘锚一体机、连续采煤机。

（二）梭车、锚杆钻车。

（三）采用防爆蓄电池或者防爆柴油机为动力装置的运输设备。

（四）其他需要安装的移动设备。

第五百零三条　每一个采区、一翼回风巷及总回风巷的测风站应当设置风速传感器，主要通风机的风硐应当设置压力传感器；瓦斯抽采泵站的抽采泵吸入管路中应当设置流量传感器、温度传感器和压力传感器，利用瓦斯时，还应当在输出管路中设置流量传感器、温度传感器和压力传感器。

使用防爆柴油动力装置的矿井及开采容易自燃、自燃煤层的矿井，应当设置一氧化碳传感器和温度传感器。

主要通风机、局部通风机应当设置设备开停传感器。

主要风门应当设置风门开关传感器，当两道风门同时打开时，发出声光报警信号。甲烷电闭锁和风电闭锁的被控开关的负荷侧必须设置馈电状态传感器。

2）《煤矿安全监控系统及检测仪器使用管理规范》（AQ 1029—2007）

7　其他传感器的设置

7.1　一氧化碳传感器的设置

7.1.1　一氧化碳传感器应垂直悬挂在巷道的上方风流稳定的位置，距顶板（顶梁）不得大于 300 mm，距巷壁不得小于 200 mm，并应安装维护方便，不影响行人和行车。

7.1.2　开采容易自燃、自燃煤层的采煤工作面回风巷必须设置一氧化碳传感器，报警浓度为 0.0024%。

7.1.3　带式输送机滚筒下风侧 10～15 m 处应设置一氧化碳传感器，报警浓度为 0.0024%。

7.1.4　自然发火观测点、封闭火区防火墙栅栏外宜设置一氧化碳传感器，报警浓度为 0.0024%。

7.1.5　开采容易自燃、自燃煤层的矿井，采区回风巷、一翼回风巷、总回风巷应设置一氧化碳传感器，报警浓度为 0.0024%。

7.2　风速传感器的设置

采区回风巷、一翼回风巷、总回风巷的测风站应设置风速传感器。风速传感器应设置在巷道前后 10 m 内无分支风流、无拐弯、无障碍、断面无变化、能准确计算风量的地点。当风速低于或超过《煤矿安全规程》的规定值时，应发出声、光报警信号。

7.3 风压传感器的设置

主要通风机的风硐应设置风压传感器。

7.4 瓦斯抽放管路中传感器的设置

瓦斯抽放泵站的抽放泵输入管路中宜设置流量传感器、温度传感器和压力传感器；利用瓦斯时，应在输出管路中设置流量传感器、温度传感器和压力传感器。防回火安全装置上宜设置压差传感器。

7.5 烟雾传感器的设置

带式输送机滚筒下风侧 10~15 m 处应设置烟雾传感器。

7.6 温度传感器的设置

7.6.1 温度传感器应垂直悬挂在巷道上方风流稳定的位置，距顶板（顶梁）不得大于 300 mm，距巷壁不得小于 200 mm，并应不影响行人和行车，安装维护方便。

7.6.2 开采容易自燃，自燃煤层及地温高的矿井采煤工作面应设置温度传感器。温度传感器的报警值为 30 ℃。

7.6.3 机电硐室内应设置温度传感器，报警值为 34 ℃。

7.7 开关量传感器的设置

7.7.1 主要通风机、局部通风机必须设置设备开停传感器。

7.7.2 矿井和采区主要进回风巷道中的主要风门必须设置风门传感器。当两道风门同时打开时，发出声光报警信号。

7.7.3 掘进工作面局部通风机的风筒末端宜设置风筒传感器。

7.7.4 为监测被控设备瓦斯超限是否断电，被控开关的负荷侧必须设置馈电传感器。

【相应处罚】

《特别规定》第十条第一款：煤矿有本规定第八条第二款所列情形之一，仍然进行生产的，由县级以上地方人民政府负责煤矿安全生产监督管理的部门或者煤矿安全监察机构责令停产整顿，提出整顿的内容、时间等具体要求，处 50 万元以上 200 万元以下的罚款；对煤矿企业负责人处 3 万元以上 15 万元以下的罚款。

4. 瓦斯抽采管道参数监测

【体检内容】

瓦斯抽采管道监测数据应联网，管道监测传感器齐全，设置位置合理，按时调校，符合《煤矿安全规程》第五百零三条规定和《煤矿安全监控系统及检测仪器使用管理规范》（AQ 1029—2007）7.4 的规定。

【法规依据】

1）《煤矿安全规程》

第五百零三条　每一个采区、一翼回风巷及总回风巷的测风站应当设置风速传感器，主要通风机的风硐应当设置压力传感器；瓦斯抽采泵站的抽采泵吸入管路中应当设置流量传感器、温度传感器和压力传感器，利用瓦斯时，还应当在输出管路中设置流量传感器、温度传感器和压力传感器。

使用防爆柴油动力装置的矿井及开采容易自燃、自燃煤层的矿井，应当设置一氧化碳传感器和温度传感器。

主要通风机、局部通风机应当设置设备开停传感器。

主要风门应当设置风门开关传感器，当两道风门同时打开时，发出声光报警信号。甲烷电闭锁和风电闭锁的被控开关的负荷侧必须设置馈电状态传感器。

2）《煤矿安全监控系统及检测仪器使用管理规范》（AQ 1029—2007）

7.4　瓦斯抽放管路中传感器的设置

瓦斯抽放泵站的抽放泵输入管路中宜设置流量传感器、温度传感器和压力传感器；利用瓦斯时，应在输出管路中设置流量传感器、温度传感器和压力传感器。防回火安全装置上宜设置压差传感器。

【相应处罚】

《安全生产法》第九十六条第二项：安全设备的安装、使用、检测、改造和报废不符合国家标准或者行业标准的，责令限期改正，可以处五万元以下的罚款；逾期未改正的，处五万元以上二十万元以下的罚款，对其直接负责的主管人员和其他直接责任人员处一万元以上二万元以下的罚款；情节严重的，责令停产停业整顿；构成犯罪的，依照刑法有关规定追究刑事责任。

5. 安全监控系统运行

【体检内容】

安全监控系统能够正常运行；模拟传感器报警、断电运行正常；开关传感器设置和运行正常，故障断电正常。具备实时上传监控数据。符合《煤矿安全规程》第四百九十一条、第四百九十五条规定和《煤矿安全监控系统及检测仪器使用管理规范》（AQ 1029—2007）8.4 的规定。

【法规依据】

1）《煤矿安全规程》

第四百九十一条　安全监控设备的供电电源必须取自被控开关的电源侧或者专用电源，严禁接在被控开关的负荷侧。

安装断电控制系统时，必须根据断电范围提供断电条件，并接通井下电源及控制线。

改接或者拆除与安全监控设备关联的电气设备、电源线和控制线时，必须与安全监控管理部门共同处理。检修与安全监控设备关联的电气设备，需要监控设备停止运行时，必须制定安全措施，并报矿总工程师审批。

第四百九十五条　安全监控系统必须具备实时上传监控数据的功能。

2）《煤矿安全监控系统及检测仪器使用管理规范》（AQ 1029—2007）

8.4　维护

8.4.1　井下安全监测工必须24 h值班，每天检查煤矿安全监控系统及电缆的运行情况。使用便携式甲烷检测报警仪与甲烷传感器进行对照，并将记录和检查结果报地面中心站值班员。当两者读数误差大于允许误差时，先以读数较大者为依据，采取安全措施，并必须在8 h内将两种仪器调准。

8.4.2　下井管理人员发现便携式甲烷检测报警仪与甲烷传感器读数误差大于允许误差时，应立即通知安全测控部门进行处理。

8.4.3　安装在采煤机、掘进机和电机车上的机（车）载断电仪，由司机负责监护，并应经常检查清扫，每天使用便携式甲烷检测报警仪与甲烷传感器进行对照，当两者读数误差大于允许误差时，先以读数最大者为依据，采取安全措施，并立即通知安全监测工，在8 h内将两种仪器调准。

8.4.4　炮采工作面设置的甲烷传感器在放炮前应移动到安全位置，放炮后应及时恢复设置到正确位置。对需要经常移动的传感器、声光报警器、断电控制器及电缆等，由采掘班组长负责按规定移动，严禁擅自停用。

8.4.5　井下安全使用的分站、传感器、声光报警器、断电控制器及电缆等由所在采掘区的区队长、班组长负责管理和使用。

8.4.6　传感器经过调校检测误差仍超过规定值时，必须立即更换；安全测控仪器发生故障时，必须及时处理，在更换和故障处理期间必须采用人工监测等安全措施，并填写故障记录。

8.4.7　低浓度甲烷传感器经大于4% CH_4 的甲烷冲击后，应及时进行调校或更换。

8.4.8　电网停电后，备用电源不能保证设备连续工作1 h时，应及时更换。

8.4.9　使用中的传感器应经常擦拭，清除外表积尘，保持清洁。采掘工作面的传感器应每天除尘；传感器应保持干燥，避免洒水淋湿；维护、移动传感器应避免摔打碰撞。

【相应处罚】

《特别规定》第十条第一款：责令停产整顿，提出整顿的内容、时间等具体要求，处50万元以上200万元以下的罚款；对煤矿企业负责人处3万元以上15万元以下的罚款。

违反《安全生产违法行为行政处罚办法》第45条第一项的规定：违反操作规程或者安全管理规定作业的，给予警告，并可以对生产经营单位处1万元以上3万元以下罚款，对其主要负责人、其他有关人员处1000元以上1万元以下的罚款。

6. 安全监控系统维护

【体检内容】

安全监控系统设备的维修、调校、测试符合《煤矿安全规程》第四百九十二条、第四百九十三条、第四百九十六条规定。中心站值班员和井下安全监测工必须24 h值班，监控系统维护、管理符合《煤矿安全监控系统及检测仪器使用管理规范》（AQ 1029—2007）8、9的规定。

【法规依据】

1）《煤矿安全规程》

第四百九十二条　安全监控设备必须定期调校、测试，每月至少1次。

采用载体催化元件的甲烷传感器必须使用校准气样和空气气样在设备设置地点调校，便携式甲烷检测报警仪在仪器维修室调校，每15天至少1次。甲烷电闭锁和风电闭锁功能每15天至少测试1次。可能造成局部通风机停电的，每半年测试1次。

安全监控设备发生故障时，必须及时处理，在故障处理期间必须采用人工监测等安全措施，并填写故障记录。

第四百九十三条　必须每天检查安全监控设备及线缆是否正常，使用便携式光学甲烷检测仪或者便携式甲烷检测报警仪与甲烷传感器进行对照，并将记录和检查结果报矿值班员；当两者读数差大于允许误差时，应当以读数较大者为依据，采取安全措施并在8 h内对2种设备调校完毕。

2）《煤矿安全监控系统及检测仪器使用管理规范》（AQ 1029—2007）

8　使用与维护

8.1　检修机构

8.1.1　煤矿应建立安全测控仪器检修室，负责本矿安全测控仪器的调校、维护和维修工作。暂时不具备条件的小型煤矿可将安全测控仪器送到检修中心进行调校和维修。

8.1.2　国有重点煤矿的矿务局（公司）、产煤县（市）应建立安全测控仪器检修中心，负责安全测控仪器的调校、维修、报废鉴定等工作，有条件的可配置甲烷校准气体，并对煤矿进行技术指导。

8.1.3　安全测控仪器检修室应配备甲烷传感器、测定器检定装置、稳压电源、示波器、频率计、万用表、流量计、声级计、甲烷校准气体、标准气体等仪器装备；安全测控仪器检修中心除应配备上述仪器装备外，宜配备甲烷校准气体配气装置、气相色谱仪或红外线分析仪、风洞等。

8.2 校准气体

8.2.1 甲烷校准气体宜采用分压法原理配制，选用纯度不低于 99.9% 的甲烷、氮气和氧气做原料气，对混合气瓶抽真空处理后，按配气要求的比例和程序，控制压力和流量，依次向混合气瓶充入甲烷、氮气和氧气原料气。配制好的甲烷校准气体应以标准气体为标准，用气相色谱仪或红外线分析仪分析定值，其不确定度应小于 5%。

8.2.2 甲烷校准气体配气装置应放在通风良好，符合国家有关防火、防爆、压力容器安全规定的独立建筑内。配气气瓶应分室存放，室内应使用隔爆型的照明灯具及电器设备。

8.2.3 高压气瓶的使用管理应符合国家有关气瓶安全管理的规定。

8.3 调校

8.3.1 安全测控仪器设备必须定期调校。

8.3.2 安全测控仪器使用前和大修后，必须按产品使用说明书的要求测试、调校合格，并在地面试运行 24~48 h 方能下井。

8.3.3 采用催化燃烧原理的甲烷传感器、便携式甲烷检测报警仪、甲烷检测报警矿灯等，每隔 10 d 必须使用校准气体和空气样，按产品使用说明书的要求调校一次。调校时，应先在新鲜空气中或使用空气样调校零点，使仪器显示值为零，再通入浓度为 1%~2% CH_4 的甲烷校准气体，调整仪器的显示值与校准气体浓度一致，气样流量应符合产品使用说明书的要求。

8.3.4 除甲烷以外的其他气体测控仪器应每隔 10 d 采用空气样和标准气样进行调校。风速传感器选用经过标定的风速计调校。温度传感器选用经过标定的温度计调校。其他传感器和便携式检测仪器也应按使用说明书要求定期调校，使各项指标符合规定。

8.3.5 安全测控仪器的调校包括零点、显示值、报警点、断电点、复电点、控制逻辑等。

8.3.6 为保证甲烷超限断电和停风断电功能准确可靠，每隔 10 d 必须对甲烷超限断电闭锁和甲烷风电闭锁功能进行测试。

8.3.7 安全测控仪器在井下连续运行 6~12 个月，必须升井检修。

8.4 维护

8.4.1 井下安全监测工必须 24 h 值班，每天检查煤矿安全监控系统及电缆的运行情况。使用便携式甲烷检测报警仪与甲烷传感器进行对照，并将记录和检查结果报地面中心站值班员。当两者读数误差大于允许误差时，先以读数较大者为依据，采取安全措施，并必须在 8 h 内将两种仪器调准。

8.4.2　下井管理人员发现便携式甲烷检测报警仪与甲烷传感器读数误差大于允许误差时，应立即通知安全测控部门进行处理。

8.4.3　安装在采煤机、掘进机和电机车上的机（车）载断电仪，由司机负责监护，并应经常检查清扫，每天使用便携式甲烷检测报警仪与甲烷传感器进行对照，当两者读数误差大于允许误差时，先以读数最大者为依据，采取安全措施，并立即通知安全监测工，在 8 h 内将两种仪器调准。

8.4.4　炮采工作面设置的甲烷传感器在放炮前应移动到安全位置，放炮后应及时恢复设置到正确位置。对需要经常移动的传感器、声光报警器、断电控制器及电缆等，由采掘班组长负责按规定移动，严禁擅自停用。

8.4.5　井下安全使用的分站、传感器、声光报警器、断电控制器及电缆等由所在采掘区的区队长、班组长负责管理和使用。

8.4.6　传感器经过调校检测误差仍超过规定值时，必须立即更换；安全测控仪器发生故障时，必须及时处理，在更换和故障处理期间必须采用人工监测等安全措施，并填写故障记录。

8.4.7　低浓度甲烷传感器经大于 4% CH_4 的甲烷冲击后，应及时进行调校或更换。

8.4.8　电网停电后，备用电源不能保证设备连续工作 1 h 时，应及时更换。

8.4.9　使用中的传感器应经常擦拭，清除外表积尘，保持清洁。采掘工作面的传感器应每天除尘；传感器应保持干燥，避免洒水淋湿；维护、移动传感器应避免摔打碰撞。

8.5　便携仪

8.5.1　便携式甲烷检测报警仪和甲烷报警矿灯等检测仪器应设专职人员负责充电、收发及维护。每班要清理隔爆罩上的煤尘，下井前必须检查便携式甲烷检测报警仪和甲烷检测报警矿灯的零点和电压值，不符合要求的禁止发放使用。

8.5.2　使用便携式甲烷检测报警仪和甲烷报警矿灯等检测仪器时要严格按照产品说明书进行操作，严禁擅自调校和拆开仪器。

8.6　报废

8.6.1　安全测控仪器符合下列情况之一者，可以报废：设备老化、技术落后或超过规定使用年限的；通过修理，虽能恢复精度和性能，但一次修理费用超过原价 80% 以上，不如更新经济的；严重失爆不能修复的；遭受意外灾害，损坏严重，无法修复的；国家或有关部门规定应淘汰的。

【相应处罚】

《安全生产法》第九十六条第三项：未对安全设备进行经常性维护、保养和定期检测的，责令限期改正，可以处五万元以下的罚款；逾期未改正的，处五万元以上二十万元以下的罚款，对其直接负责的主管人员和其他直接责任人员处一万元以上二万元以下的罚款；情节严重的，责令停产停业整顿；构成犯罪的，依照刑法有关规定追究刑事责任。

《安全生产违法行为行政处罚办法》第四十五条第一项的规定：违反操作规程或者安全管理规定作业的，给予警告，并可以对生产经营单位处 1 万元以上 3 万元以下罚款，对其主要负责人、其他有关人员处 1000 元以上 1 万元以下的罚款。

7. 安全监控系统管理

【体检内容】

及时绘制、更新安全监控布置图和断电控制图、人员位置监测系统图，定期对监测数据进行备份和保存，监控系统管理制度与技术资料管理符合《煤矿安全规程》第四百八十八条规定和《煤矿安全监控系统及检测仪器使用管理规范》（AQ 1029—2007）10 的规定。

【法规依据】

1)《煤矿安全规程》

第四百八十八条　编制采区设计、采掘作业规程时，必须对安全监控、人员位置监测、有线调度通信设备的种类、数量和位置，信号、通信、电源线缆的敷设，安全监控系统的断电区域等做出明确规定，绘制安全监控布置图和断电控制图、人员位置监测系统图、井下通信系统图，并及时更新。

每 3 个月对安全监控、人员位置监测等数据进行备份，备份的数据介质保存时间应当不少于 2 年。图纸、技术资料的保存时间应当不少于 2 年。录音应当保存 3 个月以上。

2)《煤矿安全监控系统及检测仪器使用管理规范》(AQ 1029—2007)

10　管理制度与技术资料

10.1　应建立安全测控管理机构。安全测控管理机构由煤矿主要技术负责人领导，配备足够的人员。

10.2　煤矿应制定瓦斯事故应急预案、安全测控岗位责任制、操作规程、值班制度等规章制度。

10.3　从事安全测控仪器管理、维护、检修、值班人员应经培训合格，持证上岗。

10.4　账卡及报表

10.4.1　煤矿应建立以下账卡及报表：（1）安全测控仪器台账；（2）安全测控仪器故障登记表；（3）检修记录；（4）巡检记录；（5）传感器调校记

录；（6）中心站运行日志；（7）安全测控日报；（8）报警断电记录月报；（9）甲烷超限断电闭锁和甲烷风电闭锁功能测试记录；（10）安全测控仪器使用情况月报等。

10.4.2 安全测控日报应包括以下内容：（1）表头；（2）打印日期和时间；（3）传感器设置地点；（4）所测物理量名称；（5）平均值；（6）最大值及时刻；（7）报警次数；（8）累计报警时间；（9）断电次数；（10）累计断电时间；（11）馈电异常次数；（12）馈电异常累计时间等。

10.4.3 报警断电记录月报应包括以下内容：（1）表头；（2）打印日期和时间；（3）传感器设置地点；（4）所测物理量名称；（5）报警次数、对应时间、解除时间、累计时间；（6）断电次数、对应时间、解除时间、累计时间；（7）馈电异常次数、对应时间、解除时间、累计时间；（8）每次报警的最大值、对应时刻及平均值；（9）每次断电累计时间、断电时刻及复电时刻，平均值，最大值及时刻；（10）每次采取措施时间及采取措施内容等。

10.4.4 甲烷超限断电闭锁和甲烷风电闭锁功能测试记录应包括以下内容：（1）表头；（2）打印日期和时间；（3）传感器设置地点；（4）断电测试起止时间；（5）断电测试相关设备名称及编号；（6）校准气体浓度；（7）断电测试结果等。

10.5 煤矿必须绘制煤矿安全测控布置图和断电控制图，并根据采掘工作的变化情况及时修改。布置图应标明传感器、声光报警器、断电控制器、分站、电源、中心站等设备的位置、接线、断电范围、报警值、断电值、复电值、传输电缆、供电电缆等；断电控制图应标明甲烷传感器、馈电传感器和分站的位置，断电范围，被控开关的名称和编号，被控开关的断电接点和编号。

10.6 煤矿安全测控布置图和断电控制图应报当地煤炭行业主管部门、煤矿安全监察分局和上级网络中心备案。

10.7 煤矿安全监控系统和网络中心应每3个月对数据进行备份，备份的数据介质保存时间应不少于2年。

10.8 图纸、技术资料的保存时间应不少于2年。

【相应处罚】

《安全生产违法行为行政处罚办法》第四十五条第一项：违反操作规程或者安全管理规定作业的，给予警告，并可以对生产经营单位处1万元以上3万元以下罚款，对其主要负责人、其他有关人员处1000元以上1万元以下的罚款。

《安全生产法》第九十六条第三项：未对安全设备进行经常性维护、保养和定期检测的，责令限期改正，可以处五万元以下的罚款；逾期未改正的，处五万元以上二十万元以下的罚款，对其直接负责的主管人员和其他直接责任人员处一万元以上二万元以下的罚款；情节严重的，责令停产停业整顿；构成犯罪的，依照刑法有关规定追究刑事责任。

8. 人员位置监测系统设置

【体检内容】

下井人员必须携带标识卡。各个人员出入井口、重点区域出入口、限制区域等地点应当设置读卡分站。

【法规依据】

《煤矿安全规程》

第五百零四条　下井人员必须携带标识卡。各个人员出入井口、重点区域出入口、限制区域等地点应当设置读卡分站。

第五百零五条　人员位置监测系统应当具备检测标识卡是否正常和唯一性的功能。

第五百零六条　矿调度室值班员应当监视人员位置等信息，填写运行日志。

【相应处罚】

《安全生产违法行为行政处罚办法》第四十五条第一项：违反操作规程或者安全管理规定作业的，给予警告，并可以对生产经营单位处1万元以上3万元以下罚款，对其主要负责人、其他有关人员处1千元以上1万元以下的罚款。

9. 人员位置监测系统运行

【体检内容】

人员位置监测系统的标识卡和读卡分站工作正常，正常监视人员位置等信息。

【法规依据】

《煤矿安全规程》

第五百零四条　下井人员必须携带标识卡。各个人员出入井口、重点区域出入口、限制区域等地点应当设置读卡分站。

第五百零五条　人员位置监测系统应当具备检测标识卡是否正常和唯一性的功能。

第五百零六条　矿调度室值班员应当监视人员位置等信息，填写运行日志。

【相应处罚】

《安全生产法》第九十六条第三项：未对安全设备进行经常性维护、保养和定期检测的，责令限期改正，可以处五万元以下的罚款；逾期未改正的，处五万元以上二十万元以下的罚款，对其直接负责的主管人员和其他直接责任人员处一万元以上二万元以下的罚款；情节严重的，责令停产停业整顿；构成犯罪的，依照刑法有关规定追究刑事责任。

七、瓦斯防治

1. 瓦斯地质

【体检内容】

查明生产、准备、开拓区域瓦斯地质情况，符合《煤矿安全规程》第二十九条、第三十一条规定。

【法规依据】

《煤矿安全规程》

第二十九条　井巷揭煤前，应当探明煤层厚度、地质构造、瓦斯地质、水文地质及顶底板等地质条件，编制揭煤地质说明书。

第三十一条　掘进和回采前，应当编制地质说明书，掌握地质构造、岩浆岩体、陷落柱、煤层及其顶底板岩性、煤（岩）与瓦斯（二氧化碳）突出（以下简称突出）危险区、受水威胁区、技术边界、采空区、地质钻孔等情况。

【相应处罚】

《安全生产违法行为行政处罚办法》第四十五条第一项：违反操作规程或者安全管理规定作业的，给予警告，并可以对生产经营单位处 1 万元以上 3 万元以下罚款，对其主要负责人、其他有关人员处 1000 元以上 1 万元以下的罚款。

2. 瓦斯等级鉴定

【体检内容】

按规定开展矿井瓦斯等级鉴定，符合《煤矿安全规程》第一百七十条、《瓦斯等级鉴定暂行办法》第十三条规定。

【法规依据】

1）*《煤矿安全规程》*

第一百七十条　每 2 年必须对低瓦斯矿井进行瓦斯等级和二氧化碳涌出量的鉴定工作，鉴定结果报省级煤炭行业管理部门和省级煤矿安全监察机构。上报时应当包括开采煤层最短发火期和自燃倾向性、煤尘爆炸性的鉴定结果。高瓦斯、突出矿井不再进行周期性瓦斯等级鉴定工作，但应当每年测定和计算矿井、采区、工作面瓦斯和二氧化碳涌出量，并报省级煤炭行业管理部门和煤矿安全监察机构。

新建矿井设计文件中，应当有各煤层的瓦斯含量资料。

高瓦斯矿井应当测定可采煤层的瓦斯含量、瓦斯压力和抽采半径等参数。

2)《瓦斯等级鉴定暂行办法》

第十三条　瓦斯矿井出现下列情况之一的，应当在6个月内完成瓦斯等级鉴定工作：

（一）新建矿井建设完成的；

（二）矿井核定生产能力提高的；

（三）改扩建矿井改扩建完成的；

（四）开采新水平或新煤层的；

（五）资源整合矿井整合完成的。

3)《煤矿企业安全生产许可证实施办法》

第八条第二项　井工煤矿必须按规定进行瓦斯等级、煤层自燃倾向性和煤尘爆炸危险性鉴定。

【相应处罚】

《煤矿企业安全生产许可证实施办法》第三十八条：安全生产许可证颁发管理机关应当加强对取得安全生产许可证的煤矿企业的监督检查，发现其不再具备本实施办法规定的安全生产条件的，应当责令限期整改，依法暂扣安全生产许可证；经整改仍不具备本实施办法规定的安全生产条件的，依法吊销安全生产许可证。

《安全生产违法行为行政处罚办法》第四十五条第一项：违反操作规程或者安全管理规定作业的，给予警告，并可以对生产经营单位处1万元以上3万元以下罚款，对其主要负责人、其他有关人员处1000元以上1万元以下的罚款。

3. 瓦斯检查

【体检内容】

严格执行瓦斯检查制度和瓦斯管理规定，严格按规定检查瓦斯，符合《煤矿安全规程》第一百八十条规定。

【法规依据】

《煤矿安全规程》

第一百八十条　矿井必须建立甲烷、二氧化碳和其他有害气体检查制度，并遵守下列规定：

（一）矿长、矿总工程师、爆破工、采掘区队长、通风区队长、工程技术人员、班长、流动电钳工等下井时，必须携带便携式甲烷检测报警仪。瓦斯检查工必须携带便携式光学甲烷检测仪和便携式甲烷检测报警仪。安全监测工必须携带便携式甲烷检测报警仪。

（二）所有采掘工作面、硐室、使用中的机电设备的设置地点、有人员作业的地点都应当纳入检查范围。

（三）采掘工作面的甲烷浓度检查次数如下：

1. 低瓦斯矿井，每班至少 2 次；

2. 高瓦斯矿井，每班至少 3 次；

3. 突出煤层、有瓦斯喷出危险或者瓦斯涌出较大、变化异常的采掘工作面，必须有专人经常检查。

（四）采掘工作面二氧化碳浓度应当每班至少检查 2 次；有煤（岩）与二氧化碳突出危险或者二氧化碳涌出量较大、变化异常的采掘工作面，必须有专人经常检查二氧化碳浓度。对于未进行作业的采掘工作面，可能涌出或者积聚甲烷、二氧化碳的硐室和巷道，应当每班至少检查 1 次甲烷、二氧化碳浓度。

（五）瓦斯检查工必须执行瓦斯巡回检查制度和请示报告制度，并认真填写瓦斯检查班报。每次检查结果必须记入瓦斯检查班报手册和检查地点的记录牌上，并通知现场工作人员。甲烷浓度超过本规程规定时，瓦斯检查工有权责令现场人员停止工作，并撤到安全地点。

（六）在有自然发火危险的矿井，必须定期检查一氧化碳浓度、气体温度等变化情况。

（七）井下停风地点栅栏外风流中的甲烷浓度每天至少检查 1 次，密闭外的甲烷浓度每周至少检查 1 次。

（八）通风值班人员必须审阅瓦斯班报，掌握瓦斯变化情况，发现问题，及时处理，并向矿调度室汇报。

通风瓦斯日报必须送矿长、矿总工程师审阅，一矿多井的矿必须同时送井长、井技术负责人审阅。对重大的通风、瓦斯问题，应当制定措施，进行处理。

【相应处罚】

《国务院关于预防煤矿生产安全事故的特别规定》第十条：煤矿有本规定第八条第二款所列情形之一，仍然进行生产的，由县级以上地方人民政府负责煤矿安全生产监督管理的部门或者煤矿安全监察机构责令停产整顿，提出整顿的内容、时间等具体要求，处 50 万元以上 200 万元以下的罚款；对煤矿企业负责人处 3 万元以上 15 万元以下的罚款。

《煤矿企业安全生产许可证实施办法》第三十八条：安全生产许可证颁发管理机关应当加强对取得安全生产许可证的煤矿企业的监督检查，发现其不再具备本实施办法规定的安全生产条件的，应当责令限期整改，依法暂扣安全生产许可证；经整改仍不具备本实施办法规定的安全生产条件的，依法吊销安全生产许可证。

《安全生产违法行为行政处罚办法》第四十五条第一项：违反操作规程或

者安全管理规定作业的，给予警告，并可以对生产经营单位处 1 万元以上 3 万元以下罚款，对其主要负责人、其他有关人员处 1000 元以上 1 万元以下的罚款。

4. 瓦斯日报

【体检内容】

瓦斯日报表严格落实审签制度，符合《煤矿安全规程》第一百八十条规定。

【法规依据】

《煤矿安全规程》

第一百八十条第二款　通风瓦斯日报必须送矿长、矿总工程师审阅，一矿多井的矿必须同时送井长、井技术负责人审阅。对重大的通风、瓦斯问题，应当制定措施，进行处理。

【相应处罚】

《煤矿企业安全生产许可证实施办法》第三十八条：安全生产许可证颁发管理机关应当加强对取得安全生产许可证的煤矿企业的监督检查，发现其不再具备本实施办法规定的安全生产条件的，应当责令限期整改，依法暂扣安全生产许可证；经整改仍不具备本实施办法规定的安全生产条件的，依法吊销安全生产许可证。

5. 预警分析处置

【体检内容】

建立健全并严格落实瓦斯超限和防突预警分析处置制度，瓦斯涌出异常或防突指标异常时，立即撤出人员，分析异常原因，采取措施进行处理，符合《煤矿安全规程》第一百七十二条、第一百七十三条、第一百七十四条、第一百七十五条规定。

【法规依据】

《煤矿安全规程》

第一百七十二条　采区回风巷、采掘工作面回风巷风流中甲烷浓度超过 1.0% 或者二氧化碳浓度超过 1.5% 时，必须停止工作，撤出人员，采取措施，进行处理。

第一百七十三条　采掘工作面及其他作业地点风流中甲烷浓度达到 1.0% 时，必须停止用电钻打眼；爆破地点附近 20 m 以内风流中甲烷浓度达到 1.0% 时，严禁爆破。

采掘工作面及其他作业地点风流中、电动机或者其开关安设地点附近20 m 以内风流中的甲烷浓度达到 1.5% 时，必须停止工作，切断电源，撤出人员，进行处理。

采掘工作面及其他巷道内，体积大于 0.5 m^3 的空间内积聚的甲烷浓度达到 2.0%时，附近 20 m 内必须停止工作，撤出人员，切断电源，进行处理。

对因甲烷浓度超过规定被切断电源的电气设备，必须在甲烷浓度降到 1.0%以下时，方可通电开动。

第一百七十四条　采掘工作面风流中二氧化碳浓度达到 1.5%时，必须停止工作，撤出人员，查明原因，制定措施，进行处理。

第一百七十五条　矿井必须从设计和采掘生产管理上采取措施，防止瓦斯积聚；当发生瓦斯积聚时，必须及时处理。当瓦斯超限达到断电浓度时，班组长、瓦斯检查工、矿调度员有权责令现场作业人员停止作业，停电撤人。

矿井必须有因停电和检修主要通风机停止运转或者通风系统遭到破坏以后恢复通风、排除瓦斯和送电的安全措施。恢复正常通风后，所有受到停风影响的地点，都必须经过通风、瓦斯检查人员检查，证实无危险后，方可恢复工作。所有安装电动机及其开关的地点附近 20 m 的巷道内，都必须检查瓦斯，只有甲烷浓度符合本规程规定时，方可开启。

临时停工的地点，不得停风；否则必须切断电源，设置栅栏、警标，禁止人员进入，并向矿调度室报告。停工区内甲烷或者二氧化碳浓度达到 3.0%或者其他有害气体浓度超过本规程第一百三十五条的规定不能立即处理时，必须在 24 h 内封闭完毕。

恢复已封闭的停工区或者采掘工作接近这些地点时，必须事先排除其中积聚的瓦斯。排除瓦斯工作必须制定安全技术措施。

严禁在停风或者瓦斯超限的区域内作业。

【相应处罚】

《国务院关于预防煤矿生产安全事故的特别规定》第十条：煤矿有本规定第八条第二款所列情形之一，仍然进行生产的，由县级以上地方人民政府负责煤矿安全生产监督管理的部门或者煤矿安全监察机构责令停产整顿，提出整顿的内容、时间等具体要求，处 50 万元以上 200 万元以下的罚款；对煤矿企业负责人处 3 万元以上 15 万元以下的罚款。

6. 瓦斯超限处理

【体检内容】

瓦斯超限及追查处理符合《煤矿瓦斯防治工作“十条禁令”》第六条和《关于进一步加强煤矿瓦斯防治工作的若干意见》（国办发〔2011〕26 号）第十九条要求。

【法规依据】

1）《煤矿瓦斯防治工作“十条禁令”》

六、禁止矿井瓦斯超限作业。

煤矿企业要严格落实《国务院办公厅转发发展改革委安全监管总局关于进一步加强煤矿瓦斯防治工作若干意见的通知》（国办发〔2011〕26号）关于“瓦斯超限，立即停产撤人，并比照事故处理查明瓦斯超限原因，落实防范措施”的要求。

2)《关于进一步加强煤矿瓦斯防治工作的若干意见》（国办发〔2011〕26号）

19. 加强煤矿瓦斯超限管理。煤矿发生瓦斯超限，要立即停产撤人，并比照事故处理查明瓦斯超限原因，落实防范措施。

【相应处罚】

《国务院关于预防煤矿生产安全事故的特别规定》第十条：煤矿有本规定第八条第二款所列情形之一，仍然进行生产的，由县级以上地方人民政府负责煤矿安全生产监督管理的部门或者煤矿安全监察机构责令停产整顿，提出整顿的内容、时间等具体要求，处50万元以上200万元以下的罚款；对煤矿企业负责人处3万元以上15万元以下的罚款。

《煤矿瓦斯防治工作“十条禁令”》：凡是瓦斯防治措施不到位，1个月内发生2次瓦斯超限的，一律依法停产整顿；凡是1个月内发生3次瓦斯超限未追查处理，或被责令停产整顿期间仍组织生产的，一律依法关闭。

《关于进一步加强煤矿瓦斯防治工作的若干意见》（国办发〔2011〕26号）：因责任和措施不落实造成瓦斯超限的，要严肃追究有关人员责任。因瓦斯防治措施不到位，1个月内发生2次瓦斯超限的矿井必须停产整顿。凡1个月内发生3次以上瓦斯超限未追查处理，或因瓦斯超限被责令停产整顿期间仍组织生产的矿井，煤炭行业管理部门、煤矿安全监管部门应提请地方政府予以关闭。

7. 抽采系统

【体检内容】

达到抽采条件的矿井必须进行瓦斯抽采，符合《煤矿瓦斯抽采达标暂行规定》第七条规定。高瓦斯矿井和煤与瓦斯突出矿井必须建立地面固定抽采瓦斯系统。同时具有煤层瓦斯预抽和采空区瓦斯抽采方式的矿井，根据需要分别建立高、低负压抽采瓦斯系统。煤矿应当加强瓦斯抽采现场管理，确保瓦斯抽采系统的正常运转。符合《煤矿瓦斯抽采达标暂行规定》第十四条、第十七条规定。

【法规依据】

1)《煤矿瓦斯抽采达标暂行规定》

第十四条　煤与瓦斯突出矿井和高瓦斯矿井必须建立地面固定抽采瓦斯系统，其他应当抽采瓦斯的矿井可以建立井下临时抽采瓦斯系统；同时具有煤层瓦斯预抽和采空区瓦斯抽采方式的矿井，根据需要分别建立高、低负压抽采瓦斯系统。

第十七条　瓦斯抽采管网中应当安装足够数量的放水器，确保及时排除管路中的积水，必要时应设置除渣装置，防止煤泥堵塞管路断面。每个抽采钻孔的接抽管上应留设钻孔抽采负压和瓦斯浓度（必要时还应观测一氧化碳浓度）的观测孔。

煤矿应当加强瓦斯抽采现场管理，确保瓦斯抽采系统的正常运转和瓦斯抽采钻孔的效用，钻孔抽采效果不好或者有发火迹象的，应当及时处理。

2）《煤矿安全规程》

第一百八十一条　突出矿井必须建立地面永久抽采瓦斯系统。

有下列情况之一的矿井，必须建立地面永久抽采瓦斯系统或者井下临时抽采瓦斯系统：

（一）任一采煤工作面的瓦斯涌出量大于5 m^3/min或者任一掘进工作面瓦斯涌出量大于3 m^3/min，用通风方法解决瓦斯问题不合理的。

（二）矿井绝对瓦斯涌出量达到下列条件的：

1. 大于或者等于40 m^3/min；
2. 年产量1.0~1.5 Mt的矿井，大于30 m^3/min；
3. 年产量0.6~1.0 Mt的矿井，大于25 m^3/min；
4. 年产量0.4~0.6 Mt的矿井，大于20 m^3/min；
5. 年产量小于或者等于0.4 Mt的矿井，大于15 m^3/min。

【相应处罚】

《国务院关于预防煤矿生产安全事故的特别规定》第十条：煤矿有本规定第八条第二款所列情形之一，仍然进行生产的，由县级以上地方人民政府负责煤矿安全生产监督管理的部门或者煤矿安全监察机构责令停产整顿，提出整顿的内容、时间等具体要求，处50万元以上200万元以下的罚款；对煤矿企业负责人处3万元以上15万元以下的罚款。

《煤矿企业安全生产许可证实施办法》第三十八条：安全生产许可证颁发管理机关应当加强对取得安全生产许可证的煤矿企业的监督检查，发现其不再具备本实施办法规定的安全生产条件的，应当责令限期整改，依法暂扣安全生产许可证；经整改仍不具备本实施办法规定的安全生产条件的，依法吊销安全生产许可证。

8. 抽采泵站

【体检内容】

抽采泵站布置合理，配套设施配备齐全，满足《煤矿安全规程》第一百八十二条规定。抽采泵和备用泵能力满足需要，符合《煤矿瓦斯抽采达标暂行规定》第十五条的相关规定。

【法规依据】

1)《煤矿瓦斯抽采达标暂行规定》

第十五条　泵站的装机能力和管网能力应当满足瓦斯抽采达标的要求。备用泵能力不得小于运行泵中最大一台单泵的能力；运行泵的装机能力不得小于瓦斯抽采达标时应抽采瓦斯量对应工况流量的 2 倍。

2)《煤矿安全规程》

第一百八十二条　抽采瓦斯设施应当符合下列要求：

（一）地面泵房必须用不燃性材料建筑，并必须有防雷电装置，其距进风井口和主要建筑物不得小于 50 m，并用栅栏或者围墙保护。

（二）地面泵房和泵房周围 20 m 范围内，禁止堆积易燃物和有明火。

（三）抽采瓦斯泵及其附属设备，至少应当有 1 套备用，备用泵能力不得小于运行泵中最大一台单泵的能力。

（四）地面泵房内电气设备、照明和其他电气仪表都应当采用矿用防爆型；否则必须采取安全措施。

（五）泵房必须有直通矿调度室的电话和检测管道瓦斯浓度、流量、压力等参数的仪表或者自动监测系统。

（六）干式抽采瓦斯泵吸气侧管路系统中，必须装设有防回火、防回流和防爆炸作用的安全装置，并定期检查。抽采瓦斯泵站放空管的高度应当超过泵房房顶 3 m。

泵房必须有专人值班，经常检测各参数，做好记录。当抽采瓦斯泵停止运转时，必须立即向矿调度室报告。如果利用瓦斯，在瓦斯泵停止运转后和恢复运转前，必须通知使用瓦斯的单位，取得同意后，方可供应瓦斯。

【相应处罚】

《国务院关于预防煤矿生产安全事故的特别规定》第十条：煤矿有本规定第八条第二款所列情形之一，仍然进行生产的，由县级以上地方人民政府负责煤矿安全生产监督管理的部门或者煤矿安全监察机构责令停产整顿，提出整顿的内容、时间等具体要求，处 50 万元以上 200 万元以下的罚款；对煤矿企业负责人处 3 万元以上 15 万元以下的罚款。

【知识链接】

抽采泵站布置瓦斯进口主管路 2 趟，其中 1 趟为高负压瓦斯抽采管路，另一趟为低负压瓦斯抽采管路，高、低负压抽采管路及放空管和排空管布置在泵房后面，冷却水水池设在泵房东南侧，进场道路位于场地东南侧。瓦斯抽采泵站设瓦斯抽采泵房。瓦斯抽采泵房为单层建筑结构，条形布局，室内安装瓦斯抽采泵、控制按钮等。室外设置瓦斯进出口配气装置、防爆炸、防回火装置、放空管、排空管、冷却水循环系统、防雷接地系统等。

根据《建筑物防雷设计规范》（GB 50057—2000），抽采泵站按第一类防雷建筑物设计，设置相应的防直击雷、感应雷、雷电波侵入设施，并制订严格的定期检查制度，保持性能良好。

9. 抽采管路

【体检内容】

抽采管路布置合理，主要管路气体流速需在经济流速范围内，符合《煤矿瓦斯抽放规范》（AQ 1027—2007）5.4 的规定。

【法规依据】

《煤矿瓦斯抽放规范》（AQ 1027—2007）

5.4　抽放管路系统

5.4.1　抽放管路系统应根据井下巷道的布置、抽放地点的分布、瓦斯利用的要求以及矿井的发展规划等因素一，避免或减少主干管路系统的频繁改动，确保管道运输、安装和维护方便，并应符合下列要求：

——抽放管路通过的巷道曲线段少、距离短，管路安装应平直，转弯时角度不应大于 50°；

——抽放管路系统宜在回风巷道或矿车不经常通过的巷道布置；若设于主要运输巷内，在人行道侧其架设高度不应小于 1.8 m，并固定在巷道壁上，与巷道壁的距离应满足检修要求；瓦斯抽放管件的外缘距巷道壁不宜小于 0.1 m；

——当抽放设备或管路发生故障时，管路内的瓦斯不得流入采掘工作面及机电硐室内；

——管径要统一，变径时必须设过渡节。

5.4.2　瓦斯抽放管路的管径应按最大流量分段计算，并与抽放设备能力相适应，抽放管路按经济流速为 5~15 m/s 和最大通过流量来计算管径，抽放系统管材的备用量可取 10%。

5.4.3　当采用专用钻孔敷设抽放管路时，专用钻孔直径应比管道外形尺寸大 100 mm；当沿竖井敷设抽放管路时，应将管道固定在罐道梁上或专用管架上。

5.4.4　抽放管路包括摩擦阻力和局部阻力；摩擦阻力可用低负压瓦斯管路阻力公式计算；局部阻力可用估算法计算，一般取摩擦阻力的 10%~20%。

5.4.5　地面管路布置；

——尽可能避免布置在车辆通告频繁的主干道旁。

——不得将抽放管路和动力电缆、照明电缆及通讯电缆等敷设在同一条地沟内。

——主干管应与城市及矿区的发展规划和建筑布置相结合。

——抽放管道与地上、下建（构）筑物及设施的间距，应符合《工业企业总平面设计规范》的有关规定。

——瓦斯管道不得从地下穿过房屋或其他建（构）筑物，一般情况下不得穿过其他管网，当必须穿过其他管网时，应按有关规定采取措施。

5.4.6　抽放管路附属装置及设施；

——主管、分管、支管及其与钻声场连接处装设瓦斯计量装置；

——抽放钻场、管路拐弯、低洼、温度突变处及管路适当距离（间距一般为200~300 m，最大不超过500 m）应设置放水器；

——在抽放管路的适当部位应设置除渣装置和测压装置；

——抽放管路分岔处应设置控制阀门，阀门规格应与安装地点的管径相匹配；

——地面主管上的阀门应设置在地表下用不燃性材料砌成的不透水观察井内，期间距为500~1000 m。

5.4.7　条件适当时，可选用新材料的瓦斯抽放管，但井下抽放管路禁止采用玻璃钢管。

5.4.8　在倾斜巷道中，管路应设防滑卡，期间距可根据巷道坡度确定，对28°以下的斜巷，间距一般取15~20 m。

5.4.9　抽放管路应有良好的气密性及采取防防腐蚀、防砸坏、防带电及防冻等措施。

5.4.10　通往井下的抽放管路应采取防雷措施。

【相应处罚】

《安全生产违法行为行政处罚办法》第四十五条第一项：违反操作规程或者安全管理规定作业的，给予警告，并可以对生产经营单位处1万元以上3万元以下罚款，对其主要负责人、其他有关人员处1000元以上1万元以下的罚款。

10. 抽采规划

【体检内容】

矿井在编制生产发展规划和年度生产计划时，必须按要求同时组织编制相应的瓦斯抽采达标规划和年度实施计划，确保“抽、掘、采平衡”。

【法规依据】

《煤矿瓦斯抽采达标暂行规定》

第十一条　矿井在编制生产发展规划和年度生产计划时，必须同时组织编制相应的瓦斯抽采达标规划和年度实施计划，确保“抽掘采平衡”。矿井生产规划和计划的编制应当以预期的矿井瓦斯抽采达标煤量为限制条件。

抽采达标规划包括：抽采达标工程（表）、抽采量（表）、抽采设备设施（表）、资金计划（表），抽采达标范围可规划产量（表）、采面接替（表）、巷道掘进（表）等。

年度实施计划包括：年度瓦斯抽采达标的煤层范围及相对应的年度产量安排（表）、采面接替（表）、巷道掘进（表），年度抽采工程（表）、抽采设备设施（表）、施工队伍、抽采时间、抽采量（表）、抽采指标、资金计划（表）以及其他保障措施。

矿井应当积极试验和考察不同抽采方式和参数条件下的煤层瓦斯抽采规律，根据抽采参数、抽采时间和抽采效果之间的关系，确定矿井合理抽采方式下的抽采超前时间，并结合抽采工程施工周期，安排抽采、掘进、回采三者之间的接替关系。

煤矿企业对矿井瓦斯抽采规划、计划、设计、工程施工、设备设施以及抽采计量、效果等每年应当至少进行一次审查。

【相应处罚】

《国务院关于预防煤矿生产安全事故的特别规定》第十条：煤矿有本规定第八条第二款所列情形之一，仍然进行生产的，由县级以上地方人民政府负责煤矿安全生产监督管理的部门或者煤矿安全监察机构责令停产整顿，提出整顿的内容、时间等具体要求，处 50 万元以上 200 万元以下的罚款；对煤矿企业负责人处 3 万元以上 15 万元以下的罚款。

11. 瓦斯抽采工程

【体检内容】

瓦斯抽采工程必须按要求进行施工设计，施工设计包括抽采巷道、钻场、钻孔布置图、参数表、安全技术措施等；施工设计相关文件应当由煤矿技术负责人批准。瓦斯抽采工程必须严格按设计施工，并应当进行验收，竣工验收资料应当由相关责任人签字。符合《煤矿瓦斯抽采达标暂行规定》第十八条、第十九条规定。

【法规依据】

《煤矿瓦斯抽采达标暂行规定》

第十八条　煤矿企业应当根据矿井井上（下）条件、煤层赋存、地质构造、开拓开采部署、瓦斯来源和涌出特点等情况选择先进、适用的瓦斯抽采方法和工艺，设计瓦斯抽采达标的工艺方案，实现瓦斯抽采达标。

预抽煤层瓦斯的工艺方案应当在测定煤层瓦斯压力、瓦斯含量等参数的基础上进行，抽采钻孔控制范围应当满足《煤矿瓦斯抽采基本指标》和《防治煤与瓦斯突出规定》的要求。

卸压瓦斯抽采的工艺方案应当根据邻近煤层瓦斯含量、层间距离与岩性、工作面瓦斯涌出来源分析等进行，采用多种方式实施综合抽采。

抽采达标工艺方案设计应当包括为抽采达标服务的各项工程（井巷工程、抽采钻场和钻孔工程、管网工程、监测计量工程、放水除尘排渣等管路管理工程）的布局、工程量、施工设备、主要器材、进度计划、资金计划、接续关系、有效服务时间、组织管理、安全技术措施及预期抽瓦斯量和效果等。抽采达标的工艺方案设计应当由煤矿技术负责人和主要负责人批准。

采掘工作面进行瓦斯抽采前，必须进行施工设计。施工设计包括抽采钻孔布置图、钻孔参数表（钻孔直径、间距、开孔位置、钻孔方位、倾角、深度等）、施工要求、钻孔（钻场）工程量、施工设备与进度计划、有效抽瓦斯时间、预期效果以及组织管理、安全技术措施等。施工设计相关文件应当由煤矿技术负责人批准。

第十九条　瓦斯抽采工程必须严格按设计施工，并应当进行验收，瓦斯抽采工程竣工图及其他竣工验收资料（参数表等）应当由相关责任人签字。

瓦斯抽采工程竣工资料（图）除应有与设计对应的内容外，还应包括各工程开工时间、竣工时间以及工程施工过程中的异常现象（如喷孔、顶钻、卡钻等）等内容。

【相应处罚】

《国务院关于预防煤矿生产安全事故的特别规定》第十条：煤矿有本规定第八条第二款所列情形之一，仍然进行生产的，由县级以上地方人民政府负责煤矿安全生产监督管理的部门或者煤矿安全监察机构责令停产整顿，提出整顿的内容、时间等具体要求，处 50 万元以上 200 万元以下的罚款；对煤矿企业负责人处 3 万元以上 15 万元以下的罚款。

【知识链接】

突出煤层工作面采掘作业前必须将控制范围内煤层的瓦斯含量降到煤层始突深度的瓦斯含量以下或将瓦斯压力降到煤层始突深度的煤层瓦斯压力以下。若没能考察出煤层始突深度的煤层瓦斯含量或压力，则必须将煤层瓦斯含量降到 8 m^3/t 以下，或将煤层瓦斯压力降到 0.74 MPa（表压）以下。控制范围如下：

（1）石门（井筒）揭煤工作面控制范围应根据煤层的实际突出危险程度确定，但必须控制到巷道轮廓外 8 m 以上（煤层倾角＞8°时，底部或下帮 5 m）。钻孔必须穿透煤层的顶（底）板 0.5 m 以上。若不能穿透煤层全厚，必须控制到工作面前方 15 m 以上。

（2）煤巷掘进工作面控制范围为：巷道轮廓线外 8 m 以上（煤层倾角＞8°时，底部或下帮 5 m）及工作面前方 10 m 以上。

（3）采煤工作面控制范围为：工作面前方 20 m 以上。

12. 封孔质量

【体检内容】

突出矿井的突出煤层预抽瓦斯时，钻孔封堵必须严密，穿层钻孔的封孔段长度不得小于 5 m，顺层钻孔的封孔段长度不得小于 8 m。应当做好每个钻孔施工参数的记录及抽采参数的测定。预抽瓦斯浓度低于 30% 时，应当采取改进封孔的措施，提高封孔质量，符合《防治煤与瓦斯突出规定》第五十条规定。

瓦斯抽采钻孔封堵必须严密，封孔长度和封孔质量满足《煤矿瓦斯抽放规范》7.5 规定。预抽瓦斯钻孔的孔口负压不得低于 13 kPa，卸压瓦斯抽采钻孔的孔口负压不得低于 5 kPa。

【法规依据】

1)《防治煤与瓦斯突出规定》

第五十条　预抽煤层瓦斯钻孔应当在整个预抽区域内均匀布置，钻孔间距应当根据实际考察的煤层有效抽放半径确定。

预抽瓦斯钻孔封堵必须严密。穿层钻孔的封孔段长度不得小于 5 m，顺层钻孔的封孔段长度不得小于 8 m。

应当做好每个钻孔施工参数的记录及抽采参数的测定。钻孔孔口抽采负压不得小于 13 kPa。预抽瓦斯浓度低于 30% 时，应当采取改进封孔的措施，以提高封孔质量。

2)《煤矿瓦斯抽放规范》

7.5　封孔

7.5.1　封孔方法的选择应根据抽放孔口所处煤（岩）层位 | 岩性、构造等因素综合确定，因地制宜地选用新方法、新工艺。

7.5.2　岩壁钻孔，宜采用封孔器封孔。封孔器械应满足密封性能好、操作便捷、封孔速度快的要求。

7.5.3　为壁钻孔，宜采用充填材料进行压风封孔。封孔材料可先用膨胀水泥、聚氨酯等新型材料。在钻孔所处围岩条件较好的情况下，亦可选用水泥砂浆或其他封孔材料。

7.5.4　封孔长度：

——孔口段围岩条件好，构造简单、孔口负压中等时，封孔长度可取 2~3 m；

——孔口段围岩裂隙较发育或孔口负压高时，封孔长度可 4~6 m；

——在煤壁开孔的钻孔，封孔长度可取 5~8 m；

——采用除聚氨酯外的其他材料封孔时，封孔段长度与封孔深度相等；

——采用聚氨酯封孔时，封孔参数见表 2。

表 2　聚氨酯封孔参数　　单位为 m

封孔材料	钻孔条件	封孔段长度	封孔深度
聚氨酯	孔口段较完整	0.8	3~5
	孔口段较破碎	1.0	4~6

7.5.5　钻孔封孔质量检查标准：

——预抽瓦斯钻孔抽放过程中孔口瓦斯浓度不应小于 40%；

——邻近层瓦斯抽放钻孔抽放过程中孔口瓦斯尝试不应小于 30%；

——当钻孔封孔质量达不到上代用品标准时，抽放结束后应全孔封实。

7.5.6　当采用地面钻孔瓦斯抽放时，抽放结束后应全孔封实。

【相应处罚】

《安全生产违法行为行政处罚办法》第四十五条第一项：违反操作规程或者安全管理规定作业的，给予警告，并可以对生产经营单位处 1 万元以上 3 万元以下罚款，对其主要负责人、其他有关人员处 1000 元以上 1 万元以下的罚款。

13. 抽采计量

【体检内容】

抽采瓦斯计量仪器仪表设置合理，并应当符合相关计量标准要求；计量测点布置应当满足瓦斯抽采达标评价的需要，在泵站、主管、干管、支管及需要单独评价的区域分支、钻场等布置测点，符合《煤矿瓦斯抽采达标暂行规定》第十六条要求。

【法规依据】

《煤矿瓦斯抽采达标暂行规定》

第十六条　瓦斯抽采矿井应当配备瓦斯抽采监控系统，实时监控管网瓦斯浓度、压力或压差、流量、温度参数及设备的开停状态等。

抽采瓦斯计量仪器应当符合相关计量标准要求；计量测点布置应当满足瓦斯抽采达标评价的需要，在泵站、主管、干管、支管及需要单独评价的区域分支、钻场等布置测点。

【相应处罚】

《国务院关于预防煤矿生产安全事故的特别规定》第十条：煤矿有本规定第八条第二款所列情形之一，仍然进行生产的，由县级以上地方人民政府负责煤矿安全生产监督管理的部门或者煤矿安全监察机构责令停产整顿，提出整顿的内容、时间等具体要求，处 50 万元以上 200 万元以下的罚款；对煤矿企业负责人处 3 万元以上 15 万元以下的罚款。

【知识链接】

1）安装

（1）井下瓦斯抽放站的瓦斯抽放主管、支管必须安装自动计量装置。

（2）安装抽采计量装置地点必须安装孔板流量计。

2）管理

（1）孔板计量装置要建立台账、编号管理。计算抽采流量时，孔板计量装置与其特性系数相一致。

（2）通风区建立自动计量和人工检测对照制度。瓦斯泵站司机每1h记录1次抽采自动计量参数，抽采计量工每班检测1次孔板流量参数，并将人工检测和抽采自动计量参数同时记入台账。

（3）瓦斯泵站司机发现自动计量和人工检测数据对照误差超过10%时，必须立即通知通风区调度及通风区值班，由区值班安排监测队进行处理，经采取措施后仍然超差的，必须及时联系厂家解决，严禁自行调整自动计量装置。

（4）建立抽采计量装置日巡检制度，每天通风区必须安设专人对井下抽采自动计量装置巡查不少于一次，自动计量装置积存污物必须及时拆卸清洗，抽采自动计量装置实行挂牌管理。

（5）抽采计量工要佩带水银压力计，检测抽放负压。要用倾斜压差计测定孔板流量计压差。

（6）超出高端量程的自动计量装置，必须及时更换。

（7）设立抽采计量装置调校台账。流量传感器每5天调校1次，其他传感器每10天调校一次。

（8）不得随意中断抽采自动计量。因设备维护、检修等原因需要中断自动计量30分钟以上的，施工单位必须提前申请，并经矿总工程师同意后方可进行；抽采自动计量因故障中断，要及时追查处理；维护、检修中断计量，故障中断计量，必须建立台账备查。

（9）抽采计量中断期间，按平均值补计瓦斯抽采量。

14. 抽采达标

【体检内容】

应当对瓦斯抽采基础条件和抽采效果进行评判。工作面采掘作业前，应编制瓦斯抽采达标评判报告，并由矿井总工程师和主要负责人批准，确保抽采达标，符合《煤矿瓦斯抽采达标暂行规定》第二十一条规定。

【法规依据】

《煤矿瓦斯抽采达标暂行规定》

第二十一条　抽采瓦斯矿井应当对瓦斯抽采的基础条件和抽采效果进行评判。在基础条件满足瓦斯先抽后采要求的基础上，再对抽采效果是否达标进行评判。

工作面采掘作业前，应当编制瓦斯抽采达标评判报告，并由矿井技术负责人和主要负责人批准。

【相应处罚】

《国务院关于预防煤矿生产安全事故的特别规定》第十条：煤矿有本规定第八条第二款所列情形之一，仍然进行生产的，由县级以上地方人民政府负责煤矿安全生产监督管理的部门或者煤矿安全监察机构责令停产整顿，提出整顿的内容、时间等具体要求，处50万元以上200万元以下的罚款；对煤矿企业负责人处3万元以上15万元以下的罚款。

15. 防突设计

【体检内容】

突出矿井的新水平、新采区，应编制防治突出煤层突出的设计；突出煤层的每个煤巷掘进工作面和采煤工作面都应编制工作面专项防突设计；石门揭穿突出煤层前，应编制防突设计；符合《防治煤与瓦斯突出规定》第十四条、第六十二条、第六十七条要求。矿井必须对防突措施的技术参数和效果进行实际考察确定。

【法规依据】

《防治煤与瓦斯突出规定》

第十四条　有突出危险的新建矿井及突出矿井的新水平、新采区，必须编制防突专项设计。设计应当包括开拓方式、煤层开采顺序、采区巷道布置、采煤方法、通风系统、防突设施（设备）、区域综合防突措施和局部综合防突措施等内容。

突出矿井新水平、新采区移交生产前，必须经当地人民政府煤矿安全监管部门按管理权限组织防突专项验收；未通过验收的不得移交生产。

突出矿井必须建立满足防突工作要求的地面永久瓦斯抽采系统。

第六十二条　石门和立井、斜井工作面从距突出煤层底（顶）板的最小法向距离5 m开始到穿过煤层进入顶（底）板2 m（最小法向距离）的过程均属于揭煤作业。揭煤作业前应编制揭煤的专项防突设计，报煤矿企业技术负责人批准。

揭煤作业应当具有相应技术能力的专业队伍施工，并按照下列作业程序进行：

（一）探明揭煤工作面和煤层的相对位置；

（二）在与煤层保持适当距离的位置进行工作面预测（或区域验证）；

（三）工作面预测（或区域验证）有突出危险时，采取工作面防突措施；

（四）实施工作面措施效果检验；

（五）掘进至远距离爆破揭穿煤层前的工作面位置，采用工作面预测或措施效果检验的方法进行最后验证；

（六）采取安全防护措施并用远距离爆破揭开或穿过煤层；

（七）在岩石巷道与煤层连接处加强支护。

第六十七条　突出煤层的每个煤巷掘进工作面和采煤工作面都应当编制工作面专项防突设计，报矿技术负责人批准。实施过程中当煤层赋存条件变化较大或巷道设计发生变化时，还应当作出补充或修改设计。

【相应处罚】

《防治煤与瓦斯突出规定》第一百一十四条：煤矿企业违反本规定第十四条第一款和第二款、第十五条、第十七条、第二十七条第二款、第二十八条、第二十九条规定的，责令限期改正，处 5 万元以上 10 万元以下的罚款；逾期未改正的，责令停止施工或停产整顿。

16. 瓦斯参数及防突基础资料

【体检内容】

按规定测定瓦斯基本参数。突出矿井开采的非突出煤层和高瓦斯矿井的开采煤层，在延深达到或超过 50 m 或开拓新采区时，须测定煤层瓦斯压力、瓦斯含量以及与突出危险性相关的瓦斯放散初速度、坚固性系数、瓦斯吸附常数、透气性系数、钻孔抽采半径等参数，符合《防治煤与瓦斯突出规定》第十八条规定。

突出矿井必须编制并及时更新矿井瓦斯地质图，更新周期不得超过一年，符合《煤矿安全规程》第二百条规定。

开采保护层的应对保护范围及保护效果进行考察，符合《保护层开采技术规范》（AQ 1050—2008）8.1、8.2 的规定。

【法规依据】

1）《防治煤与瓦斯突出规定》

第十八条　突出矿井开采的非突出煤层和高瓦斯矿井的开采煤层，在延深达到或超过 50 m 或开拓新采区时，必须测定煤层瓦斯压力、瓦斯含量及其他与突出危险性相关的参数。

高瓦斯矿井各煤层和突出矿井的非突出煤层在新水平开拓工程的所有煤巷掘进过程中，应当密切观察突出预兆，并在开拓工程首次揭穿这些煤层时执行石门和立井、斜井揭煤工作面的局部综合防突措施。

2）《煤矿安全规程》

第二百条　突出矿井必须编制并及时更新矿井瓦斯地质图，更新周期不得超过 1 年，图中应当标明采掘进度、被保护范围、煤层赋存条件、地质构造、突出点的位置、突出强度、瓦斯基本参数等，作为突出危险性区域预测和制定防突措施的依据。

3）《保护层开采技术规范》

8.1　矿井每个采区首次开采保护层时，必须编制被保护层保护效果及保护范围考察设计，进行保护效果及保护范围的实际考察与验证，并不断积累、补充和完善资料，以便得出保护效果及保护范围的参数。

8.2　保护范围考察内容应包括走向保护范围、倾向保护范围、层间保护范围和煤（岩）柱影响范围，保护效果考察内容应包括被保护层卸压瓦斯抽采效果和保护效果的验证。

【相应处罚】

《防治煤与瓦斯突出规定》第一百一十三条：煤矿企业违反本规定第十条、第十一条、第十八条规定的，责令停止施工或停产整顿，处100万元以上150万元以下的罚款，提出限期改正的要求；对煤矿企业负责人处9万元以上12万元以下的罚款。逾期仍未改正的，提请地方人民政府予以关闭。

17. 突出煤层鉴定

【体检内容】

按规定进行煤层突出危险性鉴定，鉴定未完成前，应当按照突出煤层管理，符合《煤矿安全规程》第一百八十九条规定。

鉴定由煤矿企业委托具有突出危险性鉴定资质的单位进行。鉴定结果报省级煤炭行业管理部门、煤矿安全监管部门、煤矿安全监察机构备案。

【法规依据】

1）《煤矿安全规程》

第一百八十九条　在矿井井田范围内发生过煤（岩）与瓦斯（二氧化碳）突出的煤（岩）层或者经鉴定、认定为有突出危险的煤（岩）层为突出煤（岩）层在矿井的开拓、生产范围内有突出煤（岩）层的矿井为突出矿井。

煤矿发生生产安全事故，经事故调查认定为突出事故的，发生事故的煤层直接认定为突出煤层，该矿井为突出矿井。

有下列情况之一的煤层，应当立即进行煤层突出危险性鉴定，否则直接认定为突出煤层；鉴定未完成前，应当按照突出煤层管理：

（一）有瓦斯动力现象的。

（二）瓦斯压力达到或者超过0.74 MPa的。

（三）相邻矿井开采的同一煤层发生突出事故或者被鉴定、认定为突出煤层的。

煤矿企业应当将突出矿井及突出煤层的鉴定结果报省级煤炭行业管理部门和煤矿安全监察机构。

新建矿井应当对井田范围内采掘工程可能揭露的所有平均厚度在0.3 m以上的煤层进行突出危险性评估，评估结论作为矿井初步设计和建井期间井巷揭煤作业的依据。评估为有突出危险时，建井期间应当对开采煤层及其他可能对采掘活动造成威胁的煤层进行突出危险性鉴定或者认定。

2)《防治煤与瓦斯突出规定》

第十一条　矿井有下列情况之一的，应当立即进行突出煤层鉴定；鉴定未完成前，应当按照突出煤层管理：

（一）煤层有瓦斯动力现象的。

（二）相邻矿井开采的同一煤层发生突出的。

（三）煤层瓦斯压力达到或者超过 0.74 MPa 的。

【相应处罚】

《防治煤与瓦斯突出规定》第一百一十三条：煤矿企业违反本规定第十条、第十一条、第十八条规定的，责令停止施工或停产整顿，处 100 万元以上 150 万元以下的罚款，提出限期改正的要求；对煤矿企业负责人处 9 万元以上 12 万元以下的罚款。逾期仍未改正的，提请地方人民政府予以关闭。

18. 突出危险性预测和区域验证

【体检内容】

对突出煤层进行区域突出危险性预测和工作面突出危险性预测。经区域预测后，突出煤层划分为突出危险区和无突出危险区。经工作面预测后划分为突出危险工作面和无突出危险工作面。符合《防治煤与瓦斯突出规定》第三十三条、第五十九条规定。

经开拓后区域预测或者经区域措施效果检验后为无突出危险区的煤层进行揭煤和采掘作业时，必须采用工作面预测方法进行区域验证，符合《防治煤与瓦斯突出规定》第三十九条规定。

只要有一次区域验证为有突出危险或超前钻孔等发现了突出预兆，则该区域以后的采掘作业均应当执行局部综合防突措施，符合《防治煤与瓦斯突出规定》第五十八条规定。

【法规依据】

1)《防治煤与瓦斯突出规定》

第三十三条　突出矿井应当对突出煤层进行区域突出危险性预测（以下简称区域预测）。经区域预测后，突出煤层划分为突出危险区和无突出危险区。

未进行区域预测的区域视为突出危险区。

区域预测分为新水平、新采区开拓前的区域预测（以下简称开拓前区域预测）和新采区开拓完成后的区域预测（以下简称开拓后区域预测）。

第三十九条　经开拓后区域预测为突出危险区的煤层，必须采取区域防突措施并进行区域措施效果检验。经效果检验仍为突出危险区的，必须继续进行或者补充实施区域防突措施。

经开拓后区域预测或者经区域措施效果检验后为无突出危险区的煤层进行揭煤和采掘作业时，必须采用工作面预测方法进行区域验证。

所有区域防突措施均由煤矿企业技术负责人批准。

第五十八条　当区域验证为无突出危险时，应当采取安全防护措施后进行采掘作业。但若为采掘工作面在该区域进行的首次区域验证时，采掘前还应保留足够的突出预测超前距。

只要有一次区域验证为有突出危险或超前钻孔等发现了突出预兆，则该区域以后的采掘作业均应当执行局部综合防突措施。

第五十九条　工作面突出危险性预测（以下简称工作面预测）是预测工作面煤体的突出危险性，包括石门和立井、斜井揭煤工作面、煤巷掘进工作面和采煤工作面的突出危险性预测等。工作面预测应当在工作面推进过程中进行。

采掘工作面经工作面预测后划分为突出危险工作面和无突出危险工作面。

未进行工作面预测的采掘工作面，应当视为突出危险工作面。

2)《煤矿安全规程》

第二百零三条　突出矿井应当对突出煤层进行区域突出危险性预测（以下简称区域预测）。经区域预测后，突出煤层划分为无突出危险区和突出危险区。未进行区域预测的区域视为突出危险区。

第二百一十二条　突出煤层采掘工作面经工作面预测后划分为突出危险工作面和无突出危险工作面。未进行突出预测的采掘工作面视为突出危险工作面。当预测为突出危险工作面时，必须实施工作面防突措施和工作面防突措施效果检验。只有经效果检验有效后，方可进行采掘作业。

【相应处罚】

《国务院关于预防煤矿生产安全事故的特别规定》第十条：煤矿有本规定第八条第二款所列情形之一，仍然进行生产的，由县级以上地方人民政府负责煤矿安全生产监督管理的部门或者煤矿安全监察机构责令停产整顿，提出整顿的内容、时间等具体要求，处50万元以上200万元以下的罚款；对煤矿企业负责人处3万元以上15万元以下的罚款。

《防治煤与瓦斯突出规定》第一百二十一条：煤矿企业未按本规定要求落实区域和局部综合防突措施，或防突措施不达标，仍然组织生产的，责令停产整顿，处100万元以上200万元以下的罚款，提出限期改正的要求，逾期仍不改正的，提请地方人民政府予以关闭。

19. 区域防突措施

【体检内容】

突出矿井应采取开采保护层和预抽瓦斯等区域防突措施。开采保护层、预抽瓦斯应符合《保护层开采技术规范》（AQ 1050—2008）、《煤矿瓦斯抽采达标暂行规定》《防治煤与瓦斯突出规定》《煤矿安全规程》等相关规章、标准的要求。

【法规依据】

1）《煤矿安全规程》

第二百零三条　突出矿井应当对突出煤层进行区域突出危险性预测（以下简称区域预测）。经区域预测后，突出煤层划分为无突出危险区和突出危险区。未进行区域预测的区域视为突出危险区。

第二百零四条　具备开采保护层条件的突出危险区，必须开采保护层。选择保护层应当遵循下列原则：

（一）优先选择无突出危险的煤层作为保护层。矿井中所有煤层都有突出危险时，应当选择突出危险程度较小的煤层作保护层。

（二）应当优先选择上保护层；选择下保护层开采时，不得破坏被保护层的开采条件。

开采保护层后，在有效保护范围内的被保护层区域为无突出危险区，超出有效保护范围的区域仍然为突出危险区。

第二百零五条　有效保护范围的划定及有关参数应当实际考察确定。正在开采的保护层采煤工作面，必须超前于被保护层的掘进工作面，其超前距离不得小于保护层与被保护层之间法向距离的 3 倍，并不得小于 100 m。

第二百零六条　对不具备保护层开采条件的突出厚煤层，利用上分层或者上区段开采后形成的卸压作用保护下分层或者下区段时，应当依据实际考察结果来确定其有效保护范围。

第二百零七条　开采保护层时，应当不留设煤（岩）柱。特殊情况需留煤（岩）柱时，必须将煤（岩）柱的位置和尺寸准确标注在采掘工程平面图和瓦斯地质图上，在瓦斯地质图上还应当标出煤（岩）柱的影响范围。在煤（岩）柱及其影响范围内采掘作业前，必须采取区域预抽煤层瓦斯防突措施。

第二百零八条　开采保护层时，应当同时抽采被保护层和邻近层的瓦斯。开采近距离保护层时，必须采取防止误穿突出煤层和被保护层卸压瓦斯突然涌入保护层工作面的措施。

第二百零九条　采取预抽煤层瓦斯区域防突措施时，应当遵守下列规定：

（一）预抽区段煤层瓦斯的钻孔应当控制区段内的整个回采区域、两侧回采巷道及其外侧如下范围内的煤层：倾斜、急倾斜煤层巷道上帮轮廓线外至少 20 m，下帮至少 10 m；其他煤层为巷道两侧轮廓线外至少各 15 m。以上所述的钻孔控制范围均为沿煤层层面方向（以下同）。

（二）穿层钻孔预抽煤巷条带煤层瓦斯区域防突措施的钻孔应当控制整条

煤层巷道及其两侧一定范围内的煤层。该范围与（一）中回采巷道外侧的要求相同。

（三）穿层钻孔预抽井巷（含石门、立井、斜井、平硐）揭煤区域煤层瓦斯时，应当控制井巷及其外侧一定范围内的煤层，并在揭煤工作面距煤层最小法向距离 7 m 以前实施（在构造破坏带应当适当加大距离）。

（四）顺层钻孔预抽煤巷条带煤层瓦斯时，应当控制的煤巷条带前方长度不小于 60 m 和煤层两侧一定范围，该范围与（一）中回采巷道外侧的要求相同。

（五）当煤巷掘进和采煤工作面在预抽防突效果有效的区域内作业时，工作面距未预抽或者预抽防突效果无效范围的前方边界不得小于 20 m。

（六）厚煤层分层开采时，预抽钻孔应当控制开采分层及其上部法向距离至少 20 m、下部 10 m 范围内的煤层。

（七）应当采取措施确保预抽瓦斯钻孔能够按设计参数控制整个预抽区域。

第二百一十条　有下列条件之一的突出煤层，不得将在本巷道施工顺煤层钻孔预抽煤巷条带瓦斯作为区域防突措施：

（一）新建矿井的突出煤层。

（二）历史上发生过突出强度大于 500 t/次的。

（三）开采范围内煤层坚固性系数小于 0.3 的；或者煤层坚固性系数为 0.3~0.5，且埋深大于 500 m 的；或者煤层坚固性系数为 0.5~0.8，且埋深大于 600 m 的；或者煤层埋深大于 700 m 的；或者煤巷条带位于开采应力集中区的。

第二百一十一条　保护层的开采厚度不大于 0.5 m、上保护层与突出煤层间距大于 50 m 或者下保护层与突出煤层间距大于 80 m 时，必须对每个被保护层工作面的保护效果进行检验。

采用预抽煤层瓦斯防突措施的区域，必须对区域防突措施效果进行检验。

检验无效时，仍为突出危险区。检验有效时，无突出危险区的采掘工作面每推进 10~50 m 至少进行 2 次区域验证，并保留完整的工程设计、施工和效果检验的原始资料。

2）《保护层开采技术规范》（AQ 1050—2008）

6　保护层开采及瓦斯抽采

6.1　在具有突出危险的保护层工作面进行采掘作业时，必须采取综合防治突出措施。

6.2　正在开采的保护层工作面，在倾斜方向上应超前被保护层工作面 1~2 个区段，且应保证足够的超前时间。

6.3 保护层工作面沿倾斜方向应连续开采，相邻两个工作面之间应实施无煤柱沿空送巷或留设小煤柱护巷，小煤柱宽度应不大于4.0 m。

6.4 在被保护层工作面未受到保护的区域，应采取预抽瓦斯等措施消除突出危险。

6.5 应编制安全可行的保护层开采瓦斯抽采设计；保护层工作面开采之前，保护层工作面的瓦斯抽采工程应能保证AQ 1026—2006中规定的采煤工作面瓦斯抽采率要求。

6.6 开采保护层时采空区内不得留有煤（岩）柱；特殊情况需留煤（岩）柱时，必须将煤（岩）柱的位置和尺寸准确地标在采掘工程图上；每个被保护层的瓦斯地质图与采掘工程图上，应标出煤（岩）柱的影响范围。

6.7 开采近距离保护层时，必须采取措施严防被保护层初期卸压瓦斯突然涌入保护层采掘工作面和误穿突出煤层。

6.8 应编制安全可行的被保护层卸压瓦斯抽采设计；设计中选用的瓦斯抽采方法应保证被保护层卸压瓦斯的区域性均匀抽采。

6.9 保护层工作面开采之前，被保护层工作面的瓦斯抽采工程应保证开采保护层时，能同时有效地抽采被保护层的卸压瓦斯。

7 被保护层开采及瓦斯抽采

7.1 开采保护层并同时抽采被保护层卸压瓦斯后，经对被保护层区域性消除突出危险性评定，在被保护层保护范围内可按无突出危险区进行采掘作用；在保护范围外，必须采取综合防治突出措施。

7.2 开采保护层的保护范围应包括走向保护范围、倾向保护范围、层间保护范围和煤（岩）柱影响范围；划定保护范围的有关参数，应根据矿井实测资料确定，对暂无实测资料的矿井，可参照附录A执行。

7.3 开采下保护层时，上部被保护层不被破坏的最小层间距离应根据矿井开采实测资料确定，对暂无实测资料的矿井，可参照附录A执行。

7.4 应编制安全可行的被保护层开采瓦斯抽采设计；被保护层工作面开采之前，被保护层工作面的瓦斯抽采工程应能保证AQ 1026—2006中规定的采煤工作面瓦斯抽采率要求。

【相应处罚】

《国务院关于预防煤矿生产安全事故的特别规定》第十条：煤矿有本规定第八条第二款所列情形之一，仍然进行生产的，由县级以上地方人民政府负责煤矿安全生产监督管理的部门或者煤矿安全监察机构责令停产整顿，提出整顿的内容、时间等具体要求，处50万元以上200万元以下的罚款；对煤矿企业负责人处3万元以上15万元以下的罚款。

20. 区域防突措施效果检验

【体检内容】

区域防突措施效果检验应直接测定残余瓦斯含量和残余瓦斯压力指标，符合《防治煤与瓦斯突出规定》第五十一条、第五十二条、第五十五条规定。

【法规依据】

《防治煤与瓦斯突出规定》

第五十一条　开采保护层的保护效果检验主要采用残余瓦斯压力、残余瓦斯含量、顶底板位移量及其他经试验（应符合本规定第四十二条要求的程序）证实有效的指标和方法，也可以结合煤层的透气性系数变化率等辅助指标。

当采用残余瓦斯压力、残余瓦斯含量检验时，应当根据实测的最大残余瓦斯压力或者最大残余瓦斯含量按本规定第四十三条第（三）项的方法对预计被保护区域的保护效果进行判断。若检验结果仍为突出危险区，保护效果为无效。

第五十二条　采用预抽煤层瓦斯区域防突措施时，应当以预抽区域的煤层残余瓦斯压力或者残余瓦斯含量为主要指标或其他经试验（应符合本规定第四十二条要求的程序）证实有效的指标和方法进行措施效果检验。其中，在采用残余瓦斯压力或者残余瓦斯含量指标对穿层钻孔、顺层钻孔预抽煤巷条带煤层瓦斯区域防突措施和穿层钻孔预抽石门（含立、斜井等）揭煤区域煤层瓦斯区域防突措施进行检验时，必须依据实际的直接测定值，其他方式的预抽煤层瓦斯区域防突措施可采用直接测定值或根据预抽前的瓦斯含量及抽、排瓦斯量等参数间接计算的残余瓦斯含量值。

对穿层钻孔预抽石门（含立、斜井等）揭煤区域煤层瓦斯区域防突措施也可以参照本规定第七十三条的方法采用钻屑瓦斯解吸指标进行措施效果检验。

检验期间还应当观察、记录在煤层中进行钻孔等作业时发生的喷孔、顶钻及其他突出预兆。

第五十五条　采用直接测定煤层残余瓦斯压力或残余瓦斯含量等参数进行预抽煤层瓦斯区域措施效果检验时，应当符合下列要求：

（一）对穿层钻孔或顺层钻孔预抽区段煤层瓦斯区域防突措施进行检验时若区段宽度（两侧回采巷道间距加回采巷道外侧控制范围）未超过 120 m，以及对预抽回采区域煤层瓦斯区域防突措施进行检验时若回采工作面长度未超过 120 m，则沿回采工作面推进方向每间隔 30～50 m 至少布置 1 个检验测试点；若预抽区段煤层瓦斯区域防突措施的区段宽度或预抽回采区域煤层瓦斯区域防突措施的回采工作面长度大于 120 m 时，则在回采工作面推进方向每间隔 30～50 m，至少沿工作面方向布置 2 个检验测试点。

当预抽区段煤层瓦斯的钻孔在回采区域和煤巷条带的布置方式或参数不同

时，按照预抽回采区域煤层瓦斯区域防突措施和穿层钻孔预抽煤巷条带煤层瓦斯区域防突措施的检验要求分别进行检验；

（二）对穿层钻孔预抽煤巷条带煤层瓦斯区域防突措施进行检验时，在煤巷条带每间隔 30~50 m 至少布置 1 个检验测试点；

（三）对穿层钻孔预抽石门（含立、斜井等）揭煤区域煤层瓦斯区域防突措施进行检验时，至少布置 4 个检验测试点，分别位于要求预抽区域内的上部、中部和两侧，并且至少有 1 个检验测试点位于要求预抽区域内距边缘不大于 2 m 的范围；

（四）对顺层钻孔预抽煤巷条带煤层瓦斯区域防突措施进行检验时，在煤巷条带每间隔 20~30 m 至少布置 1 个检验测试点，且每个检验区域不得少于 3 个检验测试点；

（五）各检验测试点应布置于所在部位钻孔密度较小、孔间距较大、预抽时间较短的位置，并尽可能远离测试点周围的各预抽钻孔或尽可能与周围预抽钻孔保持等距离，且避开采掘巷道的排放范围和工作面的预抽超前距。在地质构造复杂区域适当增加检验测试点。

【相应处罚】

《国务院关于预防煤矿生产安全事故的特别规定》第十条：煤矿有本规定第八条第二款所列情形之一，仍然进行生产的，由县级以上地方人民政府负责煤矿安全生产监督管理的部门或者煤矿安全监察机构责令停产整顿，提出整顿的内容、时间等具体要求，处 50 万元以上 200 万元以下的罚款；对煤矿企业负责人处 3 万元以上 15 万元以下的罚款。

21. 采煤工作面防突

【体检内容】

保护层工作面采空区内不得留设煤（岩）柱，被保护层工作面须布置在有效保护范围内，否则须对未保护区域采取预抽煤层瓦斯区域防突措施。

开采保护层时必须最大限度地抽采被保护层的瓦斯，编制被保护层工作面区域性消除突出危险性评定报告，符合《保护层开采技术规范》（AQ 1050—2008）9.2 的规定。

采煤工作面应采用超前排放钻孔、预抽瓦斯、松动爆破、注水湿润等防突措施，符合《防治煤与瓦斯突出规定》第九十五条、第九十六条、第九十七条规定。

【法规依据】

1）《保护层开采技术规范》（AQ 1050—2008）

9.2　开采保护层并同时抽采被保护层卸压瓦斯后，必须编制被保护层工作面区域性消除突出危险性评定报告；评定报告中应包括以下内容：

a）保护层及被保护层工作面地质与煤层赋存等情况。

b）保护层及被保护层开采方法、工艺、巷道布置、工作面参数、通风系统及风量等。

c）被保护层工作面的卸压瓦斯抽采工程及相关参数说明。

d）被保护层工作面的原始瓦斯压力及瓦斯含量。

e）被保护层工作面的瓦斯储量及卸压瓦斯抽采量。

f）被保护层工作面的残余瓦斯压力及瓦斯含量。

g）煤（岩）柱在被保护层工作面形成的保护范围。

h）开采保护层在被保护层工作面中形成的保护范围。

i）被保护层工作面达到安全开采条件的评定。

2）《防治煤与瓦斯突出规定》

第九十五条　采煤工作面采用超前排放钻孔和预抽瓦斯作为工作面防突措施时，钻孔直径一般为75~120 mm，钻孔在控制范围内应当均匀布置，在煤层的软分层中可适当增加钻孔数；超前排放钻孔和预抽钻孔的孔数、孔底间距等应当根据钻孔的有效排放或抽放半径确定。

第九十六条　采煤工作面的松动爆破防突措施适用于煤质较硬、围岩稳定性较好的煤层。松动爆破孔间距根据实际情况确定，一般2~3 m，孔深不小于5 m，炮泥封孔长度不得小于1 m。应当适当控制装药量，以免孔口煤壁垮塌。

松动爆破时，应当按远距离爆破的要求执行。

第九十七条　采煤工作面浅孔注水湿润煤体措施可用于煤质较硬的突出煤层。注水孔间距根据实际情况确定，孔深不小于4 m，向煤体注水压力不得低于8 MPa。当发现水由煤壁或相邻注水钻孔中流出时，即可停止注水。

【相应处罚】

《国务院关于预防煤矿生产安全事故的特别规定》第十条：煤矿有本规定第八条第二款所列情形之一，仍然进行生产的，由县级以上地方人民政府负责煤矿安全生产监督管理的部门或者煤矿安全监察机构责令停产整顿，提出整顿的内容、时间等具体要求，处50万元以上200万元以下的罚款；对煤矿企业负责人处3万元以上15万元以下的罚款。

22. 掘进工作面防突

【体检内容】

掘进工作面防突措施；顺煤层钻孔预抽煤巷条带瓦斯，符合《煤矿安全规程》第二百一十条规定。

【法规依据】

《煤矿安全规程》

第二百一十条　有下列条件之一的突出煤层，不得将在本巷道施工顺煤层钻孔预抽煤巷条带瓦斯作为区域防突措施：

（一）新建矿井的突出煤层。

（二）历史上发生过突出强度大于500 t/次的。

（三）开采范围内煤层坚固性系数小于0.3的；或者煤层坚固性系数为0.3~0.5，且埋深大于500 m的；或者煤层坚固性系数为0.5~0.8，且埋深大于600 m的；或者煤层埋深大于700 m的；或者煤巷条带位于开采应力集中区的。

【相应处罚】

《国务院关于预防煤矿生产安全事故的特别规定》第十条：煤矿有本规定第八条第二款所列情形之一，仍然进行生产的，由县级以上地方人民政府负责煤矿安全生产监督管理的部门或者煤矿安全监察机构责令停产整顿，提出整顿的内容、时间等具体要求，处50万元以上200万元以下的罚款；对煤矿企业负责人处3万元以上15万元以下的罚款。

23. 石门揭煤防突

【体检内容】

突出煤层煤巷掘进工作面前方遇落差超过煤层厚度的断层，应按石门揭煤的措施执行，符合《防治煤与瓦斯突出规定》第八十八条规定。

所有突出煤层顶底板巷的掘进巷道（包括钻场等）距离突出煤层的法距小于10 m时（在地质构造破坏带为小于20 m时），须先探后掘，符合《防治煤与瓦斯突出规定》第二十一条规定；法距小于或等于7 m时，执行石门揭煤有关规定，符合《防治煤与瓦斯突出规定》第四十九条规定。

石门揭煤采用预抽瓦斯、排放钻孔、水力冲孔、金属骨架、煤体固化等防突措施，符合《防治煤与瓦斯突出规定》第八十二条、第八十三条、第八十四条、第八十五条规定。

【法规依据】

《防治煤与瓦斯突出规定》

第二十一条　所有突出煤层外的掘进巷道（包括钻场等）距离突出煤层的最小法向距离小于10 m时（在地质构造破坏带为小于20 m时），必须边探边掘，确保最小法向距离不小于5 m。

第四十九条　采取各种方式的预抽煤层瓦斯区域防突措施时，应当符合下列要求：

（一）穿层钻孔或顺层钻孔预抽区段煤层瓦斯区域防突措施的钻孔应当控制区段内的整个开采块段、两侧回采巷道及其外侧一定范围内的煤层。要求钻孔控制回采巷道外侧的范围是：倾斜、急倾斜煤层巷道上帮轮廓线外至少20 m，下帮至少10 m；其他为巷道两侧轮廓线外至少各15 m。以上所述的钻孔控制范围均为沿层面的距离，以下同；

（二）穿层钻孔预抽煤巷条带煤层瓦斯区域防突措施的钻孔应当控制整条煤层巷道及其两侧一定范围内的煤层。该范围与本条第（一）项中回采巷道外侧的要求相同；

（三）顺层钻孔或穿层钻孔预抽回采区域煤层瓦斯区域防突措施的钻孔应当控制整个开采块段的煤层；

（四）穿层钻孔预抽石门（含立、斜井等）揭煤区域煤层瓦斯区域防突措施应当在揭煤工作面距煤层的最小法向距离 7 m 以前实施（在构造破坏带应适当加大距离）。钻孔的最小控制范围是：石门和立井、斜井揭煤处巷道轮廓线外 12 m（急倾斜煤层底部或下帮 6 m），同时还应当保证控制范围的外边缘到巷道轮廓线（包括预计前方揭煤段巷道的轮廓线）的最小距离不小于 5 m，且当钻孔不能一次穿透煤层全厚时，应当保持煤孔最小超前距 15 m；

（五）顺层钻孔预抽煤巷条带煤层瓦斯区域防突措施的钻孔应控制的条带长度不小于 60 m，巷道两侧的控制范围与本条第（一）项中回采巷道外侧的要求相同；

（六）当煤巷掘进和回采工作面在预抽防突效果有效的区域内作业时，工作面距未预抽或者预抽防突效果无效范围的前方边界不得小于 20 m；

（七）厚煤层分层开采时，预抽钻孔应当控制开采的分层及其上部至少 20 m、下部至少 10 m（均为法向距离，且仅限于煤层部分）。

第八十二条　在石门和立井揭煤工作面采用预抽瓦斯、排放钻孔防突措施时，钻孔直径一般为 75～120 mm。石门揭煤工作面钻孔的控制范围是：石门的两侧和上部轮廓线外至少 5 m，下部至少 3 m。立井揭煤工作面钻孔控制范围是：近水平、缓倾斜、倾斜煤层为井筒四周轮廓线外至少 5 m；急倾斜煤层沿走向两侧及沿倾斜上部轮廓线外至少 5 m，下部轮廓线外至少 3 m。钻孔的孔底间距应根据实际考察情况确定。

揭煤工作面施工的钻孔应当尽可能穿透煤层全厚。当不能一次打穿煤层全厚时，可分段施工，但第一次实施的钻孔穿煤长度不得小于 15 m，且进入煤层掘进时，必须至少留有 5 m 的超前距离（掘进到煤层顶或底板时不在此限）。

预抽瓦斯和排放钻孔在揭穿煤层之前应当保持自然排放或抽采状态。

第八十三条　水力冲孔措施一般适用于打钻时具有自喷（喷煤、喷瓦斯）现象的煤层。石门揭煤工作面采用水力冲孔防突措施时，钻孔应至少控制自揭煤巷道至轮廓线外 3～5 m 的煤层，冲孔顺序为先冲对角孔后冲边上孔，最后冲中间孔。水压视煤层的软硬程度而定。石门全断面冲出的总煤量（t）数值不得小于煤层厚度（m）乘以 20。若有钻孔冲出的煤量较少时，应在该孔周围补孔。

第八十四条　石门和立井揭煤工作面金属骨架措施一般在石门上部和两侧或立井周边外0.5~1.0 m范围内布置骨架孔。骨架钻孔应穿过煤层并进入煤层顶（底）板至少0.5 m，当钻孔不能一次施工至煤层顶板时，则进入煤层的深度不应小于15 m。钻孔间距一般不大于0.3 m，对于松软煤层要架两排金属骨架，钻孔间距应小于0.2 m。骨架材料可选用8kg/m的钢轨、型钢或直径不小于50 mm钢管，其伸出孔外端用金属框架支撑或砌入碹内。插入骨架材料后，应向孔内灌注水泥砂浆等不燃性固化材料。

揭开煤层后，严禁拆除金属骨架。

第八十五条　石门和立井揭煤工作面煤体固化措施适用于松软煤层，用以增加工作面周围煤体的强度。向煤体注入固化材料的钻孔应施工至煤层顶板0.5 m以上，一般钻孔间距不大于0.5 m，钻孔位于巷道轮廓线外0.5~2.0 m的范围内，根据需要也可在巷道轮廓线外布置多排环状钻孔。当钻孔不能一次施工至煤层顶板时，则进入煤层的深度不应小于10 m。

各钻孔应当在孔口封堵牢固后方可向孔内注入固化材料。可以根据注入压力升高的情况或注入量决定是否停止注入。

固化操作时，所有人员不得正对孔口。

在巷道四周环状固化钻孔外侧的煤体中，预抽或排放瓦斯钻孔自固化作业到完成揭煤前应保持抽采或自然排放状态，否则，应打一定数量的排放瓦斯钻孔。从固化完成到揭煤结束的时间超过5天时，必须重新进行工作面突出危险性预测或措施效果检验。

第八十八条　煤巷掘进工作面在地质构造破坏带或煤层赋存条件急剧变化处不能按原措施设计要求实施时，必须打钻孔查明煤层赋存条件，然后采用直径为42~75 mm的钻孔排放瓦斯。

若突出煤层煤巷掘进工作面前方遇到落差超过煤层厚度的断层，应按石门揭煤的措施执行。

【相应处罚】

《国务院关于预防煤矿生产安全事故的特别规定》第十条：煤矿有本规定第八条第二款所列情形之一，仍然进行生产的，由县级以上地方人民政府负责煤矿安全生产监督管理的部门或者煤矿安全监察机构责令停产整顿，提出整顿的内容、时间等具体要求，处50万元以上200万元以下的罚款；对煤矿企业负责人处3万元以上15万元以下的罚款。

24. 工作面措施效果检验

【体检内容】

石门揭煤防突措施效果检验孔数不得少于5个，分别位于石门的上部、中部、下部和两侧；对煤巷掘进工作面的检验孔数不得少于3个，深度应小于或等于防突措施钻孔；采煤工作面应每隔10～15 m布置一个检验钻孔，深度应小于或等于防突措施钻孔。工作面防突措施效果检验要符合《防治煤与瓦斯突出规定》第九十九条、第一百条、第一百零一条规定。

【法规依据】

《防治煤与瓦斯突出规定》

第九十九条　对石门和其他揭煤工作面进行防突措施效果检验时，应当选择本规定第七十一条所列的钻屑瓦斯解吸指标法或其他经试验证实有效的方法，但所有用钻孔方式检验的方法中检验孔数均不得少于5个，分别位于石门的上部、中部、下部和两侧。

如检验结果的各项指标都在该煤层突出危险临界值以下，且未发现其他异常情况，则措施有效；反之，判定为措施无效。

第一百条　煤巷掘进工作面执行防突措施后，应当选择本规定第七十四条所列的方法进行措施效果检验。

检验孔应当不少于3个，深度应当小于或等于防突措施钻孔。

如果煤巷掘进工作面措施效果检验指标均小于指标临界值，且未发现其他异常情况，则措施有效；否则，判定为措施无效。

当检验结果措施有效时，若检验孔与防突措施钻孔向巷道掘进方向的投影长度（简称投影孔深）相等，则可在留足防突措施超前距（见本规定第六十条）并采取安全防护措施的条件下掘进。当检验孔的投影孔深小于防突措施钻孔时，则应当在留足所需的防突措施超前距并同时保留有至少2 m检验孔投影孔深超前距的条件下，采取安全防护措施后实施掘进作业。

第一百零一条　对采煤工作面防突措施效果的检验应当参照采煤工作面突出危险性预测的方法和指标实施。但应当沿采煤工作面每隔10～15 m布置一个检验钻孔，深度应当小于或等于防突措施钻孔。

如果采煤工作面检验指标均小于指标临界值，且未发现其他异常情况，则措施有效；否则，判定为措施无效。

当检验结果措施有效时，若检验孔与防突措施钻孔深度相等，则可在留足防突措施超前距（见本规定第六十条）并采取安全防护措施的条件下回采。当检验孔的深度小于防突措施钻孔时，则应当在留足所需的防突措施超前距并同时保留有2 m检验孔超前距的条件下，采取安全防护措施后实施回采作业。

【相应处罚】

《国务院关于预防煤矿生产安全事故的特别规定》第十条：煤矿有本规定第八条第二款所列情形之一，仍然进行生产的，由县级以上地方人民政府负责煤矿安全生产监督管理的部门或者煤矿安全监察机构责令停产整顿，提出整顿的内容、时间等具体要求，处50万元以上200万元以下的罚款；对煤矿企业负责人处3万元以上15万元以下的罚款。

25. 安全防护措施

【体检内容】

采取的安全防护措施符合《防治煤与瓦斯突出规定》第一百零二条至第一百零六条的规定。

【法规依据】

《防治煤与瓦斯突出规定》

第一百零二条　有突出煤层的采区必须设置采区避难所。避难所的位置应当根据实际情况确定。

避难所应当符合下列要求：

（一）避难所设置向外开启的隔离门，隔离门设置标准按照反向风门标准安设。室内净高不得低于2 m，深度满足扩散通风的要求，长度和宽度应根据可能同时避难的人数确定，但至少能满足15人避难，且每人使用面积不得少于0.5 m^2。避难所内支护保持良好，并设有与矿（井）调度室直通的电话；

（二）避难所内放置足量的饮用水、安设供给空气的设施，每人供风量不得少于0.3 m^3/min。如果用压缩空气供风时，设有减压装置和带有阀门控制的呼吸嘴；

（三）避难所内应根据设计的最多避难人数配备足够数量的隔离式自救器。

第一百零三条　在突出煤层的石门揭煤和煤巷掘进工作面进风侧，必须设置至少2道牢固可靠的反向风门。风门之间的距离不得小于4 m。

反向风门距工作面的距离和反向风门的组数，应当根据掘进工作面的通风系统和预计的突出强度确定，但反向风门距工作面回风巷不得小于10 m，与工作面的最近距离一般不得小于70 m，如小于70 m时应设置至少三道反向风门。

反向风门墙垛可用砖、料石或混凝土砌筑，嵌入巷道周边岩石的深度可根据岩石的性质确定，但不得小于0.2 m；墙垛厚度不得小于0.8 m。在煤巷构筑反向风门时，风门墙体四周必须掏槽，掏槽深度见硬帮硬底后再进入实体煤不小于0.5 m。通过反向风门墙垛的风筒、水沟、刮板输送机道等，必须设有逆向隔断装置。

人员进入工作面时必须把反向风门打开、顶牢。工作面爆破和无人时，反向风门必须关闭。

第一百零四条　为降低爆破诱发突出的强度，可根据情况在炮掘工作面安设挡栏。挡栏可以用金属、矸石或木垛等构成。金属挡栏一般是由槽钢排列成的方格框架，框架中槽钢的间隔为 0.4 m，槽钢彼此用卡环固定，使用时在迎工作面的框架上再铺上金属网，然后用木支柱将框架撑成 45°的斜面。一组挡拦通常由两架组成，间距为 6~8 m。可根据预计的突出强度在设计中确定挡栏距工作面的距离。

第一百零五条　井巷揭穿突出煤层和突出煤层的炮掘、炮采工作面必须采取远距离爆破安全防护措施。

石门揭煤采用远距离爆破时，必须制定包括爆破地点、避灾路线及停电、撤人和警戒范围等的专项措施。

在矿井尚未构成全风压通风的建井初期，在石门揭穿有突出危险煤层的全部作业过程中，与此石门有关的其他工作面必须停止工作。在实施揭穿突出煤层的远距离爆破时，井下全部人员必须撤至地面，井下必须全部断电，立井口附近地面 20 m 范围内或斜井口前方 50 m、两侧 20 m 范围内严禁有任何火源。

煤巷掘进工作面采用远距离爆破时，爆破地点必须设在进风侧反向风门之外的全风压通风的新鲜风流中或避难所内，爆破地点距工作面的距离由矿技术负责人根据曾经发生的最大突出强度等具体情况确定，但不得小于 300 m；采煤工作面爆破地点到工作面的距离由矿技术负责人根据具体情况确定，但不得小于 100 m。

远距离爆破时，回风系统必须停电、撤人。爆破后进入工作面检查的时间由矿技术负责人根据情况确定，但不得少于 30 min。

第一百零六条　突出煤层的采掘工作面应设置工作面避难所或压风自救系统。应根据具体情况设置其中之一或混合设置，但掘进距离超过 500 m 的巷道内必须设置工作面避难所。

工作面避难所应当设在采掘工作面附近和爆破工操纵爆破的地点。根据具体条件确定避难所的数量及其距采掘工作面的距离。工作面避难所应当能够满足工作面最多作业人数时的避难要求，其他要求与采区避难所相同。

压风自救系统应当达到下列要求：

（一）压风自救装置安装在掘进工作面巷道和回采工作面巷道内的压缩空气管道上；

（二）在以下每个地点都应至少设置一组压风自救装置：距采掘工作面 25~40 m 的巷道内、爆破地点、撤离人员与警戒人员所在的位置以及回风道有人作业处等。在长距离的掘进巷道中，应根据实际情况增加设置；

（三）每组压风自救装置应可供 5~8 个人使用，平均每人的压缩空气供给量不得少于 0.1 m^3/min。

【相应处罚】

《国务院关于预防煤矿生产安全事故的特别规定》第十条：煤矿有本规定

第八条第二款所列情形之一，仍然进行生产的，由县级以上地方人民政府负责煤矿安全生产监督管理的部门或者煤矿安全监察机构责令停产整顿，提出整顿的内容、时间等具体要求，处 50 万元以上 200 万元以下的罚款；对煤矿企业负责人处 3 万元以上 15 万元以下的罚款。

26. 突出矿井评估

【体检内容】

未列入化解过剩产能计划的 9 万~30 万吨/年煤与瓦斯突出矿井，按要求开展安全评估。

【法规依据】

《关于强化瓦斯治理有效遏制煤矿重特大事故的通知》（安监总煤装〔2017〕18 号）

六、强化瓦斯治理

要淘汰退出 9 万吨/年及以下的煤与瓦斯突出矿井。对未列入化解过剩产能计划的 9 万吨/年至 30 万吨/年突出矿井，要结合煤矿全面安全“体检”，进行重点检查和安全评估，必须达到以下条件：安全生产费用提取不低于吨煤 30 元，且用于瓦斯防治的比例不低于 50%；有防突机构、防突队伍，并建立健全防突制度和各级岗位责任制；从事防突工作的管理人员和井下工作人员具备《防治煤与瓦斯突出规定》要求的知识和能力；有地面瓦斯抽采系统并正常运行；采区有专用回风巷、采掘工作面无串联通风；安全监控系统运行管理和传感器安设满足《煤矿安全规程》要求；矿井、采区和采掘工作面有防突专项设计，并落实区域综合防突措施和局部综合防突措施。

【相应处罚】

《关于强化瓦斯治理有效遏制煤矿重特大事故的通知》（安监总煤装〔2017〕18 号）：经检查或评估，对达不到七项指标任一条要求的，要限期改正；逾期未改正的责令停产整顿；经停产整顿仍未达标的，应依法予以关闭。

八、水害防治

1. 排水系统

【体检内容】

配备与矿井涌水量相匹配的水泵、排水管路、配电设备和水仓等，并满足《煤矿安全规程》第三百一十一条、第三百一十三条的规定。

【法规依据】

《煤矿安全规程》

第三百一十一条　矿井应当配备与矿井涌水量相匹配的水泵、排水管路、配电设备和水仓等，并满足矿井排水的需要。除正在检修的水泵外，应当有工作水泵和备用水泵。工作水泵的能力，应当能在 20 h 内排出矿井 24 h 的正常涌水量（包括充填水及其他用水）。备用水泵的能力，应当不小于工作水泵能力的 70%。检修水泵的能力，应当不小于工作水泵能力的 25%。工作和备用水泵的总能力，应当能在 20 h 内排出矿井 24 h 的最大涌水量。

排水管路应当有工作和备用水管。工作排水管路的能力，应当能配合工作水泵在 20 h 内排出矿井 24 h 的正常涌水量。工作和备用排水管路的总能力，应当能配合工作和备用水泵在 20 h 内排出矿井 24 h 的最大涌水量。

配电设备的能力应当与工作、备用和检修水泵的能力相匹配，能够保证全部水泵同时运转。

第三百一十三条　矿井主要水仓应当有主仓和副仓，当一个水仓清理时，另一个水仓能够正常使用。

新建、改扩建矿井或者生产矿井的新水平，正常涌水量在 1000 m^3/h 以下时，主要水仓的有效容量应当能容纳 8 h 的正常涌水量。

正常涌水量大于 1000 m^3/h 的矿井，主要水仓有效容量可以按照下式计算：

$$V = 2(Q + 3000)$$

式中　V——主要水仓的有效容量，m^3；

Q——矿井每小时的正常涌水量，m^3。

采区水仓的有效容量应当能容纳 4 h 的采区正常涌水量。

水仓进口处应当设置箅子。对水砂充填和其他涌水中带有大量杂质的矿井，还应当设置沉淀池。水仓的空仓容量应当经常保持在总容量的 50% 以上。

【相应处罚】

《煤矿安全监察行政处罚办法》第八条：煤矿矿井通风、防火、防水、防瓦斯、防毒、防尘等安全设施不符合法定要求的，责令限期达到要求；逾期仍达不到要求的，责令停产整顿。

2. 防治水管理制度

【体检内容】

建立健全水害防治岗位责任制、水害防治技术管理制度、水害预测预报制度和水害隐患排查治理制度。

【法规依据】

1)《煤矿安全规程》

第二百八十三条　煤矿企业应当建立健全各项防治水制度，配备满足工作需要的防治水专业技术人员，配齐专用探放水设备，建立专门的探放水作业队伍，储备必要的水害抢险救灾设备和物资。

水文地质条件复杂、极复杂的煤矿，应当设立专门的防治水机构。

2)《煤矿防治水规定》

第六条　煤矿企业、矿井应当建立健全水害防治岗位责任制、水害防治技术管理制度、水害预测预报制度和水害隐患排查治理制度。

【相应处罚】

《安全生产法》第九十四条：未按照规定设置安全生产管理机构或者配备安全生产管理人员的；责令限期改正，可以处五万元以下的罚款；逾期未改正的，责令停产停业整顿，并处五万元以上十万元以下的罚款，对其直接负责的主管人员和其他直接责任人员处一万元以上二万元以下的罚款：

《安全生产法》第九十八条：（1）生产经营单位未建立专门安全管理制度、未采取可靠的安全措施的；（2）对重大危险源未登记建档，或者未进行评估、监控，或者未制定应急预案的；（3）未建立事故隐患排查治理制度的，责令限期改正，可以处十万元以下的罚款；逾期未改正的，责令停产停业整顿，并处十万元以上二十万元以下的罚款，对其直接负责的主管人员和其他直接责任人员处二万元以上五万元以下的罚款；构成犯罪的，依照刑法有关规定追究刑事责任。

3. 矿井水文地质类型划分

【体检内容】

矿井应当对本单位的水文地质情况进行研究，编制矿井水文地质类型划分报告，确定本单位的矿井水文地质类型，并符合《煤矿安全规程》第二百八十四条第二款及《煤矿防治水规定》第十一条、第十二条、第十三条的规定。

【法规依据】

1)《煤矿安全规程》

第二百八十四条　矿井水文地质类型应当每3年修订一次。发生重大及以上突（透）水事故后，矿井应当在恢复生产前重新确定矿井水文地质类型。

2)《煤矿防治水规定》

第十一条　根据矿井受采掘破坏或者影响的含水层及水体、矿井及周边老空水分布状况、矿井涌水量或者突水量分布规律、矿井开采受水害影响程度以及防治水工作难易程度，矿井水文地质类型划分为简单、中等、复杂、极复杂等4种。

第十二条　矿井应当对本单位的水文地质情况进行研究，编制矿井水文地质类型划分报告，并确定本单位的矿井水文地质类型。矿井水文地质类型划分报告，由煤矿企业总工程师负责组织审定。

矿井水文地质类型划分报告，应当包括下列主要内容：

（1）矿井所在位置、范围及四邻关系，自然地理等情况；

（2）以往地质和水文地质工作评述；

(3) 井田水文地质条件及含水层和隔水层分布规律和特征；

(4) 矿井充水因素分析，井田及周边老空区分布状况；

(5) 矿井涌水量的构成分析，主要突水点位置、突水量及处理情况；

(6) 对矿井开采受水害影响程度和防治水工作难易程度评价；

(7) 矿井水文地质类型划分及防治水工作建议。

第十三条　矿井水文地质类型应当每 3 年进行重新确定。当发生重大突水事故后，矿井应当在 1 年内重新确定本单位的水文地质类型。

重大突水事故，是指突水量首次达到 300 m^3/h 以上或者造成死亡 3 人以上的突水事故。

【相应处罚】

《安全生产违法行为行政处罚办法》第四十五条第一项：违反操作规程或者安全管理规定作业的，给予警告，并可以对生产经营单位处 1 万元以上 3 万元以下罚款，对其主要负责人、其他有关人员处 1000 元以上 1 万元以下的罚款。

4. 图件和基础台账

【体检内容】

编制 5 种必备图件，建立 14 种基础台账，并符合《煤矿安全规程》第二百八十七条及《煤矿防治水规定》第十五条、第十六条的规定。

【法规依据】

1)《煤矿安全规程》

第二百八十七条　矿井应当编制下列防治水图件，并至少每半年修订 1 次：矿井充水性图；矿井涌水量与相关因素动态曲线图；矿井综合水文地质图；矿井综合水文地质柱状图；矿井水文地质剖面图。

2)《煤矿防治水规定》

第十五条　矿井应当按照规定编制下列防治水图件：

(一) 矿井充水性图；

(二) 矿井涌水量与各种相关因素动态曲线图；

(三) 矿井综合水文地质图；

(四) 矿井综合水文地质柱状图；

(五) 矿井水文地质剖面图。

其他有关防治水图件由矿井根据实际需要编制。

矿井应当建立数字化图件，内容真实可靠，并每半年对图纸内容进行修正完善。

第十六条　矿井应当建立下列防治水基础台账：

(一) 矿井涌水量观测成果台账；

（二）气象资料台账；
（三）地表水文观测成果台账；
（四）钻孔水位、井泉动态观测成果及河流渗漏台账；
（五）抽（放）水试验成果台账；
（六）矿井突水点台账；
（七）井田地质钻孔综合成果台账；
（八）井下水文地质钻孔成果台账；
（九）水质分析成果台账；
（十）水源水质受污染观测资料台账；
（十一）水源井（孔）资料台账；
（十二）封孔不良钻孔资料台账；
（十三）矿井和周边煤矿采空区相关资料台账；
（十四）水闸门（墙）观测资料台账；
（十五）其他专门项目的资料台账。

矿井防治水基础台账，应当认真收集、整理，实行计算机数据库管理，长期保存，并每半年修正 1 次。

【相应处罚】

《安全生产违法行为行政处罚办法》第四十五条第六项：故意提供虚假情况或者隐瞒存在的事故隐患以及其他安全问题的，给予警告，并可以对生产经营单位处 1 万元以上 3 万元以下罚款，对其主要负责人、其他有关人员处 1000 元以上 1 万元以下的罚款。

《煤矿防治水规定》第一百三十二条：煤矿企业违反本规定第十四条、第十五条规定的，给予警告，并处 1 万元以上 3 万元以下的罚款；对煤矿企业负责人处 1 万元以下的罚款。提供虚假防治水图件应付检查或者影响事故抢险救援的，给予警告，可以并处 5 万元以上 10 万元以下的罚款；情节严重的，责令停产整顿。

5. 探放水设备和作业队伍

【体检内容】

配齐专用探放水设备，建立专门的探放水作业队伍。

【法规依据】

1)《煤矿安全规程》

第二百八十三条　煤矿企业应当建立健全各项防治水制度，配备满足工作需要的防治水专业技术人员，配齐专用探放水设备，建立专门的探放水作业队伍，储备必要的水害抢险救灾设备和物资。

2)《煤矿防治水规定》

第五条　煤矿企业、矿井应当按照本单位的水害情况，配备满足工作需要的防治水专业技术人员，配齐专用探放水设备，建立专门的探放水作业队伍。

水文地质条件复杂、极复杂的煤矿企业、矿井，除符合本条第一款规定外，还应当设立专门的防治水机构。

【相应处罚】

《煤矿防治水规定》第一百三十条：煤矿企业违反本规定第五条第一款规定的，给予警告，并处 2 万元以下的罚款；煤矿企业违反本规定第五条第二款规定仍然进行生产的，责令停产整顿，处 50 万元以上 100 万元以下的罚款；对煤矿企业负责人处 3 万元以上 5 万元以下的罚款。

6. 隐蔽致灾地质因素普查

【体检内容】

结合实际情况开展隐蔽致灾地质因素普查，编制《煤矿隐蔽致灾地质因素普查报告》，并经矿总工程师组织审定。

【法规依据】

《煤矿安全规程》

第三十二条　煤矿必须结合实际情况开展隐蔽致灾地质因素普查或探测工作，并提出报告，由矿总工程师组织审定。

井工开采形成的老空区威胁露天煤矿安全时，煤矿应当制定安全措施。

【相应处罚】

《安全生产违法行为行政处罚办法》第四十五条第一项：违反操作规程或者安全管理规定作业的，给予警告，并可以对生产经营单位处 1 万元以上 3 万元以下罚款，对其主要负责人、其他有关人员处 1000 元以上 1 万元以下的罚款。

7. 水淹区下采煤

【体检内容】

受水淹区积水威胁的区域，必须在排除积水、消除威胁后方可进行采掘作业；如果无法排除积水，开采倾斜、急倾斜煤层的，必须按照《建筑物、水体、铁路及主要井巷煤柱留设与压煤开采规程》中有关水体下开采的规定，编制专项开采设计，由煤矿企业主要负责人审批后进行。

严禁开采地表水体、强含水层、采空区水淹区下且水患威胁未消除的急倾斜煤层。

【法规依据】

1）《煤矿安全规程》

第二百九十九条　受水淹区积水威胁的区域，必须在排除积水、消除威胁后方可进行采掘作业；如果无法排除积水，开采倾斜、缓倾斜煤层的，必须按照《建筑物、水体、铁路及主要井巷煤柱留设与压煤开采规程》中有关水体下开采的规定，编制专项开采设计，由煤矿企业主要负责人审批后，方可进行。

严禁开采地表水体、强含水层、采空区水淹区域下且水患威胁未消除的急倾斜煤层。

2）《煤矿防治水规定》

第一百零二条　在河流、湖泊、水库和海域等地面水体下采煤，应当留足防隔水煤（岩）柱。在松散含水层下开采时，应当按照水体采动等级留设不同类型的防隔水煤（岩）柱（防水、防砂或者防塌煤岩柱）。在基岩含水层（体）或者含水断裂带下开采时，应当对开采前后覆岩的渗透性及含水层之间的水力联系进行分析评价，确定采用留设防隔水煤（岩）柱或者采用疏干方法保证安全开采。

第一百零三条　在水体下采煤，其防隔水煤（岩）柱的留设，应当根据矿井水文地质及工程地质条件、开采方法、开采高度和顶板控制方法等，按照《建筑物、水体、铁路及主要井巷煤柱留设与压煤开采规程》中有关水体下开采的规定，由具有乙级及以上资质的煤炭设计单位编制可行性方案和开采设计，报省级煤炭行业管理部门审查批准后实施。采煤过程中，应当严格按照批准的设计要求，控制开采范围、开采高度和防隔水煤（岩）柱尺寸。

第一百零四条　在采掘过程中，当发现地质条件变化，需要缩小防隔水煤（岩）柱尺寸、提高开采上限时，应当进行可行性研究，并经省级煤炭行业管理部门审查批准后方可进行试采。

第一百零五条　为了合理地确定留设防隔水煤（岩）柱尺寸，应当对开采煤层上覆岩层进行专门水文地质工程地质勘探。

专门水文地质工程地质勘探应当包括下列内容：

（一）查明与煤层开采有关的上覆岩层水文地质结构，包括含水层、隔水层的厚度和分布，含水层水位、水质、富水性，各含水层之间的水力联系及补给、径流、排泄条件，断层的富水性、导水性；

（二）采用钻探、物探等方法探明工作面上方基岩面的起伏和基岩厚度。在松散含水层下开采时，特别应当查明松散层底部隔水层的厚度、变化与分布情况；

（三）通过岩芯工程地质编录和数字测井等，查明上覆岩土层的工程地质类型、覆岩组合及结构特征，采取岩土样进行物理力学性质测试。

第一百零六条　水体下防隔水煤（岩）柱，应当按照裂缝角与水体采动等级所要求的防隔水煤（岩）柱相结合的原则设计。进行水体下开采的防隔水煤（岩）柱留设尺寸预计时，覆岩垮落带、导水裂缝带高度、保护层尺寸可以按照《建筑物、水体、铁路及主要井巷煤柱留设与压煤开采规程》中的公式计算，或者根据类似地质条件下的经验数据结合基于工程地质模型的力学分析、数值模拟等多种方法综合确定，同时还应当结合覆岩原始导水情况和开采引起的导水裂缝带进行叠加分析综合确定。涉及水体下开采的矿区，应当开展覆岩垮落带、导水裂缝带高度和范围的实测工作，逐步积累经验，指导本矿区水体下开采工作。

采用放顶煤开采的保护层厚度，应当根据对上覆岩土层结构和岩性、顶板垮落带、导水裂缝带高度以及开采经验等分析确定。留设防砂和防塌煤（岩）柱开采的，应当结合上覆土层、风化带的临界水力坡度，进行抗渗透破坏评价，确保不发生溃水和溃砂事故。

第一百零七条　临近水体下的采掘工作，应当遵守下列规定：

（一）采用有效控制采高和开采范围的采煤方法，防止急倾斜煤层抽冒。在工作面范围内存在高角度断层时，采取有效措施，防止断层导水或者沿断层带抽冒破坏；

（二）在水体下开采缓倾斜及倾斜煤层时，宜采用倾斜分层长壁开采方法，并尽量减少第一、第二分层的采厚；上下分层同一位置的采煤间歇时间不小于4~6个月，岩性坚硬顶板间歇时间适当延长。留设防砂和防塌煤（岩）柱，采用放顶煤开采方法时，先试验后推广；

（三）严禁在水体下开采急倾斜煤层；

（四）开采煤层组时，采用间隔式采煤方法。如果仍不能满足安全开采的，修改煤柱设计，加大煤柱尺寸，保障矿井安全；

（五）当地表水体或松散层富水性强的含水层下无隔水层时，开采浅部煤层及在采厚大、含水层富水性中等以上、预计导水裂缝带大于水体与煤层间距时，采用充填法、条带开采和限制开采厚度等控制导水裂缝带发展高度的开采方法。对于易于疏降的中等富水性以上松散层底部含水层，可以采用疏降含水层水位或者疏干等方法，以保证安全开采。

第一百零八条　进行水体下采掘活动时，应当加强水情和水体底界面变形的监测。试采结束后，矿井应当提交试采总结报告，研究规律，指导水体下采煤。

【相应处罚】

《安全生产违法行为行政处罚办法》第四十五条第一项的规定：违反操作规程或者安全管理规定作业的，给予警告，并可以对生产经营单位处1万元以上3万元以下罚款，对其主要负责人、其他有关人员处1000元以上1万元以下的罚款。

8. 老空资料调查

【体检内容】

对本矿开采有影响的古井、老窑、小煤矿、本矿井采空区进行调查，标绘在井上下对照图和矿井充水性图上，并符合《煤矿防治水规定》第二十三条的规定。

【法规依据】

《煤矿防治水规定》

第二十三条　水文地质补充调查，应当包括下列主要内容：

（1）资料收集。收集降水量、蒸发量、气温、气压、相对湿度、风向、风速及其历年月平均值和两极值等气象资料。收集调查区内以往勘查研究成果，动态观测资料，勘探钻孔、供水井钻探及抽水试验资料；

（2）地貌地质的情况。调查收集由开采或地下水活动诱发的崩塌、滑坡、人工湖等地貌变化、岩溶发育矿区的各种岩溶地貌形态。对第四系松散覆盖层和基岩露头，查明其时代、岩性、厚度、富水性及地下水的补排方式等情况，并划分含水层或相对隔水层。查明地质构造的形态、产状、性质、规模、破碎带（范围、充填物、胶结程度、导水性）及有无泉水出露等情况，初步分析研究其对矿井开采的影响；

（3）地表水体的情况。调查与收集矿区河流、水渠、湖泊、积水区、山塘和水库等地表水体的历年水位、流量、积水量、最大洪水淹没范围、含泥砂量、水质和地表水体与下伏含水层的水力关系等。对可能渗漏补给地下水的地段应当进行详细调查，并进行渗漏量监测；

（4）井泉的情况。调查井泉的位置、标高、深度、出水层位、涌水量、水位、水质、水温、有无气体溢出、溢出类型、流量（浓度）及其补给水源，并素描泉水出露的地形地质平面图和剖面图；

（5）古井老窑的情况。调查古井老窑的位置及开采、充水、排水的资料及老窑停采原因等情况，察看地形，圈出采空区，并估算积水量；

（6）生产矿井的情况。调查研究矿区内生产矿井的充水因素、充水方式、突水层位、突水点的位置与突水量，矿井涌水量的动态变化与开采水平、开采面积的关系，以往发生水害的观测研究资料和防治水措施及效果；

（7）周边矿井的情况。调查周边矿井的位置、范围、开采层位、充水情况、地质构造、采煤方法、采出煤量、隔离煤柱以及与相邻矿井的空间关系，以往发生水害的观测研究资料，并收集系统完整的采掘工程平面图及有关资料；

（8）地面岩溶的情况。调查岩溶发育的形态、分布范围。详细调查对地下水运动有明显影响的补给和排泄通道，必要时可进行连通试验和暗河测绘工作。分析岩溶发育规律和地下水径流方向，圈定补给区，测定补给区内的渗漏情况，估算地下水径流量。对有岩溶塌陷的区域，进行岩溶塌陷的测绘工作。

【相应处罚】

《特别规定》第十条：煤矿有本规定第八条第二款所列情形之一，仍然进行生产的，由县级以上地方人民政府负责煤矿安全生产监督管理的部门或者煤矿安全监察机构责令停产整顿，提出整顿的内容、时间等具体要求，处 50 万元以上 200 万元以下的罚款；对煤矿企业负责人处 3 万元以上 15 万元以下的罚款。

9. 顶板水害防治

【体检内容】

煤层顶板存在富水性中等及以上含水层或者其他水体威胁时，实测垮落带、导水裂隙带发育高度，进行专项设计，确定防隔水煤（岩）柱尺寸。当导水裂隙带范围内的含水层或者老空水等水体影响采掘安全时，超前进行钻探疏放或者注浆改造含水层，并待疏放水完毕或者注浆改造等工程结束、消除突水威胁后，进行采掘活动。

【法规依据】

《煤矿安全规程》

第三百零四条　煤层顶板存在富水性中等及以上含水层或者其他水体威胁时，应当实测垮落带、导水裂隙带发育高度，进行专项设计，确定防隔水煤（岩）柱尺寸。当导水裂隙带范围内的含水层或者老空积水等水体影响采掘安全时，应当超前进行钻探疏放或者注浆改造含水层，待疏放水完毕或者注浆改造等工程结束、消除突水威胁后，方可进行采掘活动。

【相应处罚】

《安全生产违法行为行政处罚办法》第四十五条第一项：违反操作规程或者安全管理规定作业的，给予警告，并可以对生产经营单位处 1 万元以上 3 万元以下罚款，对其主要负责人、其他有关人员处 1000 元以上 1 万元以下的罚款。

《特别规定》第十条第一款：煤矿有本规定第八条第二款所列情形之一，仍然进行生产的，由县级以上地方人民政府负责煤矿安全生产监督管理的部门或者煤矿安全监察机构责令停产整顿，提出整顿的内容、时间等具体要求，处 50 万元以上 200 万元以下的罚款；对煤矿企业负责人处 3 万元以上 15 万元以下的罚款。

10. 带压开采安全措施

【体检内容】

当承压含水层与开采煤层之间的隔水层能够承受的水头值小于实际水头值时，采取疏水降压、注浆加固底板改造含水层或者充填开采等措施，有条件的矿井应优先采用地面区域治理，并进行效果检验，制定专项安全技术措施，报企业技术负责人审批。

【法规依据】

《煤矿安全规程》

第三百零五条　当承压含水层与开采煤层之间的隔水层能够承受的水头值小于实际水头值时，采取疏水降压、注浆加固底板改造含水层或者充填开采等措施，有条件的矿井应优先采用地面区域治理，并进行效果检验，制定专项安全技术措施，报企业技术负责人审批。

【相应处罚】

《安全生产违法行为行政处罚办法》第四十五条第一项：违反操作规程或者安全管理规定作业的，给予警告，并可以对生产经营单位处 1 万元以上 3 万元以下罚款，对其主要负责人、其他有关人员处 1000 元以上 1 万元以下的罚款。

《特别规定》第十条第一款：煤矿有本规定第八条第二款所列情形之一，仍然进行生产的，由县级以上地方人民政府负责煤矿安全生产监督管理的部门或者煤矿安全监察机构责令停产整顿，提出整顿的内容、时间等具体要求，处 50 万元以上 200 万元以下的罚款；对煤矿企业负责人处 3 万元以上 15 万元以下的罚款。

【知识链接】

当承压含水层与开采煤层之间的隔水层能够承受的水头值小于实际水头值时，开采前应当遵守下列规定：

（1）采取疏水降压的方法，把承压含水层的水头值降到隔水层能允许的安全水头值以下，并制定安全措施，由煤矿企业总工程师批准。总结适合本矿区（井）的安全水头值，指导安全生产。矿井排水考虑与矿区供水、生态环境保护相结合，推广应用矿井排水、供水、生态环保三位一体优化结合的管理模式和方法。

（2）承压含水层的集中补给边界已经基本查清情况下，可以预先进行帷幕注浆，截断水源，然后疏水降压开采。

（3）当承压含水层的补给水源充沛。不具备疏水降压和帷幕注浆的条件时，可以酌情采用局部注浆加固底板隔水层和改造含水层为弱含水层的方法，但应当编制专门的设计，在有充分防范措施的条件下进行试采，并制定专门的防止淹井措施，由煤矿企业总工程师批准。

11. 有掘必探

【体检内容】

水文地质条件复杂、极复杂的矿井，在地面无法查明矿井水文地质条件和充水因素时，应当坚持有掘必探的原则，加强探放水工作。

【法规依据】

《煤矿防治水规定》

第八十九条　水文地质条件复杂、极复杂的矿井，在地面无法查明矿井水文地质条件和充水因素时，应当坚持有掘必探的原则，加强探放水工作。

【相应处罚】

《特别规定》第十条第一款：煤矿有本规定第八条第二款所列情形之一，仍然进行生产的，由县级以上地方人民政府负责煤矿安全生产监督管理的部门或者煤矿安全监察机构责令停产整顿，提出整顿的内容、时间等具体要求，处 50 万元以上 200 万元以下的罚款；对煤矿企业负责人处 3 万元以上 15 万元以下的罚款。

12. 采掘工作面防治水设计

【体检内容】

对于煤层顶、底板受水威胁的采掘工作面，应当提前编制防治水设计，制定并落实水害防治措施。

【法规依据】

《煤矿安全规程》

第三百零三条　对于煤层顶、底板带压的采掘工作面，应当提前编制防治水设计，制定并落实水害防治措施。

【相应处罚】

《安全生产违法行为行政处罚办法》第四十五条第一项的规定：违反操作规程或者安全管理规定作业的，给予警告，并可以对生产经营单位处 1 万元以上 3 万元以下罚款，对其主要负责人、其他有关人员处 1000 元以上 1 万元以下的罚款。

13. 掘进工作面水害防治

【体检内容】

在受水害威胁的区域，进行巷道掘进前，采用钻探、物探和化探等方法查清水文地质条件。地测机构提出水文地质情况分析报告，并提出水害防范措施，经矿井总工程师组织生产、安监和地测等有关单位审查批准后施工。

【法规依据】

《煤矿防治水规定》

第九十条　在矿井受水害威胁的区域，进行巷道掘进前，应当采用钻探、物探和化探等方法查清水文地质条件。地测机构应当提出水文地质情况分析报告，并提出水害防范措施，经矿井总工程师组织生产、安监和地测等有关单位审查批准后，方可进行施工。

【相应处罚】

《煤矿防治水规定》第一百三十六条：煤矿企业违反本规定第九十条、第九十一条规定的，给予警告，并处 1 万元以上 3 万元以下的罚款；对企业负责人处 1 万元以下的罚款。

14. 采煤工作面水害防治

【体检内容】

发现断层、裂隙和陷落柱等构造充水的，应当采取注浆加固或者留设防隔水煤（岩）柱等安全措施。符合《煤矿防治水规定》第九十一条规定。

【法规依据】

《煤矿防治水规定》

第九十一条　矿井工作面采煤前，采用物探、钻探、巷探和化探等方法查清工作面内断层、陷落柱和含水层（体）富水性等情况。地测机构提出专门水文地质情况报告，经矿井总工程师组织生产、安监和地测等有关单位审查批准后回采。发现断层、裂隙和陷落柱等构造充水的，应当采取注浆加固或者留设防隔水煤（岩）柱等安全措施。否则，不得回采。

【相应处罚】

《煤矿防治水规定》第一百三十六条：煤矿企业违反本规定第九十条、第九十一条规定的，给予警告，并处 1 万元以上 3 万元以下的罚款；对企业负责人处 1 万元以下的罚款。

15. 防隔水煤（岩）柱

【体检内容】

矿井防隔水煤（岩）柱一经确定，不得随意变动。严禁在设计确定的各类防隔水煤（岩）柱中进行采掘活动。

【法规依据】

《煤矿防治水规定》

第五十四条　矿井防隔水煤（岩）柱一经确定，不得随意变动。严禁在各类防隔水煤（岩）柱中进行采掘活动。

第五十五条　开采水淹区下的废弃防隔水煤（岩）柱时，应当彻底疏放上部积水。严禁顶水作业。

【相应处罚】

《煤矿防治水规定》第一百三十四条：煤矿企业违反本规定第五十四条、第五十五条规定的，责令停产整顿，处 100 万元以上 150 万元以下的罚款；对企业负责人处 7 万元以上 12 万元以下的罚款。

16. 暴雨洪水引发淹井等事故灾害撤人制度

【体检内容】

建立暴雨洪水可能引发淹井等事故灾害紧急情况下撤人制度，当发现暴雨洪水灾害严重可能引发淹井时，立即撤出作业人员到安全地点，经确认隐患安全消除后恢复生产。

【法规依据】

1）《煤矿防治水规定》

第四十九条　矿井应当建立暴雨洪水可能引发淹井等事故灾害紧急情况下及时撤出井下人员的制度，明确启动标准、指挥部门、联络人员、撤人程序等。当发现暴雨洪水灾害严重可能引发淹井时，应当立即撤出作业人员到安全地点。经确认隐患完全消除后，方可恢复生产。

2）《煤矿安全规程》

第二百九十三条　降大到暴雨时和降雨后，应当有专业人员观测地面积水与洪水情况、井下涌水量等有关水文变化情况和井田范围及附近地面有无裂缝、采空塌陷、井上下连通的钻孔和岩溶塌陷等现象，及时向矿调度室及有关负责人报告，并将上述情况记录在案，存档备查。

情况危急时，矿调度室及有关负责人应当立即组织井下撤人。

【相应处罚】

《安全生产法》第九十四条第六项：未按照规定制定生产安全事故应急救援预案或者未定期组织演练的，责令限期改正，可以处五万元以下的罚款；逾期未改正的，责令停产停业整顿，并处五万元以上十万元以下的罚款，对其直接负责的主管人员和其他直接责任人员处一万元以上二万元以下的罚款

九、防灭火管理

1. 煤层自燃倾向性

【体检内容】

具备鉴定条件的各开采煤层应进行鉴定，煤层自燃倾向性鉴定符合《煤矿安全规程》第二百六十条规定。

【法规依据】

《煤矿安全规程》

第二百六十条　煤的自燃倾向性分为容易自燃、自燃、不易自燃3类。

新设计矿井应当将所有煤层的自燃倾向性鉴定结果报省级煤炭行业管理部门及省级煤矿安全监察机构。

生产矿井延深新水平时，必须对所有煤层的自燃倾向性进行鉴定。

【相应处罚】

《安全生产违法行为行政处罚办法》第四十五条第一项：违反操作规程或者安全管理规定作业的，给予警告，并可以对生产经营单位处1万元以上3万

元以下罚款，对其主要负责人、其他有关人员处1000元以上1万元以下的罚款。

2. 防灭火设施

【体检内容】

防灭火灌浆系统、注氮系统、监测系统设置及能力应符合《煤矿安全规程》第二百六十六条、第二百七十一条、第二百六十一条规定。

【法规依据】

《煤矿安全规程》

第二百六十六条　采用灌浆防灭火时，应当遵守下列规定：

（1）采（盘）区设计应当明确规定巷道布置方式、隔离煤柱尺寸、灌浆系统、疏水系统、预筑防火墙的位置以及采掘顺序。

（2）安排生产计划时，应当同时安排防火灌浆计划，落实灌浆地点、时间、进度、灌浆浓度和灌浆量。

（3）对采（盘）区始采线、终采线、上下煤柱线内的采空区，应当加强防火灌浆。

（4）应当有灌浆前疏水和灌浆后防止溃浆、透水的措施。

第二百七十一条　采用氮气防灭火时，应当遵守下列规定：

（1）氮气源稳定可靠。

（2）注入的氮气浓度不小于97%。

（3）至少有1套专用的氮气输送管路系统及其附属安全设施。

（4）有能连续监测采空区气体成分变化的监测系统。

（5）有固定或者移动的温度观测站（点）和监测手段。

（6）有专人定期进行检测、分析和整理有关记录、发现问题及时报告处理等规章制度。

第二百六十一条　开采容易自燃和自燃煤层时，必须开展自然发火监测工作，建立自然发火监测系统，确定煤层自然发火标志气体及临界值，健全自然发火预测预报及管理制度。

【相应处罚】

《特别规定》第十条第一款：煤矿有本规定第八条第二款所列情形之一，仍然进行生产的，由县级以上地方人民政府负责煤矿安全生产监督管理的部门或者煤矿安全监察机构责令停产整顿，提出整顿的内容、时间等具体要求，处50万元以上200万元以下的罚款；对煤矿企业负责人处3万元以上15万元以下的罚款。

《煤矿安全监察行政处罚办法》第十七条：有自然发火可能性的矿井，未按规定采取有效的预防自然发火措施的，责令改正，可以并处2万元以下的罚款。

《安全生产违法行为行政处罚办法》第四十五条第一项：违反操作规程或者安全管理规定作业的，给予警告，并可以对生产经营单位处 1 万元以上 3 万元以下罚款，对其主要负责人、其他有关人员处 1000 元以上 1 万元以下的罚款。

3. 防灭火措施

【体检内容】

开采容易自燃和自燃煤层，矿井防灭火专项设计、综合预防煤层自然发火的措施符合《煤矿安全规程》第二百六十条规定。防灭火措施与开采条件和回采工艺相适应，防灭火作业制度健全，隐患排查及处理隐患的措施应符合《煤矿安全规程》第二百六十二条、第二百六十三条、第二百六十四条、第二百六十五条、第二百六十七条、第二百七十三条规定。

【法规依据】

《煤矿安全规程》

第二百六十条第三款　开采容易自燃和自燃煤层的矿井，必须编制矿井防灭火专项设计，采取综合预防煤层自然发火的措施。

第二百六十二条　对开采容易自燃和自燃的单一厚煤层或者煤层群的矿井，集中运输大巷和总回风巷应当布置在岩层内或者不易自燃的煤层内；布置在容易自燃和自燃的煤层内时，必须锚喷或者砌碹，碹后的空隙和冒落处必须用不燃性材料充填密实，或者用无腐蚀性、无毒性的材料进行处理。

第二百六十三条　开采容易自燃和自燃煤层时，采煤工作面必须采用后退式开采，并根据采取防火措施后的煤层自然发火期确定采（盘）区开采期限。在地质构造复杂、断层带、残留煤柱等区域开采时，应当根据矿井地质和开采技术条件，在作业规程中另行确定采（盘）区开采方式和开采期限。回采过程中不得任意留设设计外煤柱和顶煤。采煤工作面采到终采线时，必须采取措施使顶板冒落严实。

第二百六十四条　开采容易自燃和自燃的急倾斜煤层用垮落法管理顶板时，在主石门和采区运输石门上方，必须留有煤柱。禁止采掘留在主石门上方的煤柱。留在采区运输石门上方的煤柱，在采区结束后可以回收，但必须采取防止自然发火措施。

第二百六十五条　开采容易自燃和自燃煤层时，必须制定防治采空区（特别是工作面始采线、终采线、上下煤柱线和三角点）、巷道高冒区、煤柱破坏区自然发火的技术措施。

当井下发现自然发火征兆时，必须停止作业，立即采取有效措施处理。在发火征兆不能得到有效控制时，必须撤出人员，封闭危险区域。进行封闭施工作业时，其他区域所有人员必须全部撤出。

第二百六十七条　在灌浆区下部进行采掘前，必须查明灌浆区内的浆水积存情况。发现积存浆水，必须在采掘之前放出；在未放出前，严禁在灌浆区下部进行采掘作业。

第二百七十三条　开采容易自燃和自燃煤层时，在采（盘）区开采设计中，必须预先选定构筑防火门的位置。当采煤工作面通风系统形成后，必须按设计构筑防火门墙，并储备足够数量的封闭防火门的材料。

【相应处罚】

《特别规定》第十条第一款：煤矿有本规定第八条第二款所列情形之一，仍然进行生产的，由县级以上地方人民政府负责煤矿安全生产监督管理的部门或者煤矿安全监察机构责令停产整顿，提出整顿的内容、时间等具体要求，处50万元以上200万元以下的罚款；对煤矿企业负责人处3万元以上15万元以下的罚款。

《煤矿安全监察行政处罚办法》第十七条：有自然发火可能性的矿井，未按规定采取有效的预防自然发火措施的，责令改正，可以并处2万元以下的罚款。

《安全生产违法行为行政处罚办法》第四十五条第一项：违反操作规程或者安全管理规定作业的，给予警告，并可以对生产经营单位处1万元以上3万元以下罚款，对其主要负责人、其他有关人员处1000元以上1万元以下的罚款。

4. 密闭墙构筑

【体检内容】

井下密闭墙构筑前要根据现场情况编制专项设计或安全措施；高抽巷、采煤面设永久密闭前宜先建防爆密闭。密闭墙的质量符合煤矿企业统一制定的标准，料石墙体厚度不小于0.8 m，混凝土墙体厚度不小于0.5 m；永久密闭墙体要留设连通采空区的取样观察孔和措施孔，符合《矿井密闭防灭火技术规范》（AQ 1044—2007）5.5、6的规定。

【法规依据】

《矿井密闭防灭火技术规范》

5.5　观测系统的确定

5.5.1　火区密闭和防火永久密闭都应在离地板高度为墙高的2/3处设直径不小于25 mm的检测口，用于观测压差、气温和取气样；离底板高度为0.3 m处应安装直径不小于50 mm的放水管，并带有水封结构或安装阀门，用于观测水温、释放积水；在密闭的顶部还要安装直径不小于100 mm的防灭火备用管。

5.5.2 选择封闭区回风侧密闭，定期观测封闭区内的气体状态，重点掌握封闭区内气体成分的变化，严格检验密闭防灭火方案的实施效果。用球胆或聚乙烯袋采集密闭内气样（按 MT 142 进行），或通过束管监测系统采取气样（按 MT/T 757 进行）进行气体成分分析，并将气体分析浓度等观测结果写入观测记录。

6 密闭防灭火方案的实施

6.1 为了抓住密闭防火的有利时机，应根据煤的自然发火期，回采工作面回采结束后要及时进行封闭，必须在回采结束后 45 天内完成封闭。

6.2 必须制定可靠的安全措施，确保密闭施工安全。

6.2.1 密闭前 5 m 巷道内必须支护牢固，防止冒顶、片帮事故。

6.2.2 瓦斯矿井采用密闭灭火时，密闭结构必须具有足够的防爆能力。一般先作防爆密闭，再建筑永久密闭。

6.2.3 应根据通风方式和瓦斯涌出量大小合理确定密闭顺序（火区封闭顺序及工作实施按《矿山救护规程》进行）。

6.2.4 密闭过程中，必须严格掌握火区气体的爆炸危险趋向，采取正确的通风措施。建议采用爆炸三角形法判断火区气体的爆炸危险性和危险趋向。

6.3 必须确保密闭的工程质量，严格按质量要求验收，密闭完成后应出具验收报告。

【相应处罚】

《安全生产违法行为行政处罚办法》第四十五条第一项：违反操作规程或者安全管理规定作业的，给予警告，并可以对生产经营单位处 1 万元以上 3 万元以下罚款，对其主要负责人、其他有关人员处 1000 元以上 1 万元以下的罚款。

5. 采空区防火观测

【体检内容】

采煤工作面上隅角或回风巷安设 CO 传感器和温度传感器；采区回风巷安设 CO 传感器；瓦斯抽采泵管路进（出）气端、采空区抽采管路和密闭墙内出现 CO 的墙外，应安设 CO 传感器。符合《煤矿安全监控系统及检测仪器使用管理规范》（AQ 1029—2007）7.1 的规定。

对采空区防火观测点及其他地点 CO、O_2、CH_4 等气体和空气温度进行观测；当通风系统发生较大调整时，必须对影响区域密闭墙内、外的瓦斯、CO 和 O_2 等进行全面检查，符合《煤矿安全规程》第二百七十八条规定和《矿井密闭防灭火技术规范》（AQ 1044—2007）9.1、9.2、9.3 的规定。

【法规依据】

1）《煤矿安全监控系统及检测仪器使用管理规范》（AQ 1029—2007）

7.1　一氧化碳传感器的设置

7.1.1　一氧化碳传感器应垂直悬挂在巷道的上方风流稳定的位置，距顶板（顶梁）不得大于300 mm，距巷壁不得小于200 mm，并应安装维护方便，不影响行人和行车。

7.1.2　开采容易自燃、自燃煤层的采煤工作面回风巷必须设置一氧化碳传感器，报警浓度为0.0024%。

7.1.3　带式输送机滚筒下风侧10~15 m处应设置一氧化碳传感器，报警浓度为0.0024%。

7.1.4　自然发火观测点、封闭火区防火墙栅栏外宜设置一氧化碳传感器，报警浓度为0.0024%。

7.1.5　开采容易自燃、自燃煤层的矿井，采区回风巷、一翼回风巷、总回风巷应设置一氧化碳传感器，报警浓度为0.0024%。

2)《煤矿安全规程》

第二百七十八条　永久性密闭墙的管理应当遵守下列规定：

（一）每个密闭墙附近必须设置栅栏、警标，禁止人员入内，并悬挂说明牌。

（二）定期测定和分析密闭墙内的气体成分和空气温度。

（三）定期检查密闭墙外的空气温度、瓦斯浓度，密闭墙内外空气压差以及密闭墙墙体。发现封闭不严、有其他缺陷或者火区有异常变化时，必须采取措施及时处理。

（四）所有测定和检查结果，必须记入防火记录簿。

（五）矿井做大幅度风量调整时，应当测定密闭墙内的气体成分和空气温度。

（六）井下所有永久性密闭墙都应当编号，并在火区位置关系图中注明。

密闭墙的质量标准由煤矿企业统一制定。

3)《矿井密闭防灭火技术规范》(AQ 1044—2007)

9.1　定期测定封闭区密闭内外压差，进行漏风分析。

9.2　指定有代表性的回风侧密闭，测定封闭区内、外的O_2、CO、CO_2、CH_4、C_2H_4、C_2H_2等气体浓度，空气温度及密闭四帮煤、岩温度，测定频率为每天一次。

9.3　每次测定都必须仔细填写观测记录，至少记录观测地点、观测日期和观测人名，并绘制观测曲线。

【相应处罚】

《安全生产违法行为行政处罚办法》第四十五条第一项：违反操作规程或者安全管理规定作业的，给予警告，并可以对生产经营单位处1万元以上3万元以下罚款，对其主要负责人、其他有关人员处1000元以上1万元以下的罚款。

6. 采空区管理

【体检内容】

煤矿必须制定采空区管理制度，建立采空区密闭墙周巡回检查分析制度。密闭墙检查应由专职人员进行，取样测定和分析密闭墙内气体成分和空气温度，墙外的空气温度、水温、瓦斯浓度和墙内外空气压差等；所有测定和检查结果，必须录入防火台账。密闭栅栏外5 m范围内，不得摆放电气设备，不得作为临时车场和贮物场所。符合《煤矿安全规程》第二百七十四条、第二百七十八条规定和《矿井密闭防灭火技术规范》（AQ 1044—2007）9.1、9.2、9.3的规定。

【法规依据】

1）《煤矿安全规程》

第二百七十四条　矿井必须制定防止采空区自然发火的封闭及管理专项措施。采煤工作面回采结束后，必须在45天内进行永久性封闭，每周1次抽取封闭采空区气样进行分析，并建立台账。

开采自燃和容易自燃煤层，应当及时构筑各类密闭并保证质量。

与封闭采空区连通的各类废弃钻孔必须永久封闭。

第二百七十八条　永久性密闭墙的管理应当遵守下列规定：

（一）每个密闭墙附近必须设置栅栏、警标，禁止人员入内，并悬挂说明牌。

（二）定期测定和分析密闭墙内的气体成分和空气温度。

（三）定期检查密闭墙外的空气温度、瓦斯浓度，密闭墙内外空气压差以及密闭墙墙体。发现封闭不严、有其他缺陷或者火区有异常变化时，必须采取措施及时处理。

（四）所有测定和检查结果，必须记入防火记录簿。

（五）矿井做大幅度风量调整时，应当测定密闭墙内的气体成分和空气温度。

（六）井下所有永久性密闭墙都应当编号，并在火区位置关系图中注明。

密闭墙的质量标准由煤矿企业统一制定。

2）《矿井密闭防灭火技术规范》（AQ 1044—2007）

9.1　定期测定封闭区密闭内外压差，进行漏风分析。

9.2　指定有代表性的回风侧密闭，测定封闭区内、外的O_2、CO、CO_2、CH_4、C_2H_4、C_2H_2等气体浓度，空气温度及密闭四帮煤、岩温度，测定频率为每天一次。

9.3　每次测定都必须仔细填写观测记录，至少记录观测地点、观测日期和观测人名，并绘制观测曲线。

【相应处罚】

《安全生产违法行为行政处罚办法》第四十五条第一项：违反操作规程或者安全管理规定作业的，给予警告，并可以对生产经营单位处1万元以上3万元以下罚款，对其主要负责人、其他有关人员处1000元以上1万元以下的罚款。

7. 井下火区管理

【体检内容】

煤矿必须绘制火区位置关系图，注明所有火区和曾经发火的地点。井下所有永久性密闭墙都应当编号，并在火区位置关系图中注明。不得在火区的同一煤层的周围进行采掘工作。符合《煤矿安全规程》第二百七十七条、第二百八十一条规定。

【法规依据】

《煤矿安全规程》

第二百七十七条　煤矿必须绘制火区位置关系图，注明所有火区和曾经发火的地点。每一处火区都要按形成的先后顺序进行编号，并建立火区管理卡片。火区位置关系图和火区管理卡片必须永久保存。

第二百七十九条　封闭的火区，只有经取样化验证实火已熄灭后，方可启封或者注销。火区同时具备下列条件时，方可认为火已熄灭：

（一）火区内的空气温度下降到30 ℃以下，或者与火灾发生前该区的日常空气温度相同。

（二）火区内空气中的氧气浓度降到5.0%以下。

（三）火区内空气中不含有乙烯、乙炔，一氧化碳浓度在封闭期间内逐渐下降，并稳定在0.001%以下。

（四）火区的出水温度低于25 ℃，或者与火灾发生前该区的日常出水温度相同。

（五）上述4项指标持续稳定1个月以上。

第二百八十条　启封已熄灭的火区前，必须制定安全措施。启封火区时，应当逐段恢复通风，同时测定回风流中一氧化碳、甲烷浓度和风流温度。发现复燃征兆时，必须立即停止向火区送风，并重新封闭火区。

启封火区和恢复火区初期通风等工作，必须由矿山救护队负责进行，火区回风风流所经过巷道中的人员必须全部撤出。

在启封火区工作完毕后的3天内，每班必须由矿山救护队检查通风工作，并测定水温、空气温度和空气成分。只有在确认火区完全熄灭、通风等情况良好后，方可进行生产工作。

第二百八十一条　不得在火区的同一煤层的周围进行采掘工作。在同一煤层同一水平的火区两侧、煤层倾角小于35°的火区下部区段、火区下方邻近煤层进行采掘时，必须编制设计，并遵守下列规定：

（一）必须留有足够宽（厚）度的隔离火区煤（岩）柱，回采时及回采后能有效隔离火区，不影响火区的灭火工作。

（二）掘进巷道时，必须有防止误冒、误透火区的安全措施。煤层倾角在35°及以上的火区下部区段严禁进行采掘工作。

【相应处罚】

《安全生产违法行为行政处罚办法》第四十五条第一项：违反操作规程或者安全管理规定作业的，给予警告，并可以对生产经营单位处1万元以上3万元以下罚款，对其主要负责人、其他有关人员处1000元以上1万元以下的罚款。

8. 动火管理

【体检内容】

在井下和井口房内进行电焊、气焊和喷灯焊接必须制定安全措施，并由矿长批准。进行电焊、气焊和喷灯焊接作业符合《煤矿安全规程》第二百五十四条规定。

【法规依据】

《煤矿安全规程》

第二百五十四条　井下和井口房内不得进行电焊、气焊和喷灯焊接等作业。如果必须在井下主要硐室、主要进风井巷和井口房内进行电焊、气焊和喷灯焊接等工作，每次必须制定安全措施，由矿长批准并遵守下列规定：

（一）指定专人在场检查和监督。

（二）电焊、气焊和喷灯焊接等工作地点的前后两端各10 m的井巷范围内，应当是不燃性材料支护，并有供水管路，有专人负责喷水，焊接前应当清理或者隔离焊碴飞溅区域内的可燃物。上述工作地点应当至少备有2个灭火器。

（三）在井口房、井筒和倾斜巷道内进行电焊、气焊和喷灯焊接等工作时，必须在工作地点的下方用不燃性材料设施接受火星。

（四）电焊、气焊和喷灯焊接等工作地点的风流中，甲烷浓度不得超过085%，只有在检查证明作业地点附近20 m范围内巷道顶部和支护背板后无瓦斯积存时，方可进行作业。

（五）电焊、气焊和喷灯焊接等作业完毕后，作业地点应当再次用水喷洒，并有专人在作业地点检查1 h，发现异常，立即处理。

（六）突出矿井井下进行电焊、气焊和喷灯焊接时，必须停止突出煤层的掘进、回采、钻孔、支护以及其他所有扰动突出煤层的作业。

煤层中未采用砌碹或者喷浆封闭的主要硐室和主要进风大巷中，不得进行电焊、气焊和喷灯焊接等工作。

【相应处罚】

《安全生产违法行为行政处罚办法》第四十五条第一项：违反操作规程或者安全管理规定作业的，给予警告，并可以对生产经营单位处1万元以上3万元以下罚款，对其主要负责人、其他有关人员处1000元以上1万元以下的罚款。

9. 淘汰材料、设备

【体检内容】

不使用国家明令淘汰的机电设备和非阻燃电缆、胶带、风筒、瓦斯抽采管路等材料，符合《禁止井工煤矿使用的设备及工艺规定》。

【法规依据】

1）禁止井工煤矿使用的设备及工艺目录（第一批）2006年

（1）采用DW10断路器的矿用隔爆型馈电开关。

（2）QC83-80/660、QC83-80/660N、QC83-120/660（380）、QC83-225/660（380）矿用隔爆型电磁起动器（禁止用于控制40 kW以上电动机）。

（3）煤矿用隔爆型插销开关。

（4）PB2、PB3、PB4型矿用隔爆高压开关。

（5）油浸式低压电气设备（井下硐室外禁止使用）。

（6）BJO2、BJO3系列隔爆型三相异步电动机。

（7）KJ1600/1220单筒缠绕式矿井提升机。

（8）非防爆运输机车（除低瓦斯矿井进风主要运输巷和采用专门措施的高瓦斯矿井进风大巷外，禁止使用）。

（9）钢丝绳牵引的耙装机（高瓦斯区域、煤与瓦斯突出危险区域煤巷掘进工作面禁止使用）。

（10）ZYZ、ZY3型液压支架。

（11）单光源矿用安全帽灯。

（12）柳条（藤条、竹条）矿用安全帽。

（13）非阻燃抗静电输送带。

（14）非阻燃电缆。

（15）非阻燃抗静电风筒。

（16）铝包电缆。

（17）铝芯电缆（井下低压电缆禁止使用）。

（18）黑火药、冻结或半冻结的硝化甘油类炸药。

（19）导爆管、普通导爆索和火雷管。

（20）高瓦斯矿井（区域）、煤与瓦斯突出矿井、开采易自燃和自燃煤层（薄煤层除外）矿井的采煤工作面采用的前进式采煤方法。

2）禁止井工煤矿使用的设备及工艺目录（第二批）2008 年

（1）QC8、QC10、QC12 系列电磁起动器（发布之日起 1 年后禁止使用）。

（2）采用 CJ8、CJ10 系列接触器的矿用隔爆型电磁起动器（发布之日起 1 年后禁止使用）。

（3）采用 JR0，JR9，JR14，JR15，JR16-A、B、C、D 系列热继电器的矿用隔爆型电磁起动器和综合保护装置（发布之日起 1 年后禁止使用）。

（4）采用 DZ10 系列塑壳断路器的矿用隔爆型馈电开关（发布之日起 1 年后禁止使用）。

（5）HD6、HD3-100、HD3-200、HD3-400、HD3-600、HD3-1000、HD3-1500 型刀开关（发布之日起 1 年后禁止使用）。

（6）GL 动圈式反时限过流继电器（发布之日起 1 年后禁止使用）。

（7）KSJ、KSJL 系列变压器（发布之日起 1 年后禁止使用）。

（8）油断路器（发布之日起 1 年后禁止使用）。

（9）TKD 型绞车电控（发布之日起 1 年后禁止使用）。

（10）非本质安全电话机（包括普通电话机和矿用隔爆磁石电话机和矿用隔爆磁石电话机，发布之日起禁止使用）。

（11）非防爆柴油机无轨胶轮车（发布之日起禁止使用）。

（12）单缸防爆柴油机无轨胶轮车（发布之日起禁止使用）。

（13）JKA 型矿井提升机（发布之日起 1 年后禁止使用）。

（14）KJ 型矿井提升机（发布之日起 1 年后禁止使用）。

（15）XKT 型矿井提升机（发布之日起 1 年后禁止使用）。

（16）水阻调速的调度绞车（发布之日起 1 年后禁止使用）。

（17）JBT 局部通风机（发布之日起 1 年后禁止使用）。

（18）回采工作面木支柱支护（800 mm 以下煤层除外。2008 年底起禁止使用）。

（19）回采工作面金属摩擦支柱支护（2009 年底起禁止使用）。

（20）仓储式采煤法（2008 年底起禁止使用）。

（21）巷道式采煤（系指不能形成全风压通风，没有两个安全出口，以掘代采的采煤方式。发布之日起禁止使用）。

（22）高落式采煤（系指开采厚煤层或急倾斜煤层时，作业人员进入无支护空顶区，通过挑顶或放顶人工回收顶煤的方式。发布之日起禁止使用）。

3）禁止井工煤矿使用的设备及工艺目录（第三批）2011年

（1）YB系列隔爆型三相异步电动机（机座号63-355 mm，电压660V及以下）（发布之日起2年后禁止使用）。

（2）BKD9系列矿用隔爆型真空馈电开关（发布之日起2年后禁止使用）。

（3）采用DW80空气断路器的馈电开关（发布之日起1年后禁止使用）。

（4）3 t直流架线式井下矿用电机车（发布之日起1年后禁止使用）。

（5）8 t以上采用电阻调速的防爆特殊型电机车（发布之日起2年后禁止使用）。

（6）7 t以上（含7 t）电阻调速架线式工矿电机车（发布之日起2年后禁止使用）。

（7）JTK型矿用提升机（发布之日起2年后禁止使用）。

（8）使用继电器结构原理的提升机电控装置（发布之日起2年后禁止使用）。

（9）6DA多级泵（发布之日起2年后禁止使用）。

（10）ZH15隔绝式化学氧自救器（2013年6月底后禁止使用）。

（11）一氧化碳过滤式自救器（发布之日起1年后禁止使用）。

（12）电动锚杆钻机（发布之日起1年后禁止使用）。

（13）支腿式电动凿岩机（发布之日起1年后禁止使用）。

（14）煤矿用滑片式空气压缩机（发布之日起1年后禁止使用）。

（15）干式混凝土喷射机（发布之日起1年后禁止使用）。

（16）钴酸锂离子蓄电池（发布之日起1年后禁止使用）。

（17）单体支柱放顶煤（不包括悬移和滑移支架放顶煤）开采工艺（发布之日起1年后禁止使用）。

【相应处罚】

《特别规定》第十条第一款：煤矿有本规定第八条第二款所列情形之一，仍然进行生产的，由县级以上地方人民政府负责煤矿安全生产监督管理的部门或者煤矿安全监察机构责令停产整顿，提出整顿的内容、时间等具体要求，处50万元以上200万元以下的罚款；对煤矿企业负责人处3万元以上15万元以下的罚款。

十、防尘管理

1. 煤尘爆炸性

【体检内容】

具备鉴定条件的各开采煤层应进行鉴定，符合《煤矿安全规程》第一百八十五条规定。

根据开采煤层的煤尘爆炸性鉴定结果采取相应的预防和隔绝煤尘爆炸措施符合《煤矿安全规程》第一百八十六条、第一百八十七条、第一百八十八条规定。

【法规依据】

《煤矿安全规程》

第一百八十五条　新建矿井或者生产矿井每延深一个新水平，应当进行 1 次煤尘爆炸性鉴定工作，鉴定结果必须报省级煤炭行业管理部门和煤矿安全监察机构。

煤矿企业应当根据鉴定结果采取相应的安全措施。

第一百八十六条　开采有煤尘爆炸危险煤层的矿井，必须有预防和隔绝煤尘爆炸的措施。矿井的两翼、相邻的采区、相邻的煤层、相邻的采煤工作面间，掘进煤巷同与其相连的巷道间，煤仓同与其相连的巷道间，采用独立通风并有煤尘爆炸危险的其他地点同与其相连的巷道间，必须用水棚或者岩粉棚隔开。

必须及时清除巷道中的浮煤，清扫、冲洗沉积煤尘或者定期撒布岩粉；应当定期对主要大巷刷浆。

第一百八十七条　矿井应当每年制定综合防尘措施、预防和隔绝煤尘爆炸措施及管理制度，并组织实施。

矿井应当每周至少检查 1 次隔爆设施的安装地点、数量、水量或者岩粉量及安装质量是否符合要求。

第一百八十八条　高瓦斯矿井、突出矿井和有煤尘爆炸危险的矿井，煤巷和半煤岩巷掘进工作面应当安设隔爆设施。

【相应处罚】

《安全生产违法行为行政处罚办法》第四十五条第一项：违反操作规程或者安全管理规定作业的，给予警告，并可以对生产经营单位处 1 万元以上 3 万元以下罚款，对其主要负责人、其他有关人员处 1000 元以上 1 万元以下的罚款。

2. 防尘设施

【体检内容】

消防水池设置、洒水、降尘设施等符合《煤矿安全规程》第六百四十四条、第六百四十八条、第六百四十九条、第六百五十二条规定。

【法规依据】

《煤矿安全规程》

第六百四十四条　矿井必须建立消防防尘供水系统，并遵守下列规定：

（一）应当在地面建永久性消防防尘储水池，储水池必须经常保持不少于

200 m^3 的水量。备用水池贮水量不得小于储水池的一半。

（二）防尘用水水质悬浮物的含量不得超过 30 mg/L，粒径不大于 0.3 mm，水的 pH 值在 6~9 范围内，水的碳酸盐硬度不超过 3 mmol/L。

（三）没有防尘供水管路的采掘工作面不得生产。主要运输巷、带式输送机斜井与平巷、上山与下山、采区运输巷与回风巷、采煤工作面运输巷与回风巷、掘进巷道、煤仓放煤口、溜煤眼放煤口、卸载点等地点必须敷设防尘供水管路，并安设支管和阀门。防尘用水应当过滤。水采矿井不受此限。

第六百四十八条　井工煤矿采煤工作面回风巷应当安设风流净化水幕。

第六百四十九条　井工煤矿掘进井巷和硐室时，必须采取湿式钻眼、冲洗井壁巷帮、水炮泥、爆破喷雾、装岩（煤）洒水和净化风流等综合防尘措施。

第六百五十二条　井下煤仓（溜煤眼）放煤口、输送机转载点和卸载点，以及地面筛分厂、破碎车间、带式输送机走廊、转载点等地点，必须安设喷雾装置或者除尘器，作业时进行喷雾降尘或者用除尘器除尘。

【相应处罚】

《安全生产违法行为行政处罚办法》第四十五条第一项：违反操作规程或者安全管理规定作业的，给予警告，并可以对生产经营单位处 1 万元以上 3 万元以下罚款，对其主要负责人、其他有关人员处 1000 元以上 1 万元以下的罚款。

3. 防尘措施

【体检内容】

制定综合防尘措施和管理制度，并组织实施，符合《煤矿安全规程》第一百八十七条规定。

采、掘、运主要地点粉尘检测制度健全，效果应满足要求，符合《煤矿安全规程》第六百四十条、第六百四十二条规定。

煤层注水符合《煤矿安全规程》第六百四十五条规定。

采掘机喷雾、支架喷雾等防尘措施齐全，符合《煤矿安全规程》第六百四十七条、第六百五十条规定。

【法规依据】

《煤矿安全规程》

第一百八十七条　矿井应当每年制定综合防尘措施、预防和隔绝煤尘爆炸措施及管理制度，并组织实施。

矿井应当每周至少检查 1 次隔爆设施的安装地点、数量、水量或者岩粉量及安装质量是否符合要求。

第六百四十条　作业场所空气中粉尘（总粉尘、呼吸性粉尘）浓度应当符合表 25 的要求。不符合要求的，应当采取有效措施。

表 25　作业场所空气中粉尘浓度要求

粉尘种类	游离 SiO_2 含量/%	时间加权平均容许浓度/($mg \cdot m^{-3}$)	
		总尘	呼尘
煤尘	＜10	4	2.5
矽尘	10～50	1	0.7
	50～80	0.7	0.3
	≥80	0.5	0.2
水泥尘	＜10	4	1.5

注：时间加权平均容许浓度是以时间加权数规定的 8 h 工作日、40 h 工作周的平均容许接触浓度。

第六百四十二条　煤矿必须对生产性粉尘进行监测，并遵守下列规定：

（一）总粉尘浓度，井工煤矿每月测定 2 次；露天煤矿每月测定 1 次。粉尘分散度每 6 个月测定 1 次。

（二）呼吸性粉尘浓度每月测定 1 次。

（三）粉尘中游离 SiO_2 含量每 6 个月测定 1 次，在变更工作面时也必须测定 1 次。

（四）开采深度大于 200 m 的露天煤矿，在气压较低的季节应当适当增加测定次数。

第六百四十五条　井工煤矿采煤工作面应当采取煤层注水防尘措施，有下列情况之一的除外：

（一）围岩有严重吸水膨胀性质，注水后易造成顶板垮塌或者底板变形；地质情况复杂、顶板破坏严重，注水后影响采煤安全的煤层。

（二）注水后会影响采煤安全或者造成劳动条件恶化的薄煤层。

（三）原有自然水分或者防灭火灌浆后水分大于 4% 的煤层。

（四）孔隙率小于 4% 的煤层。

（五）煤层松软、破碎，打钻孔时易塌孔、难成孔的煤层。

（六）采用下行垮落法开采近距离煤层群或者分层开采厚煤层，上层或者上分层的采空区采取灌水防尘措施时的下一层或者下一分层。

第六百四十七条　采煤机必须安装内、外喷雾装置。割煤时必须喷雾降尘，内喷雾工作压力不得小于 2 MPa，外喷雾工作压力不得小于 4 MPa，喷雾流量应当与机型相匹配。无水或者喷雾装置不能正常使用时必须停机；液压支架和放顶煤工作面的放煤口，必须安装喷雾装置，降柱、移架或者放煤时同步喷雾。破碎机必须安装防尘罩和喷雾装置或者除尘器。

第六百五十条　井工煤矿掘进机作业时，应当采用内、外喷雾及通风除尘等综合措施。掘进机无水或者喷雾装置不能正常使用时，必须停机。

【相应处罚】

《安全生产违法行为行政处罚办法》第四十五条第一项：违反操作规程或者安全管理规定作业的，给予警告，并可以对生产经营单位处1万元以上3万元以下罚款，对其主要负责人、其他有关人员处1000元以上1万元以下的罚款。

十一、顶板管理（冲击地压）

1. 采掘工作面支护

【体检内容】

采掘工作面支护结合实际进行设计（过地质构造带、破碎带、应力集中区是否有加强设计）并按设计实施，符合《煤矿安全规程》第一百零一条、第一百零二条、第一百零六条规定。

【法规依据】

《煤矿安全规程》

第一百零一条　采煤工作面必须及时支护，严禁空顶作业。所有支架必须架设牢固，并有防倒措施。严禁在浮煤或者浮矸上架设支架。单体液压支柱的初撑力，柱径为100 mm的不得小于90 kN，柱径为80 mm的不得小于60 kN。对于软岩条件下初撑力确实达不到要求的，在制定措施、满足安全的条件下，必须经矿总工程师审批。严禁在控顶区域内提前摘柱。碰倒或者损坏、失效的支柱，必须立即恢复或者更换。移动输送机机头、机尾需要拆除附近的支架时，必须先架好临时支架。

采煤工作面遇顶底板松软或者破碎、过断层、过老空区、过煤柱或者冒顶区，以及托伪顶开采时，必须制定安全措施。

第一百零二条　采用锚杆、锚索、锚喷、锚网喷等支护形式时，应当遵守下列规定：

（一）锚杆（索）的形式、规格、安设角度，混凝土强度等级、喷体厚度，挂网规格、搭接方式，以及围岩涌水的处理等，必须在施工组织设计或者作业规程中明确。

（二）采用钻爆法掘进的岩石巷道，应当采用光面爆破。打锚杆眼前，必须采取敲帮问顶等措施。

（三）锚杆拉拔力、锚索预紧力必须符合设计。煤巷、半煤岩巷支护必须进行顶板离层监测，并将监测结果记录在牌板上。对喷体必须做厚度和强度检查并形成检查记录。在井下做锚固力试验时，必须有安全措施。

（四）遇顶板破碎、淋水，过断层、老空区、高应力区等情况时，应加强支护。

第一百零六条　采煤工作面采用密集支柱切顶时，两段密集支柱之间必须留有宽 0.5 m 以上的出口，出口间的距离和新密集支柱超前的距离必须在作业规程中明确规定。采煤工作面无密集支柱切顶时，必须有防止工作面冒顶和矸石窜入工作面的措施。

【相应处罚】

《安全生产违法行为行政处罚办法》第四十五条第一项：违反操作规程或者安全管理规定作业的，给予警告，并可以对生产经营单位处 1 万元以上 3 万元以下罚款，对其主要负责人、其他有关人员处 1000 元以上 1 万元以下的罚款。

2. 掘进工作面顶板

【体检内容】

采用锚、网、喷等主动支护的巷道安设顶板离层仪等矿压观测仪器，符合《煤矿安全规程》第一百零二条规定。

【法规依据】

《煤矿安全规程》

第一百零二条　采用锚杆、锚索、锚喷、锚网喷等支护形式时，应当遵守下列规定：

（一）锚杆（索）的形式、规格、安设角度，混凝土强度等级、喷体厚度，挂网规格、搭接方式，以及围岩涌水的处理等，必须在施工组织设计或者作业规程中明确。

（二）采用钻爆法掘进的岩石巷道，应当采用光面爆破。打锚杆眼前，必须采取敲帮问顶等措施。

（三）锚杆拉拔力、锚索预紧力必须符合设计。煤巷、半煤岩巷支护必须进行顶板离层监测，并将监测结果记录在牌板上。对喷体必须做厚度和强度检查并形成检查记录。在井下做锚固力试验时，必须有安全措施。

（四）遇顶板破碎、淋水，过断层、老空区、高应力区等情况时，应加强支护。

【相应处罚】

《安全生产违法行为行政处罚办法》第四十五条第一项：违反操作规程或者安全管理规定作业的，给予警告，并可以对生产经营单位处 1 万元以上 3 万元以下罚款，对其主要负责人、其他有关人员处 1000 元以上 1 万元以下的罚款。

3. 采煤工作面顶板

【体检内容】

采煤工作面顶板悬顶面积超过规定时采取措施进行处理，符合《煤矿安全规程》第九十八条规定。

【法规依据】

《煤矿安全规程》

第九十八条　采煤工作面不得任意留顶煤和底煤，伞檐不得超过作业规程的规定。采煤工作面的浮煤应当清理干净。

第一百零五条　采煤工作面用垮落法管理顶板时，必须及时放顶。顶板不垮落、悬顶距离超过作业规程规定的，必须停止采煤，采取人工强制放顶或者其他措施进行处理。

放顶的方法和安全措施，放顶与爆破、机械落煤等工序平行作业的安全距离，放顶区内支架、支柱等的回收方法，必须在作业规程中明确规定。

放顶人员必须站在支架完整，无崩绳、崩柱、甩钩、断绳抽人等危险的安全地点工作。

回柱放顶前，必须对放顶的安全工作进行全面检查，清理好退路。回柱放顶时，必须指定有经验的人员观察顶板。

采煤工作面初次放顶及收尾时，必须制定安全措施。

【相应处罚】

《安全生产违法行为行政处罚办法》第四十五条第一项：违反操作规程或者安全管理规定作业的，给予警告，并可以对生产经营单位处 1 万元以上 3 万元以下罚款，对其主要负责人、其他有关人员处 1000 元以上 1 万元以下的罚款。

4. 冲击地压

【体检内容】

开采有冲击倾向性的煤层，按规定进行冲击危险性评价并按规定采取有效的综合性防冲措施，符合《煤矿安全规程》第二百二十七条、第二百二十八条规定。

【法规依据】

《煤矿安全规程》

第二百二十七条　开采具有冲击倾向性的煤层，必须进行冲击危险性评价。

第二百二十八条　矿井防治冲击地压（以下简称防冲）工作应当遵守下列规定：

（一）设专门的机构与人员。

（二）坚持“区域先行、局部跟进”的防冲原则。

（三）必须编制中长期防冲规划与年度防冲计划，采掘工作面作业规程中必须包括防冲专项措施。

（四）开采冲击地压煤层时，必须采取冲击危险性预测、监测预警、防范治理、效果检验、安全防护等综合性防治措施。

（五）必须建立防冲培训制度。

【相应处罚】

《特别规定》第十条第一款：煤矿有本规定第八条第二款所列情形之一，仍然进行生产的，由县级以上地方人民政府负责煤矿安全生产监督管理的部门或者煤矿安全监察机构责令停产整顿，提出整顿的内容、时间等具体要求，处50万元以上200万元以下的罚款；对煤矿企业负责人处3万元以上15万元以下的罚款。

十二、机电运输

1. 供电电源

【体检内容】

供电电源应当符合《煤矿安全规程》第四百三十六条、第四百三十七条及《煤炭工业矿井设计规范》12.2.1规定。

对井下各水平中央变（配）电所和采（盘）区变（配）电所、主排水泵房和下山开采的采区排水泵房供电线路、主要通风机、提升人员的提升机、抽采瓦斯泵、地面安全监控中心等主要设备房、向突出矿井自救系统供风的压风机、井下移动瓦斯抽采泵供电线路应符合《煤矿安全规程》第四百三十八条规定。井下配电变压器中性点不直接接地。由地面中性点直接接地的变压器或者发电机不直接向井下供电。

井下各级配电电压和各种电气设备的额定电压等级，符合《煤矿安全规程》第四百四十五条、第四百四十六条规定。

井下供电系统过流、漏电、接地三大保护符合《煤矿安全规程》第四百五十一条、第四百七十五条、第四百七十六条、第四百七十七条规定。

【法规依据】

1）《煤矿安全规程》

第四百三十六条　矿井应当有两回路电源线路（即来自两个不同变电站或者来自不同电源进线的同一变电站的两段母线）。当任一回路发生故障停止供电时，另一回路应当担负矿井全部用电负荷。区域内不具备两回路供电条件的矿井采用单回路供电时，应当报安全生产许可证的发放部门审查。采用单回路供电时，必须有备用电源。备用电源的容量必须满足通风、排水、提升等要求，并保证主要通风机等在10 min内可靠启动和运行。备用电源应当有专人负责管理和维护，每10天至少进行一次启动和运行试验，试验期间不得影响矿井通风等，试验记录要存档备查。

矿井的两回路电源线路上都不得分接任何负荷。

正常情况下，矿井电源应当采用分列运行方式。若一回路运行，另一回路必须带电备用。带电备用电源的变压器可以热备用；若冷备用，备用电源必须能及时投入，保证主要通风机在 10 min 内启动和运行。

10 kV 及以下的矿井架空电源线路不得共杆架设。

矿井电源线路上严禁装设负荷定量器等各种限电断电装置。

第四百三十七条　矿井供电电能质量应当符合国家有关规定；电力电子设备或者变流设备的电磁兼容性应当符合国家标准、规范要求。

电气设备不应超过额定值运行。

第四百三十八条　对井下各水平中央变（配）电所和采（盘）区变（配）电所、主排水泵房和下山开采的采区排水泵房供电线路，不得少于两回路。当任一回路停止供电时，其余回路应当承担全部用电负荷。向局部通风机供电的井下变（配）电所应当采用分列运行方式。

主要通风机、提升人员的提升机、抽采瓦斯泵、地面安全监控中心等主要设备房，应当各有两回路直接由变（配）电所馈出的供电线路；受条件限制时，其中的一回路可引自上述设备房的配电装置。

向突出矿井自救系统供风的压风机、井下移动瓦斯抽采泵应当各有两回路直接由变（配）电所馈出的供电线路。

本条上述供电线路应当来自各自的变压器或者母线段，线路上不应分接任何负荷。

本条上述设备的控制回路和辅助设备，必须有与主要设备同等可靠的备用电源。向采区供电的同一电源线路上，串接的采区变电所数量不得超过 3 个。

第四百四十五条　井下各级配电电压和各种电气设备的额定电压等级，应当符合下列要求：

（一）高压不超过 10000 V。

（二）低压不超过 1140 V。

（三）照明和手持式电气设备的供电额定电压不超过 127 V。

（四）远距离控制线路的额定电压不超过 36 V。

（五）采掘工作面用电设备电压超过 3300 V 时，必须制定专门的安全措施。

第四百四十六条　井下配电系统同时存在 2 种或者 2 种以上电压时，配电设备上应当明显地标出其电压额定值。

第四百五十一条　井下高压电动机、动力变压器的高压控制设备，应当具有短路、过负荷、接地和欠压释放保护。井下由采区变电所、移动变电站或者配电点引出的馈电线上，必须具有短路、过负荷和漏电保护。低压电动机的控制设备，必须具备短路、过负荷、单相断线、漏电闭锁保护及远程控制功能。

第四百七十五条　电压在 36 V 以上和由于绝缘损坏可能带有危险电压的电气设备的金属外壳、构架，铠装电缆的钢带（钢丝）、铅皮（屏蔽护套）等必须有保护接地。

第四百七十六条　任一组主接地极断开时，井下总接地网上任一保护接地点的接地电阻值，不得超过 2 Ω。每一移动式和手持式电气设备至局部接地极之间的保护接地用的电缆芯线和接地连接导线的电阻值，不得超过 1 Ω。

第四百七十七条　所有电气设备的保护接地装置（包括电缆的铠装、铅皮、接地芯线）和局部接地装置，应当与主接地极连接成 1 个总接地网。主接地极应当在主、副水仓中各埋设 1 块。

主接地极应当用耐腐蚀的钢板制成，副水仓中各埋设 1 块。主接地极应当用耐腐蚀的钢板制成，其面积不得小于 0.75 m^2、厚度不得小于 5 mm。

在钻孔中敷设的电缆和地面直接分区供电的电缆，不能与井下主接地极连接时，应当单独形成分区总接地网，其接地电阻值不得超过 2 Ω。

2）《煤炭工业矿井设计规范》

12.2.1　在确定矿井供电电源时，应以矿区总体规划和地区电力系统规划为依据；应在结合地区电力系统现状并与电力部门进行协商的基础上，选取矿井供电电源点和供电电压。矿井供电电源宜取自地区公共电力网的变电所、矿区变电所；有条件时可从煤电联营的发电厂或矿区（矿山）自备发电厂获取电源；当难以从地区公共电力网的变电所、矿区变电所或发电厂取得电源时，亦可从邻近企业的变电所取得电源。

【相应处罚】

《煤矿企业安全生产许可证实施办法》第三十八条：安全生产许可证颁发管理机关应当加强对取得安全生产许可证的煤矿企业的监督检查，发现其不再具备本实施办法规定的安全生产条件的，应当责令限期整改，依法暂扣安全生产许可证；经整改仍不具备本实施办法规定的安全生产条件的，依法吊销安全生产许可证。

《安全生产违法行为行政处罚办法》第四十五条第一项：违反操作规程或者安全管理规定作业的，给予警告，并可以对生产经营单位处 1 万元以上 3 万元以下罚款，对其主要负责人、其他有关人员处 1000 元以上 1 万元以下的罚款。

2. 电气信号

【体检内容】

矿井中的电气信号，除信号集中闭塞外能同时发声和发光。重要信号装置附近，标明信号的种类和用途。

升降人员和主要井口绞车的信号装置的直接供电线路上，不分接其他负荷。

井下照明和信号的配电装置，具有短路、过负荷和漏电保护的照明信号综合保护功能。

【法规依据】

《煤矿安全规程》

第四百七十三条　电气信号应当符合下列要求：

（一）矿井中的电气信号，除信号集中闭塞外应当能同时发声和发光。重要信号装置附近，应当标明信号的种类和用途。

（二）升降人员和主要井口绞车的信号装置的直接供电线路上，严禁分接其他负荷。

第四百七十四条　井下照明和信号的配电装置，应当具有短路、过负荷和漏电保护的照明信号综合保护功能。

【相应处罚】

《煤矿企业安全生产许可证实施办法》第三十八条：安全生产许可证颁发管理机关应当加强对取得安全生产许可证的煤矿企业的监督检查，发现其不再具备本实施办法规定的安全生产条件的，应当责令限期整改，依法暂扣安全生产许可证；经整改仍不具备本实施办法规定的安全生产条件的，依法吊销安全生产许可证。

《安全生产违法行为行政处罚办法》第四十五条第一项：违反操作规程或者安全管理规定作业的，给予警告，并可以对生产经营单位处1万元以上3万元以下罚款，对其主要负责人、其他有关人员处1000元以上1万元以下的罚款。

3. 防雷

【体检内容】

井上、下必须装设防雷电装置，符合《煤矿安全规程》第四百五十五条规定。

【法规依据】

《煤矿安全规程》

第四百五十五条　井上、下必须装设防雷电装置，并遵守下列规定：

（一）经由地面架空线路引入井下的供电线路和电机车架线，必须在入井处装设防雷电装置。

（二）由地面直接入井的轨道、金属架构及露天架空引入（出）井的管路，必须在井口附近对金属体设置不少于2处的良好的集中接地。

【相应处罚】

《煤矿企业安全生产许可证实施办法》第三十八条：安全生产许可证颁发管理机关应当加强对取得安全生产许可证的煤矿企业的监督检查，发现其不再具备本实施办法规定的安全生产条件的，应当责令限期整改，依法暂扣安全生产许可证；经整改仍不具备本实施办法规定的安全生产条件的，依法吊销安全生产许可证。

《安全生产违法行为行政处罚办法》第四十五条第一项：违反操作规程或者安全管理规定作业的，给予警告，并可以对生产经营单位处 1 万元以上 3 万元以下罚款，对其主要负责人、其他有关人员处 1000 元以上 1 万元以下的罚款。

4. 设备设施检查维修制度建立及落实

【体检内容】

建立各种设备、设施检查维修制度必须符合《煤矿安全规程》第四条规定。

对提升系统、主要通风机、主排水泵、空气压缩机、井下带式输送机等安全设备的维护保养符合《安全生产法》第三十三条规定。

【法规依据】

1)《煤矿安全规程》

第四条　从事煤炭生产与煤矿建设的企业（以下统称煤矿企业）必须遵守国家有关安全生产的法律、法规、规章、规程、标准和技术规范。

煤矿企业必须加强安全生产管理，建立健全各级负责人、各部门、各岗位安全生产与职业病危害防治责任制。

煤矿企业必须建立健全安全生产与职业病危害防治目标管理、投入、奖惩、技术措施审批、培训、办公会议制度，安全检查制度，事故隐患排查、治理、报告制度，事故报告与责任追究制度等。

煤矿企业必须建立各种设备、设施检查维修制度，定期进行检查维修，并做好记录。

煤矿必须制定本单位的作业规程和操作规程。

2)《安全生产法》

第三十三条　安全设备的设计、制造、安装、使用、检测、维修、改造和报废，应当符合国家标准或者行业标准。

生产经营单位必须对安全设备进行经常性维护、保养，并定期检测，保证正常运转。维护、保养、检测应当作好记录，并由有关人员签字。

【相应处罚】

《煤矿安全监察行政处罚办法》第十二条　煤矿企业的机电设备、安全仪器，未按照下列规定操作、检查、维修和建立档案的，责令改正，可以并处 2 万元以下的罚款：

（一）未定期对机电设备及其防护装置、安全检测仪器检查、维修和建立技术档案的；

（二）非负责设备运行人员操作设备的；

（三）非值班电气人员进行电气作业的；

（四）操作电气设备的人员，没有可靠的绝缘保护和检修电气设备带电作业的。

《安全生产法》第九十六条第二、三项：安全设备的安装、使用、检测、改造和报废不符合国家标准或者行业标准的，未对安全设备进行经常性维护、保养和定期检测的，责令限期改正，可以处五万元以下的罚款；逾期未改正的，处五万元以上二十万元以下的罚款，对其直接负责的主管人员和其他直接责任人员处一万元以上二万元以下的罚款；情节严重的，责令停产停业整顿；构成犯罪的，依照刑法有关规定追究刑事责任。

5. 电气设备选型

【体检内容】

选用产品的安全标志必须符合《煤矿安全规程》第十条规定。

井下电气设备选型必须符合《煤矿安全规程》第四百四十一条规定。

防爆电气设备证件及性能应当符合《煤矿安全规程》第四百四十八条规定。

【法规依据】

《煤矿安全规程》

第十条　煤矿使用的纳入安全标志管理的产品，必须取得煤矿矿用产品安全标志。未取得煤矿矿用产品安全标志的，不得使用。

试验涉及安全生产的新技术、新工艺必须经过论证并制定安全措施；新设备、新材料必须经过安全性能检验，取得产品工业性试验安全标志。

严禁使用国家明令禁止使用或者淘汰的危及生产安全和可能产生职业病危害的技术、工艺、材料和设备。

第四百四十一条　选用井下电气设备必须符合表16的要求。

表16　井下电气设备选型

<table>
<tr><th rowspan="3">设备类别</th><th rowspan="3">突出矿井和瓦斯喷出区域</th><th colspan="5">高瓦斯矿井、低瓦斯矿井</th></tr>
<tr><th colspan="2">井底车场、中央变电所、总进风巷和主要进风巷</th><th rowspan="2">翻车机硐室</th><th rowspan="2">采区进风巷</th><th rowspan="2">总回风巷、主要回风巷、采区回风巷、采掘工作面和工作面进、回风巷</th></tr>
<tr><th>低瓦斯矿井</th><th>高瓦斯矿井</th></tr>
<tr><td>1. 高低压电机和电气设备</td><td>矿用防爆型（增安型除外）</td><td colspan="2">矿用一般型</td><td>矿用一般型</td><td>矿用防爆型</td><td>矿用防爆型</td></tr>
</table>

表16(续)

<table>
<tr><th rowspan="3">设备类别</th><th rowspan="3">突出矿井和瓦斯喷出区域</th><th colspan="5">高瓦斯矿井、低瓦斯矿井</th></tr>
<tr><th colspan="2">井底车场、中央变电所、总进风巷和主要进风巷</th><th rowspan="2">翻车机硐室</th><th rowspan="2">采区进风巷</th><th rowspan="2">总回风巷、主要回风巷、采区回风巷、采掘工作面和工作面进、回风巷</th></tr>
<tr><th>低瓦斯矿井</th><th>高瓦斯矿井</th></tr>
<tr><td>2. 照明灯具</td><td>矿用防爆型（增安型除外）</td><td colspan="2">矿用一般型</td><td>矿用防爆型</td><td>矿用防爆型</td><td>矿用防爆型</td></tr>
<tr><td>3. 通信、自动控制的仪表、仪器</td><td>矿用防爆型（增安型除外）</td><td colspan="2">矿用一般型</td><td>矿用防爆型</td><td>矿用防爆型</td><td>矿用防爆型</td></tr>
</table>

注：1. 使用架线电机车运输的巷道中及沿巷道的机电设备硐室内可以采用矿用一般型电气设备（包括照明灯具、通信、自动控制的仪表、仪器）。

2. 突出矿井井底车场的主泵房内，可以使用矿用增安型电动机。

3. 突出矿井应当采用本安型矿灯。

4. 远距离传输的监测监控、通信信号应当采用本安型，动力载波信号除外。

5. 在爆炸性环境中使用的设备应当采用 EPLMa 保护级别。非煤矿专用的便携式电气测量仪表，必须在甲烷浓度 1.0% 以下的地点使用，并实时监测使用环境的甲烷浓度。

第四百四十八条　防爆电气设备到矿验收时，应当检查产品合格证、煤矿矿用产品安全标志，并核查与安全标志审核的一致性。入井前，应当进行防爆检查，签发合格证后方准入井。

【相应处罚】

《安全生产法》第九十六条第一、二、三项：生产经营单位有下列行为之一的，责令限期改正，可以处五万元以下的罚款；逾期未改正的，处五万元以上二十万元以下的罚款，对其直接负责的主管人员和其他直接责任人员处一万元以上二万元以下的罚款；情节严重的，责令停产停业整顿；构成犯罪的，依照刑法有关规定追究刑事责任：

（一）未在有较大危险因素的生产经营场所和有关设施、设备上设置明显的安全警示标志的；

（二）安全设备的安装、使用、检测、改造和报废不符合国家标准或者行业标准的；

（三）未对安全设备进行经常性维护、保养和定期检测的；

《煤矿企业安全生产许可证实施办法》第三十八条　安全生产许可证颁发管理机关应当加强对取得安全生产许可证的煤矿企业的监督检查，发现其不再具备本实施办法规定的安全生产条件的，应当责令限期整改，依法暂扣安全生产许可证；经整改仍不具备本实施办法规定的安全生产条件的，依法吊销安全生产许可证。

《安全生产违法行为行政处罚办法》第四十五条第一项：违反操作规程或者安全管理规定作业的，给予警告，并可以对生产经营单位处1万元以上3万元以下罚款，对其主要负责人、其他有关人员处1000元以上1万元以下的罚款。

6. 检测检验

【体检内容】

主要通风机、提升人员的提升机、主排水泵、空气压缩机等重要装备的检测检验符合《煤矿在用主通风机系统安全检测检验规范》（AQ 1011—2005）、《煤矿在用摩擦式提升机系统安全检测检验规范》（AQ 1014—2005）、《煤矿在用缠绕式提升机系统安全检测检验规范》（AQ 1015—2005）、《煤矿在用主排水系统安全检测检验规范》（AQ 1012—2005）、《煤矿在用空气压缩机安全检测检验规范》（AQ 1013—2005）。

【法规依据】

《煤矿在用主通风机系统安全检测检验规范》（AQ 1011—2005）、《煤矿在用摩擦式提升机系统安全检测检验规范》（AQ 1014—2005）、《煤矿在用缠绕式提升机系统安全检测检验规范》（AQ 1015—2005）、《煤矿在用主排水系统安全检测检验规范》（AQ 1012—2005）、《煤矿在用空气压缩机安全检测检验规范》（AQ 1013—2005）。

【相应处罚】

《安全生产法》第九十六条第三项：未对安全设备进行经常性维护、保养和定期检测的，责令限期改正，可以处五万元以下的罚款；逾期未改正的，处五万元以上二十万元以下的罚款，对其直接负责的主管人员和其他直接责任人员处一万元以上二万元以下的罚款；情节严重的，责令停产停业整顿；构成犯罪的，依照刑法有关规定追究刑事责任。

7. 提升装置安全保护

【体检内容】

提升装置安全保护的装设符合《煤矿安全规程》第四百二十三条规定。

提升机的提升容器位置指示器、减速声光示警装置，设置机械制动和电气制动装置，符合《煤矿安全规程》第四百二十四条规定。

专门升降人员及混合提升的系统每年进行1次性能检测，其他提升系统每3年进行1次性能检测。

【法规依据】

《煤矿安全规程》

第四百二十三条　提升装置必须按下列要求装设安全保护：

（一）过卷和过放保护：当提升容器超过正常终端停止位置或者出车平台0.5 m时，必须能自动断电，且使制动器实施安全制动。

（二）超速保护：当提升速度超过最大速度15%时，必须能自动断电，且使制动器实施安全制动。

（三）过负荷和欠电压保护。

（四）限速保护：提升速度超过3 m/s的提升机应当装设限速保护，以保证提升容器或者平衡锤到达终端位置时的速度不超过2 m/s。当减速段速度超过设定值的10%时，必须能自动断电，且使制动器实施安全制动。

（五）提升容器位置指示保护：当位置指示失效时，能自动断电，且使制动器实施安全制动。

（六）闸瓦间隙保护：当闸瓦间隙超过规定值时，能报警并闭锁下次开车。

（七）松绳保护：缠绕式提升机应当设置松绳保护装置并接入安全回路或者报警回路。箕斗提升时，松绳保护装置动作后，严禁受煤仓放煤。

（八）仓位超限保护：箕斗提升的井口煤仓仓位超限时，能报警并闭锁开车。

（九）减速功能保护：当提升容器或者平衡锤到达设计减速点时，能示警并开始减速。

（十）错向运行保护：当发生错向时，能自动断电，且使制动器实施安全制动。过卷保护、超速保护、限速保护和减速功能保护应当设置为相互独立的双线型式。缠绕式提升机应当加设定车装置。

第四百二十四条　提升机必须装设可靠的提升容器位置指示器、减速声光示警装置，必须设置机械制动和电气制动装置。严禁司机擅自离开工作岗位。

第四百二十九条　新安装的矿井提升机，必须验收合格后方可投入运行。专门升降人员及混合提升的系统应当每年进行1次性能检测，其他提升系统每3年进行1次性能检测，检测合格后方可继续使用。

【相应处罚】

《安全生产法》第九十六条第二、三项：安全设备的安装、使用、检测、改造和报废不符合国家标准或者行业标准的，未对安全设备进行经常性维护、保养和定期检测的，责令限期改正，可以处五万元以下的罚款；逾期未改正的，处五万元以上二十万元以下的罚款，对其直接负责的主管人员和其他直接责任人员处一万元以上二万元以下的罚款；情节严重的，责令停产停业整顿；构成犯罪的，依照刑法有关规定追究刑事责任。

8. 斜巷运输

【体检内容】

生产矿井在用的普通轨斜井人车运输，符合《煤矿安全规程》第三百八十四条规定。

倾斜井巷内使用串车提升时，符合《煤矿安全规程》第三百八十七条规定。

倾斜井巷使用提升机或者绞车提升时，符合《煤矿安全规程》第三百八十八条、第四百零三条、第四百零四条规定。

【法规依据】

《煤矿安全规程》

第三百八十四条　新建、扩建矿井严禁采用普通轨斜井人车运输。

生产矿井在用的普通轨斜井人车运输，必须遵守下列规定：

（一）车辆必须设置可靠的制动装置。断绳时，制动装置既能自动发生作用，也能人工操纵。

（二）必须设置使跟车工在运行途中任何地点都能发送紧急停车信号的装置。

（三）多水平运输时，从各水平发出的信号必须有区别。

（四）人员上下地点应当悬挂信号牌。任一区段行车时，各水平必须有信号显示。

（五）应当有跟车工，跟车工必须坐在设有手动制动装置把手的位置。

（六）每班运送人员前，必须检查人车的连接装置、保险链和制动装置，并先空载运行一次。

第三百八十七条　倾斜井巷内使用串车提升时，必须遵守下列规定：

（一）在倾斜井巷内安设能够将运行中断绳、脱钩的车辆阻止住的跑车防护装置。

（二）在各车场安设能够防止带绳车辆误入非运行车场或者区段的阻车器。

（三）在上部平车场入口安设能够控制车辆进入摘挂钩地点的阻车器。

（四）在上部平车场接近变坡点处，安设能够阻止未连挂的车辆滑入斜巷的阻车器。

（五）在变坡点下方略大于1列车长度的地点，设置能够防止未连挂的车辆继续往下跑车的挡车栏。上述挡车装置必须经常关闭，放车时方准打开。兼作行驶人车的倾斜井巷，在提升人员时，倾斜井巷中的挡车装置和跑车防护装置必须是常开状态并闭锁。

第三百八十八条　倾斜井巷使用提升机或者绞车提升时，必须遵守下列规定：

（一）采取轨道防滑措施。

（二）按设计要求设置托绳轮（辊），并保持转动灵活。

（三）井巷上端的过卷距离，应当根据巷道倾角、设计载荷、最大提升速度和实际制动力等参量计算确定，并有1.5倍的备用系数。

（四）串车提升的各车场设有信号硐室及躲避硐；运人斜井各车场设有信号和候车硐室，候车硐室具有足够的空间。

（五）提升信号参照本规程第四百零三条和第四百零四条规定。

（六）运送物料时，开车前把钩工必须检查牵引车数、各车的连接和装载情况。牵引车数超过规定，连接不良，或者装载物料超重、超高、超宽或者偏载严重有翻车危险时，严禁发出开车信号。

（七）提升时严禁蹬钩、行人。

第四百零三条　每一提升装置，必须装有从井底信号工发给井口信号工和从井口信号工发给司机的信号装置。井口信号装置必须与提升机的控制回路相闭锁，只有在井口信号工发出信号后，提升机才能启动。除常用的信号装置外，还必须有备用信号装置。井底车场与井口之间、井口与司机操控台之间，除有上述信号装置外，还必须装设直通电话。

1套提升装置服务多个水平时，从各水平发出的信号必须有区别。

第四百零四条　井底车场的信号必须经由井口信号工转发，不得越过井口信号工直接向提升机司机发送开车信号；但有下列情况之一时，不受此限：

（一）发送紧急停车信号。

（二）箕斗提升。

（三）单容器提升。

（四）井上下信号联锁的自动化提升系统。

【相应处罚】

《安全生产法》第九十六条第二、三项：安全设备的安装、使用、检测、改造和报废不符合国家标准或者行业标准的，未对安全设备进行经常性维护、保养和定期检测的，责令限期改正，可以处五万元以下的罚款；逾期未改正的，处五万元以上二十万元以下的罚款，对其直接负责的主管人员和其他直接责任人员处一万元以上二万元以下的罚款；情节严重的，责令停产停业整顿；构成犯罪的，依照刑法有关规定追究刑事责任。

《安全生产违法行为行政处罚办法》第四十五条第一项：违反操作规程或者安全管理规定作业的，给予警告，并可以对生产经营单位处1万元以上3万元以下罚款，对其主要负责人、其他有关人员处1000元以上1万元以下的罚款。

9. 空气压缩设备保护

【体检内容】

空气压缩设备保护符合《煤矿安全规程》第四百三十二条、第四百三十三条、第四百三十四条规定。

井下设置空气压缩设备时应当遵守《煤矿安全规程》第四百三十一条规定。

【法规依据】

《煤矿安全规程》

第四百三十一条　矿井应当在地面集中设置空气压缩机站。

在井下设置空气压缩设备时，应当遵守下列规定：

（一）应当采用螺杆式空气压缩机，严禁使用滑片式空气压缩机。

（二）固定式空气压缩机和储气罐必须分别设置在2个独立硐室内，并保证独立通风。

（三）移动式空气压缩机必须设置在采用不燃性材料支护且具有新鲜风流的巷道中。

（四）应当设自动灭火装置。

（五）运行时必须有人值守。

第四百三十二条　空气压缩机站设备必须符合下列要求：

（一）设有压力表和安全阀。压力表和安全阀应当定期校准。安全阀和压力调节器应当动作可靠，安全阀动作压力不得超过额定压力的1.1倍。

（二）使用闪点不低于215 ℃的压缩机油。

（三）使用油润滑的空气压缩机必须装设断油保护装置或者断油信号显示装置。水冷式空气压缩机必须装设断水保护装置或者断水信号显示装置。

第四百三十三条　空气压缩机站的储气罐必须符合下列要求：

（一）储气罐上装有动作可靠的安全阀和放水阀，并有检查孔。定期清除风包内的油垢。

（二）新安装或者检修后的储气罐，应当用1.5倍空气压缩机工作压力做水压试验。

（三）在储气罐出口管路上必须加装释压阀，其口径不得小于出风管的直径，释放压力应当为空气压缩机最高工作压力的1.25~1.4倍。

（四）避免阳光直晒地面空气压缩机站的储气罐。

第四百三十四条　空气压缩设备的保护，必须遵守下列规定：

（一）螺杆式空气压缩机的排气温度不得超过120 ℃，离心式空气压缩机的排气温度不得超过130 ℃。必须装设温度保护装置，在超温时能自动切断电源并报警。

（二）储气罐内的温度应当保持在 120 ℃以下，并装有超温保护装置，在超温时能自动切断电源并报警。

【相应处罚】

《安全生产法》第九十六条第二项：安全设备的安装、使用、检测、改造和报废不符合国家标准或者行业标准的，责令限期改正，可以处五万元以下的罚款；逾期未改正的，处五万元以上二十万元以下的罚款，对其直接负责的主管人员和其他直接责任人员处一万元以上二万元以下的罚款；情节严重的，责令停产停业整顿；构成犯罪的，依照刑法有关规定追究刑事责任。

《安全生产违法行为行政处罚办法》第四十五条第一项：违反操作规程或者安全管理规定作业的，给予警告，并可以对生产经营单位处 1 万元以上 3 万元以下罚款，对其主要负责人、其他有关人员处 1000 元以上 1 万元以下的罚款。

10. 带式输送机配置和保护、安全间距

【体检内容】

采用滚筒驱动带式输送机运输时，遵守《煤矿安全规程》第三百七十四条规定。

采用钢丝绳牵引带式输送机运输时，遵守《煤矿安全规程》第三百七十五条规定。

带式输送机安全间距符合《煤矿安全规程》第九十条规定。

【法规依据】

《煤矿安全规程》

第九十条　巷道净断面必须满足行人、运输、通风和安全设施及设备安装、检修、施工的需要，并符合下列要求：

（一）采用轨道机车运输的巷道净高，自轨面起不得低于 2 m。架线电机车运输巷道的净高，在井底车场内、从井底到乘车场，不小于 2.4 m；其他地点，行人的不小于 2.2 m，不行人的不小于 2.1 m。

（二）采（盘）区内的上山、下山和平巷的净高不得低于 2 m，薄煤层内的不得低于 1.8 m。

（三）运输巷（包括管、线、电缆）与运输设备最突出部分之间的最小间距，应当符合表 3 的要求。

巷道净断面的设计，必须按支护最大允许变形后的断面计算。

表 3　运输巷与运输设备最突出部分之间的最小间距

巷道类型	顶部/m	两侧/m	备　注
轨道机车运输巷道		0.3	综合机械化采煤矿井为 0.5 m

表3(续)

巷道类型	顶部/m	两侧/m	备　注
输送机运输巷道		0.5	输送机机头和机尾处与巷帮支护的距离应当满足设备检查和维修的需要，并不得小于0.7 m
卡轨车、齿轨车运输巷道	0.3	0.3	单轨运输巷道宽度应当大于2.8 m，双轨运输巷道宽度应当大于4.0 m
单轨吊车运输巷道	0.5	0.85	曲线巷道段应当在直线巷道允许安全间隙的基础上内侧加宽不小于0.1 m，外侧加宽不小于0.2 m。巷道内外侧加宽要从曲线巷道段两侧直线段开始，加宽段的长度不小于5.0 m
无轨胶轮车运输巷道	0.5	0.5	曲线巷道段应当在直线巷道允许安全间隙的基础上按无轨胶轮车内、外轮曲率半径计算需加大的巷道宽度。巷道内外侧加宽要从曲线巷道两侧直线段开始，加宽段的长度应当满足安全运输的要求
设置移动变电站或者平板车的巷道		0.3	移动变电站或者平板车上设备最突出部分与巷道侧的间距

第三百七十四条　采用滚筒驱动带式输送机运输时，应当遵守下列规定：

（一）采用非金属聚合物制造的输送带、托辊和滚筒包胶材料等，其阻燃性能和抗静电性能必须符合有关标准的规定。

（二）必须装设防打滑、跑偏、堆煤、撕裂等保护装置，同时应当装设温度、烟雾监测装置和自动洒水装置。

（三）应当具备沿线急停闭锁功能。

（四）主要运输巷道中使用的带式输送机，必须装设输送带张紧力下降保护装置。

（五）倾斜井巷中使用的带式输送机，上运时，必须装设防逆转装置和制动装置；下运时，应当装设软制动装置且必须装设防超速保护装置。

（六）在大于16°的倾斜井巷中使用带式输送机，应当设置防护网，并采取防止物料下滑、滚落等的安全措施。

（七）液力偶合器严禁使用可燃性传动介质（调速型液力偶合器不受此限）。

（八）机头、机尾及搭接处，应当有照明。

（九）机头、机尾、驱动滚筒和改向滚筒处，应当设防护栏及警示牌。行人跨越带式输送机处，应当设过桥。

（十）输送带设计安全系数，应当按下列规定选取：

1. 棉织物芯输送带，8~9。

2. 尼龙、聚酯织物芯输送带，10~12。

3. 钢丝绳芯输送带，7~9；当带式输送机采取可控软启动、制动措施时，5~7。

第三百七十五条　新建矿井不得使用钢丝绳牵引带式输送机。生产矿井采用钢丝绳牵引带式输送机运输时，必须遵守下列规定：

（一）装设过速保护、过电流和欠电压保护、钢丝绳和输送带脱槽保护、输送带局部过载保护、钢丝绳张紧车到达终点和张紧重锤落地保护，并定期进行检查和试验。

（二）在倾斜井巷中，必须在低速驱动轮上装设液控盘式失效安全型制动装置，制动力矩与设计最大静拉力差在闸轮上作用力矩之比在 2~3 之间；制动装置应当具备手动和自动双重制动功能。

（三）采用钢丝绳牵引带式输送机运送人员时，应当遵守下列规定：

1. 输送带至巷道顶部的垂距，在上、下人员的 20 m 区段内不得小于 1.4 m，行驶区段内不得小于 1 m。下行带乘人时，上下输送带间的垂距不得小于 1 m。

2. 输送带的宽度不得小于 0.8 m，运行速度不得超过 1.8 m/s，绳槽至输送带边的宽度不得小于 60 mm。

3. 人员乘坐间距不得小于 4 m。乘坐人员不得站立或者仰卧，应当面向行进方向。严禁携带笨重物品和超长物品，严禁触摸输送带侧帮。

4. 上、下人员的地点应当设有平台和照明。上行带平台的长度不得小于 5 m，宽度不得小于 0.8 m，并有栏杆。上、下人的区段内不得有支架或者悬挂装置。下人地点应当有标志或者声光信号，距离下人区段末端前方 2 m 处，必须设有能自动停车的安全装置。在机头机尾下人处，必须设有人员越位的防护设施或者保护装置，并装设机械式倾斜挡板。

5. 运送人员前，必须卸除输送带上的物料。

6. 应当装有在输送机全长任何地点可由乘坐人员或者其他人员操作的紧急停车装置。

【相应处罚】

《安全生产法》第九十六条第二项：安全设备的安装、使用、检测、改造和报废不符合国家标准或者行业标准的，责令限期改正，可以处五万元以下的罚款；逾期未改正的，处五万元以上二十万元以下的罚款，对其直接负责的主管人员和其他直接责任人员处一万元以上二万元以下的罚款；情节严重的，责令停产停业整顿；构成犯罪的，依照刑法有关规定追究刑事责任。

《安全生产违法行为行政处罚办法》第四十五条第一项：违反操作规程或者安全管理规定作业的，给予警告，并可以对生产经营单位处 1 万元以上 3 万元以下罚款，对其主要负责人、其他有关人员处 1000 元以上 1 万元以下的罚款。

11. 钢丝绳使用、检查和维护

【体检内容】

提升钢丝绳安全系数符合《煤矿安全规程》第四百零八条规定。

提升钢丝绳的日常检查遵守《煤矿安全规程》第四百一十一条规定。

提升钢丝绳使用、保管和检验遵守《煤矿安全规程》第四百一十条规定。

钢丝绳报废和更换遵守《煤矿安全规程》第四百一十二条、第四百一十三条规定。

【法规依据】

《煤矿安全规程》

第四百零八条　各种用途钢丝绳的安全系数，必须符合下列要求：

（一）各种用途钢丝绳悬挂时的安全系数，必须符合表9的要求。

表9　钢丝绳安全系数最小值

<table>
<tr><th colspan="3">用　途　分　类</th><th>安全系数*的最小值</th></tr>
<tr><td rowspan="5">单绳缠绕式
提升装置</td><td colspan="2">专为升降人员</td><td>9</td></tr>
<tr><td rowspan="3">升降人员和物料</td><td>升降人员时</td><td>9</td></tr>
<tr><td>混合提升时**</td><td>9</td></tr>
<tr><td>升降物料时</td><td>7.5</td></tr>
<tr><td colspan="2">专为升降物料</td><td>6.5</td></tr>
<tr><td>摩擦轮式</td><td colspan="2">专为升降人员</td><td>9.2-0.0005H***</td></tr>
<tr><td rowspan="4">提升装置</td><td rowspan="3">升降人员和物料</td><td>升降人员时</td><td>9.2-0.0005H</td></tr>
<tr><td>混合提升时</td><td>9.2-0.0005H</td></tr>
<tr><td>升降物料时</td><td>8.2-0.0005H</td></tr>
<tr><td colspan="2">专为升降物料</td><td>7.2-0.0005H</td></tr>
<tr><td rowspan="2">倾斜钢丝
绳牵引带
式输送机</td><td colspan="2">运人</td><td>6.5-0.001L****
但不得小于6</td></tr>
<tr><td colspan="2">运物</td><td>5-0.001L
但不得小于4</td></tr>
<tr><td rowspan="2">倾斜无极绳绞车</td><td colspan="2">运人</td><td>6.5-0.001L
但不得小于6</td></tr>
<tr><td colspan="2">运物</td><td>5-0.001L
但不得小于3.5</td></tr>
<tr><td colspan="3">架空乘人装置</td><td>6</td></tr>
<tr><td colspan="3">悬挂安全梯用的钢丝绳</td><td>6</td></tr>
<tr><td colspan="3">罐道绳、防撞绳、起重用的钢丝绳</td><td>6</td></tr>
</table>

表9(续)

用　途　分　类	安全系数*的最小值
悬挂吊盘、水泵、排水管、抓岩机等用的钢丝绳	6
悬挂风筒、风管、供水管、注浆管、输料管、电缆用的钢丝绳	5
拉紧装置用的钢丝绳	5
防坠器的制动绳和缓冲绳（按动载荷计算）	3

*钢丝绳的安全系数，等于实测的合格钢丝拉断力的总和与其所承受的最大静拉力（包括绳端载荷和钢丝绳自重所引起的静拉力）之比；

**混合提升指多层罐笼同一次在不同层内提升人员和物料；

***H为钢丝绳悬挂长度，m；

****L为由驱动轮到尾部绳轮的长度，m。

（二）在用的缠绕式提升钢丝绳在定期检验时，安全系数小于下列规定值时，应当及时更换：

1. 专为升降人员用的小于7。

2. 升降人员和物料用的钢丝绳：升降人员时小于7，升降物料时小于6。

3. 专为升降物料和悬挂吊盘用的小于5。

第四百一十条　新钢丝绳的使用与管理，必须遵守下列规定：

（一）钢丝绳到货后，应当进行性能检验。合格后应当妥善保管备用，防止损坏或者锈蚀。

（二）每根钢丝绳的出厂合格证、验收检验报告等原始资料应当保存完整。

（三）存放时间超过1年的钢丝绳，在悬挂前必须再进行性能检测，合格后方可使用。

（四）钢丝绳悬挂前，必须对每根钢丝做拉断、弯曲和扭转3种试验，以公称直径为准对试验结果进行计算和判定：

1. 不合格钢丝的断面积与钢丝总断面积之比达到6%，不得用作升降人员；达到10%，不得用作升降物料。

2. 钢丝绳的安全系数小于本规程第四百零八条的规定时，该钢丝绳不得使用。

（五）主要提升装置必须有检验合格的备用钢丝绳。

（六）专用于斜井提升物料且直径不大于18 mm的钢丝绳，有产品合格证和检测检验报告等，外观检查无锈蚀和损伤的，可以不进行（一）、（三）所要求的检验。

第四百一十一条　在用钢丝绳的检验、检查与维护，应当遵守下列规定：

（一）升降人员或者升降人员和物料用的缠绕式提升钢丝绳，自悬挂使用后每 6 个月进行 1 次性能检验；悬挂吊盘的钢丝绳，每 12 个月检验 1 次。

（二）升降物料用的缠绕式提升钢丝绳，悬挂使用 12 个月内必须进行第一次性能检验，以后每 6 个月检验 1 次。

（三）缠绕式提升钢丝绳的定期检验，可以只做每根钢丝的拉断和弯曲 2 种试验。试验结果，以公称直径为准进行计算和判定。出现下列情况的钢丝绳，必须停止使用：

1. 不合格钢丝的断面积与钢丝总断面积之比达到 25% 时；

2. 钢丝绳的安全系数小于本规程第四百零八条规定时。

（四）摩擦式提升钢丝绳、架空乘人装置钢丝绳、平衡钢丝绳以及专用于斜井提升物料且直径不大于 18 mm 的钢丝绳，不受（一）、（二）限制。

（五）提升钢丝绳必须每天检查 1 次，平衡钢丝绳、罐道绳、防坠器制动绳（包括缓冲绳）、架空乘人装置钢丝绳、钢丝绳牵引带式输送机钢丝绳和井筒悬吊钢丝绳必须每周至少检查 1 次。对易损坏和断丝或者锈蚀较多的一段应当停车详细检查。断丝的突出部分应当在检查时剪下。检查结果应当记入钢丝绳检查记录簿。

（六）对使用中的钢丝绳，应当根据井巷条件及锈蚀情况，采取防腐措施。摩擦提升钢丝绳的摩擦传动段应当涂、浸专用的钢丝绳增摩脂。

（七）平衡钢丝绳的长度必须与提升容器过卷高度相适应，防止过卷时损坏平衡钢丝绳。使用圆形平衡钢丝绳时，必须有避免平衡钢丝绳扭结的装置。

（八）严禁平衡钢丝绳浸泡水中。

（九）多绳提升的任意一根钢丝绳的张力与平均张力之差不得超过±10%。

第四百一十二条　钢丝绳的报废和更换，应当遵守下列规定：

（一）钢丝绳的报废类型、内容及标准应当符合表 11 的要求。达到其中一项的，必须报废。

（二）更换摩擦式提升机钢丝绳时，必须同时更换全部钢丝绳。

表 11　钢丝绳的报废类型、内容及标准

<table>
<tr><th>项目</th><th colspan="2">钢丝绳类别</th><th>报废标准</th><th>说明</th></tr>
<tr><td rowspan="4">使用期限</td><td rowspan="2">摩擦式提升机</td><td>提升钢丝绳</td><td>2 年</td><td rowspan="2">如果钢丝绳的断丝、直径缩小和锈蚀程度不超过本表断丝、直径缩小、锈蚀类型的规定，可继续使用 1 年</td></tr>
<tr><td>平衡钢丝绳</td><td>4 年</td></tr>
<tr><td colspan="2">井筒中悬挂水泵、抓岩机的钢丝绳</td><td>1 年</td><td rowspan="2">到期后经检查鉴定，锈蚀程度不超过本表锈蚀类型的规定，可以继续使用</td></tr>
<tr><td colspan="2">悬挂风管、输料管、安全梯和电缆的钢丝绳</td><td>2 年</td></tr>
</table>

表11(续)

项目	钢丝绳类别	报废标准	说　　明
断丝	升降人员或者升降人员和物料用钢丝绳	5%	各种股捻钢丝绳在1个捻距内断丝断面积与钢丝总断面积之比
	专为升降物料用的钢丝绳、平衡钢丝绳、防坠器的制动钢丝绳（包括缓冲绳）、兼作运人的钢丝绳牵引带式输送机的钢丝绳和架空乘人装置的钢丝绳	10%	
	罐道钢丝绳	15%	
	无极绳运输和专为运物料的钢丝绳牵引带式输送机用的钢丝绳	25%	
直径缩小	提升钢丝绳、架空乘人装置或者制动钢丝绳	10%	1. 以钢丝绳公称直径为准计算的直径减小量 2. 使用密封式钢丝绳时，外层钢丝厚度磨损量达到50%时，应当更换锈蚀各类钢丝绳
	罐道钢丝绳	15%	
锈蚀	各类钢丝绳		1. 钢丝出现变黑、锈皮、点蚀麻坑等损伤时，不得再用作升降人员 2. 钢丝绳锈蚀严重，或者点蚀麻坑形成沟纹，或者外层钢丝松动时，不论断丝数多少或者绳径是否变化，应当立即更换

第四百一十三条　钢丝绳在运行中遭受到卡罐、突然停车等猛烈拉力时，必须立即停车检查，发现下列情况之一者，必须将受损段剁掉或者更换全绳：

（一）钢丝绳产生严重扭曲或者变形。

（二）断丝超过本规程第四百一十二条的规定。

（三）直径减小量超过本规程第四百一十二条的规定。

（四）遭受猛烈拉力的一段的长度伸长0.5%以上。

在钢丝绳使用期间，断丝数突然增加或者伸长突然加快，必须立即更换。

【相应处罚】

《安全生产法》第九十六条第二项：安全设备的安装、使用、检测、改造和报废不符合国家标准或者行业标准的，责令限期改正，可以处五万元以下的罚款；逾期未改正的，处五万元以上二十万元以下的罚款，对其直接负责的主管人员和其他直接责任人员处一万元以上二万元以下的罚款；情节严重的，责令停产停业整顿；构成犯罪的，依照刑法有关规定追究刑事责任。

《安全生产违法行为行政处罚办法》第四十五条第一项：违反操作规程或者安全管理规定作业的，给予警告，并可以对生产经营单位处 1 万元以上 3 万元以下罚款，对其主要负责人、其他有关人员处 1000 元以上 1 万元以下的罚款。

12. 防坠器、防撞梁和托罐装置

【体检内容】

防坠器的设置符合《煤矿安全规程》第三百九十三条规定。

防撞梁、托罐装置的设置符合《煤矿安全规程》第四百零六条规定。

【法规依据】

《煤矿安全规程》

第三百九十三条第二项（二）升降人员或者升降人员和物料的单绳提升罐笼必须装设可靠的防坠器。

第四百零六条　在提升速度大于 3 m/s 的提升系统内，必须设防撞梁和托罐装置。防撞梁必须能够挡住过卷后上升的容器或者平衡锤，并不得兼作他用；托罐装置必须能够将撞击防撞梁后再下落的容器或者配重托住，并保证其下落的距离不超过 0.5 m。

【相应处罚】

《安全生产法》第九十六条第二项：安全设备的安装、使用、检测、改造和报废不符合国家标准或者行业标准的，责令限期改正，可以处五万元以下的罚款；逾期未改正的，处五万元以上二十万元以下的罚款，对其直接负责的主管人员和其他直接责任人员处一万元以上二万元以下的罚款；情节严重的，责令停产停业整顿；构成犯罪的，依照刑法有关规定追究刑事责任。

《安全生产违法行为行政处罚办法》第四十五条第（一）项：违反操作规程或者安全管理规定作业的，给予警告，并可以对生产经营单位处 1 万元以上 3 万元以下罚款，对其主要负责人、其他有关人员处 1000 元以上 1 万元以下的罚款。

13. 淘汰设备

【体检内容】

使用的设备按《禁止井工煤矿使用的设备及工艺目录》要求更换淘汰。

【法规依据】

1）禁止井工煤矿使用的设备及工艺目录（第一批）2006 年

2）禁止井工煤矿使用的设备及工艺目录（第二批）2008 年

3）禁止井工煤矿使用的设备及工艺目录（第三批）2011 年

【相应处罚】

《安全生产法》第九十六条第六项：使用应当淘汰的危及生产安全的工艺、设备的，责令限期改正，可以处五万元以下的罚款；逾期未改正的，处五万元以上二十万元以下的罚款，对其直接负责的主管人员和其他直接责任人员处一万元以上二万元以下的罚款；情节严重的，责令停产停业整顿；构成犯罪的，依照刑法有关规定追究刑事责任。

《特别规定》第十条第一款：煤矿有本规定第八条第二款所列情形之一，仍然进行生产的，由县级以上地方人民政府负责煤矿安全生产监督管理的部门或者煤矿安全监察机构责令停产整顿，提出整顿的内容、时间等具体要求，处50万元以上200万元以下的罚款；对煤矿企业负责人处3万元以上15万元以下的罚款。

十三、安全生产投入

1. 安全费用的提取

【体检内容】

原煤单位产量安全费用按以下标准提取：煤（岩）与瓦斯（二氧化碳）突出矿井、高瓦斯矿井吨煤30元；其他井工矿吨煤15元；露天矿吨煤5元；按照《企业安全生产费用提取和使用管理办法》（财企〔2012〕16号）第五条规定按月足额提取煤炭生产安全费用。

【法规依据】

1）《安全生产法》

第二十条：生产经营单位应当具备的安全生产条件所必需的资金投入，由生产经营单位的决策机构、主要负责人或者个人经营的投资人予以保证，并对由于安全生产所必需的资金投入不足导致的后果承担责任。

有关生产经营单位应当按照规定提取和使用安全生产费用，专门用于改善安全生产条件。安全生产费用在成本中据实列支。安全生产费用提取、使用和监督管理的具体办法由国务院财政部门会同国务院安全生产监督管理部门征求国务院有关部门意见后制定。

2）《企业安全生产费用提取和使用管理办法》

第五条　煤炭生产企业依据开采的原煤产量按月提取。各类煤矿原煤单位产量安全费用提取标准如下：

（一）煤（岩）与瓦斯（二氧化碳）突出矿井、高瓦斯矿井吨煤30元；

（二）其他井工矿吨煤15元；

（三）露天矿吨煤5元。

矿井瓦斯等级划分按现行《煤矿安全规程》和《矿井瓦斯等级鉴定规范》的规定执行。

【相应处罚】

《安全生产法》第九十条：生产经营单位的决策机构、主要负责人或者个人经营的投资人不依照本法规定保证安全生产所必需的资金投入，致使生产经营单位不具备安全生产条件的，责令限期改正，提供必需的资金；逾期未改正的，责令生产经营单位停产停业整顿。

有前款违法行为，导致发生生产安全事故的，对生产经营单位的主要负责人给予撤职处分，对个人经营的投资人处二万元以上二十万元以下的罚款；构成犯罪的，依照刑法有关规定追究刑事责任。

《企业安全生产费用提取和使用管理办法》第三十六条：企业未按本办法提取和使用安全费用的，安全生产监督管理部门、煤矿安全监察机构和行业主管部门会同财政部门责令其限期改正，并依照相关法律法规进行处理、处罚。

建设工程施工总承包单位未向分包单位支付必要的安全费用以及承包单位挪用安全费用的，由建设、交通运输、铁路、水利、安全生产监督管理、煤矿安全监察等主管部门依照相关法规、规章进行处理、处罚。

【知识链接】

安全生产费用（以下简称安全费用）是指企业按照规定标准提取在成本中列支，专门用于完善和改进企业或者项目安全生产条件的资金。

安全费用按照“企业提取、政府监管、确保需要、规范使用”的原则进行管理。

2. 安全费用的使用

【体检内容】

按照规定范围使用安全费用，保证安全生产条件所必需的资金，专门用于改善安全生产条件；按照《企业安全生产费用提取和使用管理办法》（财企〔2012〕16号）第十七条中规定范围使用。

【法规依据】

1）《煤矿安全监察条例》

第二十七条　煤矿安全监察机构对煤矿安全技术措施专项费用的提取和使用情况进行监督，对未依法提取或者使用的，应当责令限期改正。

2）《企业安全生产费用提取和使用管理办法》

第十七条　煤炭生产企业安全费用应当按照以下范围使用：

（一）煤与瓦斯突出及高瓦斯矿井落实“两个四位一体”综合防突措施支出，包括瓦斯区域预抽、保护层开采区域防突措施、开展突出区域和局部预测、实施局部补充防突措施、更新改造防突设备和设施、建立突出防治实验室等支出；

（二）煤矿安全生产改造和重大隐患治理支出，包括“一通三防”（通风，防瓦斯、防煤尘、防灭火）、防治水、供电、运输等系统设备改造和灾害治理工程，实施煤矿机械化改造，实施矿压（冲击地压）、热害、露天矿边坡治理、采空区治理等支出；

（三）完善煤矿井下监测监控、人员定位、紧急避险、压风自救、供水施救和通信联络安全避险“六大系统”支出，应急救援技术装备、设施配置和维护保养支出，事故逃生和紧急避难设施设备的配置和应急演练支出；

（四）开展重大危险源和事故隐患评估、监控和整改支出；

（五）安全生产检查、评价（不包括新建、改建、扩建项目安全评价）、咨询、标准化建设支出；

（六）配备和更新现场作业人员安全防护用品支出；

（七）安全生产宣传、教育、培训支出；

（八）安全生产适用新技术、新标准、新工艺、新装备的推广应用支出；

（九）安全设施及特种设备检测检验支出；

（十）其他与安全生产直接相关的支出。

【相应处罚】

《煤矿安全监察条例》第三十九条：未依法提取或者使用煤矿安全技术措施专项费用，或者使用不符合国家安全标准或者行业安全标准的设备、器材、仪器、仪表、防护用品，经煤矿安全监察机构责令限期改正或者责令立即停止使用，逾期不改正或者不立即停止使用的，由煤矿安全监察机构处5万元以下的罚款；情节严重的，由煤矿安全监察机构责令停产整顿；对直接负责的主管人员和其他直接责任人员，依法给予纪律处分。

【知识链接】

（1）在《企业安全生产费用提取和使用管理办法》规定的使用范围内，企业应当将安全费用优先用于满足安全生产监督管理部门、煤矿安全监察机构以及行业主管部门对企业安全生产提出的整改措施或者达到安全生产标准所需的支出。

（2）企业提取的安全费用应当专户核算，按规定范围安排使用，不得挤占、挪用。年度结余资金结转下年度使用，当年计提安全费用不足的，超出部分按正常成本费用渠道列支。

主要承担安全管理责任的集团公司经过履行内部决策程序，可以对所属企业提取的安全费用按照一定比例集中管理，统筹使用。

（3）煤炭生产企业和非煤矿山企业已提取维持简单再生产费用的，应当继续提取维持简单再生产费用，但其使用范围不再包含安全生产方面的用途。

（4）矿山企业转产、停产、停业或者解散的，应当将安全费用结余转入矿山闭坑安全保障基金，用于矿山闭坑、尾矿库闭库后可能的危害治理和损失赔偿。

3. 安全费用管理制度

【体检内容】

建立健全安全费用管理制度，明确安全费用提取和使用的程序、职责及权限；按照《企业安全生产费用提取和使用管理办法》（财企〔2012〕16 号）第 31 条规定建立健全安全费用管理制度。

【法规依据】

《企业安全生产费用提取和使用管理办法》

第三十一条　企业应当建立健全内部安全费用管理制度，明确安全费用提取和使用的程序、职责及权限，按规定提取和使用安全费用。

【相应处罚】

《安全生产违法行为行政处罚办法》第四十五条第一项：违反操作规程或者安全管理规定作业的，给予警告，并可以对生产经营单位处 1 万元以上 3 万元以下罚款，对其主要负责人、其他有关人员处 1000 元以上 1 万元以下的罚款。

【知识链接】

（1）企业应当加强安全费用管理，编制年度安全费用提取和使用计划，纳入企业财务预算。企业年度安全费用使用计划和上一年安全费用的提取、使用情况按照管理权限报同级财政部门、安全生产监督管理部门、煤矿安全监察机构和行业主管部门备案。

（2）企业安全费用的会计处理，应当符合国家统一的会计制度的规定。

（3）企业提取的安全费用属于企业自提自用资金，其他单位和部门不得采取收取、代管等形式对其进行集中管理和使用，国家法律、法规另有规定的除外。

（4）各级财政部门、安全生产监督管理部门、煤矿安全监察机构和有关行业主管部门依法对企业安全费用提取、使用和管理进行监督检查。

十四、应急处置与救援

1. 应急预案

【体检内容】

制定应急救援预案，符合《安全生产法》第三十七条规定。

每年至少组织一次综合应急预案演练或者专项应急预案演练，每半年至少组织一次现场处置方案演练。

【法规依据】

《安全生产法》

第十八条第六项　生产经营单位的主要负责人对本单位安全生产工作负有

下列职责：

（六）组织制定并实施本单位的生产安全事故应急救援预案。

第二十二条第一、四项　生产经营单位的安全生产管理机构以及安全生产管理人员履行下列职责：

（一）组织或者参与拟订本单位安全生产规章制度、操作规程和生产安全事故应急救援预案。

（四）组织或者参与本单位应急救援演练。

第三十七条　生产经营单位对重大危险源应当登记建档，进行定期检测、评估、监控，并制定应急预案，告知从业人员和相关人员在紧急情况下应当采取的应急措施。

生产经营单位应当按照国家有关规定将本单位重大危险源及有关安全措施、应急措施报有关地方人民政府安全生产监督管理部门和有关部门备案。

第七十八条　生产经营单位应当制定本单位生产安全事故应急救援预案，与所在地县级以上地方人民政府组织制定的生产安全事故应急救援预案相衔接，并定期组织演练。

【相应处罚】

《安全生产法》第九十四条第六项：未按照规定制定生产安全事故应急救援预案或者未定期组织演练的，责令限期改正，可以处五万元以下的罚款；逾期未改正的，责令停产停业整顿，并处五万元以上十万元以下的罚款，对其直接负责的主管人员和其他直接责任人员处一万元以上二万元以下的罚款。

【知识链接】

煤矿编制生产安全事故应急预案及年度灾害预防和处理计划，按照规划和计划组织应急预案演练，组织实施灾害预防和处理计划。

（1）按照《生产安全事故应急预案管理办法》和《生产经营单位安全生产事故应急预案编制导则》（AQ/T 9002）的规定，结合本煤矿危险源分析、风险评价结果、可能发生的重大事故特点编制安全生产事故应急预案。

（2）应急预案的内容应符合相关法律、法规、规章和标准的规定，要素和层次结构完整、程序清晰、措施科学、信息准确、保障充分、衔接通畅、操作性强。

（3）按照《生产安全事故应急演练指南》（AQ/T 9007）编制应急演练规划、计划和应急演练实施方案。

（4）应急演练规划应在 3 个年度内对综合应急预案和所有专项应急预案全面演练覆盖。

（5）年度演练计划应明确演练目的、形式、项目、规模、范围、频次、参演人员、组织机构、日程时间、考核奖惩等内容。

（6）应急演练方案应明确演练目标、场景和情景、实施步骤、评估标准、评估方法、培训动员、物资保障、过程控制、评估总结、资料管理等内容，演练方案应经过评审和批准。

（7）依照批准的规划、计划和方案实施演练，应急演练所形成的资料应完整、准确，归档管理。

2. 应急救援队伍

【体检内容】

矿山救护队的建立，符合《煤矿安全规程》第六百七十六条规定；不具备设立矿山救护队条件的应当设立兼职救护队，并与就近的救护队签订救护协议。矿山救护队到达服务煤矿的时间应当不超过 30 min。

兼职救护队的设立，应符合《矿山救护规程》（AQ 1008—2007）的有关规定。

【法规依据】

1）《煤矿安全规程》

第六百七十六条　所有煤矿必须有矿山救护队为其服务。井工煤矿企业应当设立矿山救护队，不具备设立矿山救护队条件的煤矿企业，所属煤矿应当设立兼职救护队，并与就近的救护队签订救护协议；否则，不得生产。

矿山救护队到达服务煤矿的时间应当不超过 30 min。

2）《矿山救护规程》

4.4　矿山企业（包括生产和建设矿山的企业）（以下同）均应设立矿山救护队，地方政府或矿山企业，应根据本区域矿山灾害、矿山生产规模、企业分布等情况，合理划分救护服务区域，组建矿山救护大队或矿山救护中队。生产经营规模较小、不具备单独设立矿山救护队条件的矿山企业应设立兼职救护队，并与就近的取得三级以上资质的矿山救护队签订有偿服务救护协议，签订救护协议的救护队服务半径不得超过 100 km；矿井比较集中的矿区经各省（区）煤炭行业管理部门规划、批准，可以联合建立矿山救护大（中）队。矿山救护队驻地至服务矿井的距离，以行车时间不超过 30 min 为限。年生产规模 60×10^4 t（含）以上的高瓦斯矿井和距离救护队服务半径超过 100 km 的矿井必须设置独立的矿山救护队。

5.1.4　兼职矿山救护队

a）兼职矿山救护队应根据矿山的生产规模、自然条件、灾害情况确定编制，原则上应由 2 个以上小队组成，每个小队由 9 人以上组成。

b）兼职矿山救护队应设专职队长及仪器装备管理人员。兼职矿山救护队直属矿长领导，业务上受矿总工程师（或技术负责人）和矿山救护大队指导。

c）兼职矿山救护队员符合矿山救护队条件，能够佩用氧气呼吸器的矿山生产、通风、机电、运输、安全等部门的骨干工人、工程技术人员和干部兼职组成。

3）《煤矿企业安全生产许可证实施办法》

第十一条第一、二项　申请领取安全生产许可证应当提供下列文件、资料：

（一）煤矿企业提供的文件、资料：

9. 事故应急救援预案，设立矿山救护队的文件或者与专业救护队签订的救护协议。

（二）煤矿提供的文件、资料和图纸：

15. 事故应急救援预案，设立矿山救护队的文件或者与专业矿山救护队签订的救护协议。

【相应处罚】

《煤矿企业安全生产许可证实施办法》第三十八条：安全生产许可证颁发管理机关应当加强对取得安全生产许可证的煤矿企业的监督检查，发现其不再具备本实施办法规定的安全生产条件的，应当责令限期整改，依法暂扣安全生产许可证；经整改仍不具备本实施办法规定的安全生产条件的，依法吊销安全生产许可证。

【知识链接】

（1）矿山救护队是处理矿山灾害事故的专业队伍，实行军事化管理。矿山救护队指战员是矿山一线特种作业人员。

（2）矿山救护队必须经过资质认证，取得资质证书后，方可从事矿山救护工作。

煤矿企业应组建应急救援队伍或有应急救援队伍为其服务。兼职救护队按照《矿山救护规程》的相关规定配备器材和装备，实施军事化管理，器材和装备完好，定期接受专职矿山救护队的业务培训和技术指导，按照计划实施应急施救训练和演练。

（3）建立矿山救护队，不具备建立矿山救护队条件的煤矿应与就近的专业矿山救护队签订救护协议。

（4）矿山救护队按规定配备必需的装备、器材，装备、器材应明确管理职责和制度，定期检查、维护。

（5）矿山救护队必须备有所服务矿山的应急预案或灾害预防处理计划、矿井主要系统图纸等有关资料。矿山救护队应根据服务矿山的灾害类型及有关资料，制订预防处理方案，并进行训练演习。

（6）不具备建立矿山救护队条件的煤矿应组建兼职应急救援队伍，并依照计划进行训练。

(7) 矿山救护资金实行国家、地方、矿山企业共同保障体制，矿山救护队社会化服务实行有偿服务。

3. 紧急避险系统

【体检内容】

井下紧急避险设施的设置和管理，符合《煤矿安全规程》第六百七十三条、第六百八十七条、第六百八十八条、第六百八十九条、第六百九十条、第六百九十一条及《防治煤与瓦斯突出规定》第一百零六条的规定。

井下应急广播系统，符合《煤矿安全规程》第六百八十五条的规定。

紧急避险设施的维护和管理符合《煤矿安全规程》第六百九十二条规定。

【法规依据】

1)《煤矿安全规程》

第六百七十三条　矿井必须根据险情或者事故情况下矿工避险的实际需要，建立井下紧急撤离和避险设施，并与监测监控、人员位置监测、通信联络等系统结合，构成井下安全避险系统。

安全避险系统应当随采掘工作面的变化及时调整和完善，每年由矿总工程师组织开展有效性评估。

第六百八十五条　矿井应当设置井下应急广播系统，保证井下人员能够清晰听见应急指令。

第六百八十七条　采区避灾路线上应当设置压风管路，主管路直径不小于100 mm，采掘工作面管路直径不小于50 mm，压风管路上设置的供气阀门间隔不大于200 m。水文地质条件复杂和极复杂的矿井，应当在各水平、采区和上山巷道最高处敷设压风管路，并设置供气阀门。

采区避灾路线上应当敷设供水管路，在供气阀门附近安装供水阀门。

第六百八十八条　突出矿井，以及发生险情或者事故时井下人员依靠自救器或者1次自救器接力不能安全撤至地面的矿井，应当建设井下紧急避险设施。紧急避险设施的布局、类型、技术性能等具体设计，应当经矿总工程师审批。

紧急避险设施应当设置在避灾路线上，并有醒目标识。矿井避灾路线图中应当明确标注紧急避险设施的位置、规格和种类，井巷中应当有紧急避险设施方位指示。

第六百八十九条　突出矿井必须建设采区避难硐室，采区避难硐室必须接入矿井压风管路和供水管路，满足避险人员的避险需要，额定防护时间不低于96 h。

突出煤层的掘进巷道长度及采煤工作面推进长度超过500 m时，应当在距离工作面500 m范围内建设临时避难硐室或者其他临时避险设施。临时避难硐室必须设置向外开启的密闭门，接入矿井压风管路，设置与矿调度室直通的电话，配备足量的饮用水及自救器。

第六百九十条　其他矿井应当建设采区避难硐室，或者在距离采掘工作面1000 m范围内建设临时避难硐室或者其他临时避险设施。

第六百九十一条　突出与冲击地压煤层，应当在距采掘工作面25~40 m的巷道内、爆破地点、撤离人员与警戒人员所在位置、回风巷有人作业处等地点，至少设置1组压风自救装置；在长距离的掘进巷道中，应当根据实际情况增加压风自救装置的设置组数。每组压风自救装置应当可供5~8人使用，平均每人空气供给量不得少于0.1 m^3/min。

其他矿井掘进工作面应当敷设压风管路，并设置供气阀门。

第六百九十二条　煤矿必须对紧急避险设施进行维护和管理，每天巡检1次；建立技术档案及使用维护记录。

2)《防治煤与瓦斯突出规定》

第一百零六条　突出煤层的采掘工作面应设置工作面避难所或压风自救系统。应根据具体情况设置其中之一或混合设置，但掘进距离超过500 m的巷道内必须设置工作面避难所。

工作面避难所应当设在采掘工作面附近和爆破工操纵爆破的地点。根据具体条件确定避难所的数量及其距采掘工作面的距离。工作面避难所应当能够满足工作面最多作业人数时的避难要求，其他要求与采区避难所相同。

压风自救系统应当达到下列要求：

（一）压风自救装置安装在掘进工作面巷道和回采工作面巷道内的压缩空气管道上；

（二）在以下每个地点都应至少设置一组压风自救装置：距采掘工作面25~40 m的巷道内、爆破地点、撤离人员与警戒人员所在的位置以及回风道有人作业处等。在长距离的掘进巷道中，应根据实际情况增加设置；

（三）每组压风自救装置应可供5~8个人使用，平均每人的压缩空气供给量不得少于0.1 m^3/min。

【相应处罚】

《煤矿企业安全生产许可证实施办法》第三十八条：安全生产许可证颁发管理机关应当加强对取得安全生产许可证的煤矿企业的监督检查，发现其不再具备本实施办法规定的安全生产条件的，应当责令限期整改，依法暂扣安全生产许可证；经整改仍不具备本实施办法规定的安全生产条件的，依法吊销安全生产许可证。

【知识链接】

矿井必须根据险情或者事故情况下矿工避险的实际需要，建立井下紧急撤离和避险设施，并与监测监控、人员位置监测、通信联络等系统结合，构成井下安全避险系统。

（1）安全避险系统应当随采掘工作面的变化及时调整和完善，每年由矿总工程师组织开展有效性评估。

（2）入井人员必须随身携带额定防护时间不低于 30 min 的隔绝式自救器。

（3）矿井应当根据需要在避灾路线上设置自救器补给站。补给站应当有清晰、醒目的标识。

4. 避灾路线

【体检内容】

井下所有工作地点必须设置灾害事故避灾路线，巷道交叉口、巷道须设置避灾路线标识，符合《煤矿安全规程》第六百八十四条规定。

【法规依据】

《煤矿安全规程》

第六百八十四条　井下所有工作地点必须设置灾害事故避灾路线。避灾路线指示应当设置在不易受到碰撞的显著位置，在矿灯照明下清晰可见，并标注所在位置。巷道交叉口必须设置避灾路线标识。巷道内设置标识的间隔距离：采区巷道不大于 200 m，矿井主要巷道不大于 300 m。

【相应处罚】

《安全生产违法行为行政处罚办法》第四十五条第一项：违反操作规程或者安全管理规定作业的，给予警告，并可以对生产经营单位处 1 万元以上 3 万元以下罚款，对其主要负责人、其他有关人员处 1000 元以上 1 万元以下的罚款。

【知识链接】

煤矿井下巷道很多，工作场所分散，为了使每个人都能在一旦发生了重大事故时迅速撤到安全地点，每个矿井还预先对每个工作地区选定了最近最安全的撤退路线，这条最近最安全的路线就叫避灾路线。在这些避灾路线中，自井下通到地面的各个主要巷道里，以及在巷道拐弯的地方和巷道的相互交叉点，都挂有路标，路标上画着箭头，指明安全出口的方向，并写明到安全出口的距离，沿着箭头指示的方向走去，就可以出井。

井下避灾路线图是表示矿井发生灾害时，井下人员安全撤离灾区至地面的路线图纸，是矿井安全生产必备图纸。井下避灾路线图图示的主要内容包括：矿井安全出口位置；矿井通风网络进风风流、回风风流的方向、路线；井下发生瓦斯、煤尘爆炸，煤（岩）与瓦斯突出，矿井火灾时井下避灾路线；井下发生水灾时避灾路线；矿井巷道名称。

5. 应急撤人

【体检内容】

赋予生产现场带班人员、班组长和调度人员在遇到险情第一时间下达停产撤人命令的直接决策权和指挥权，符合《国务院关于进一步加强企业安全生产工作的通知》（国发〔2010〕23号）规定。

【法规依据】

1）《煤矿安全规程》

第一百七十五条　矿井必须从设计和采掘生产管理上采取措施，防止瓦斯积聚；当发生瓦斯积聚时，必须及时处理。当瓦斯超限达到断电浓度时，班组长、瓦斯检查工、矿调度员有权责令现场作业人员停止作业，停电撤人。

矿井必须有因停电和检修主要通风机停止运转或者通风系统遭到破坏以后恢复通风、排除瓦斯和送电的安全措施。恢复正常通风后，所有受到停风影响的地点，都必须经过通风、瓦斯检查人员检查，证实无危险后，方可恢复工作。所有安装电动机及其开关的地点附近20 m的巷道内，都必须检查瓦斯，只有甲烷浓度符合本规程规定时，方可开启。

临时停工的地点，不得停风；否则必须切断电源，设置栅栏、警标，禁止人员进入，并向矿调度室报告。停工区内甲烷或者二氧化碳浓度达到3.0%或者其他有害气体浓度超过本规程第一百三十五条的规定不能立即处理时，必须在24 h内封闭完毕。

恢复已封闭的停工区或者采掘工作接近这些地点时，必须事先排除其中积聚的瓦斯。排除瓦斯工作必须制定安全技术措施。

严禁在停风或者瓦斯超限的区域内作业。

2）《国务院关于进一步加强企业安全生产工作的通知》（国发〔2010〕23号）

17. 完善企业应急预案。企业应急预案要与当地政府应急预案保持衔接，并定期进行演练。赋予企业生产现场带班人员、班组长和调度人员在遇到险情时第一时间下达停产撤人命令的直接决策权和指挥权。因撤离不及时导致人身伤亡事故的，要从重追究相关人员的法律责任。

【相应处罚】

《安全生产违法行为行政处罚办法》第四十五条第一项：违反操作规程或者安全管理规定作业的，给予警告，并可以对生产经营单位处1万元以上3万元以下罚款，对其主要负责人、其他有关人员处1000元以上1万元以下的罚款。

【知识链接】

应急撤人程序：

（1）当作业现场发现事故预兆或事故时，必须立即停止作业，及时向调度室汇报，并发出报警或通知，按避灾路线撤离。

(2) 调度员接到事故汇报时，要问清事故发生的时间、地点、灾区人数、危害程度、影响范围、现状和趋势，立即启动应急预案，并立即汇报矿值班领导。

(3) 矿值班领导接到通知后，必须在 10 min 内到达调度室，并根据事故性质的蔓延趋势，用电话或派人通知的方式向所有受灾害威胁地点的人员撤出。

(4) 现场人员根据实际情况，按规定的避灾路线撤离，或者按工作面避灾路线、采区（盘区）避灾路线撤离。当发生火灾、瓦斯超限或主扇无计划停风时，现场作业人员应切断作业地点的电源，并佩戴自救器撤离（可通过“井下人员跟踪定位系统”的安装设施，查询事故现场人员的分布情况等信息)。

6. 应急处置

【体检内容】

出现瓦斯、水、火、顶板等灾害预兆时，按应急预案或现场处置方案要求采取应急处置措施；启动应急预案，符合《煤矿安全规程》第十九条、第六百八十条、第六百八十二条规定。

【法规依据】

《煤矿安全规程》

第十九条　煤矿发生事故后，煤矿企业主要负责人和技术负责人必须立即采取措施组织抢救，矿长负责抢救指挥，并按有关规定及时上报。

第六百八十条　煤矿发生险情或者事故后，现场人员应当进行自救、互救，并报矿调度室；煤矿应当立即按照应急救援预案启动应急响应，组织涉险人员撤离险区，通知应急指挥人员、矿山救护队和医疗救护人员等到现场救援，并上报事故信息。

第六百八十二条　发生事故的煤矿必须全力做好事故应急救援及相关工作，并报请当地政府和主管部门在通信、交通运输、医疗、电力、现场秩序维护等方面提供保障。

【相应处罚】

《安全生产违法行为行政处罚办法》第四十五条第一项：违反操作规程或者安全管理规定作业的，给予警告，并可以对生产经营单位处 1 万元以上 3 万元以下罚款，对其主要负责人、其他有关人员处 1000 元以上 1 万元以下的罚款。

【知识链接】

应急处置是指煤矿出现险情或发生事故时，及时下达撤人指令、报告事故信息，按程序启动事故应急预案，并跟踪现场处置情况并做好记录。

煤矿调度人员十项应急处置权：

（1）汛期本地区气象预报为降雨橙色预警天气或 24 h 以内连续观测降雨量达到 50 mm 以上；或受上游水库、河流等泄洪威胁时；或发现地面向井下溃水的。

（2）井下发生突水，或井下涌水量出现突增，有异常情况的；危及职工生命及矿井安全的。

（3）井下发生瓦斯、煤尘、火灾、冲击地压等事故的。

（4）供电系统发生故障，不能保证安全供电的。

（5）主要通风机发生故障，或通风系统遭到破坏，不能保证矿井正常通风的。

（6）安全监测监控系统出现报警，情况不明的。

（7）煤层自然发火有害气体指标超限或发生明火的。

（8）井下工作地点瓦斯浓度超过规定的。

（9）采掘工作面有冒顶征兆，采取措施不能有效控制；或采掘工作面受冲击地压威胁，采取防冲措施后，仍未解除冲击地压危险的。

（10）有其他危及井下人员安全险情的。

第二部分　正常建设(新建、改扩建、技术改造、兼并重组)煤矿安全体检工作指南

1. 证照及准入

【体检内容】

取得政府有关部门对该建设项目核准（或批准）文件，或者列入省级政府批准的煤矿资源整合或兼并重组方案中。

取得采矿许可证或者划定矿区范围批复文件，并在有效期内。

由具有相应资质的设计单位编制初步设计、安全设施设计并经有关部门审查批复，编制职业病危害防护设施设计并进行评审。

主要负责人取得安全生产知识和管理能力考核合格证。

【法规依据】

1）《国务院关于预防煤矿生产安全事故的特别规定》

第五条第一款　煤矿未依法取得采矿许可证、安全生产许可证、煤炭生产许可证、营业执照和矿长未依法取得矿长资格证、矿长安全资格证的，煤矿不得从事生产。擅自从事生产的，属非法煤矿。

2）《煤矿建设安全规范》（AQ 1083—2011）

4.1　煤矿建设项目开工前必须取得国家有关部门或地方政府规定的所有证照和批准文件。

4.9　煤矿施工单位各级主要负责人和安全生产管理人员必须具备相应的安全生产知识和管理能力，经由具备相应资质的培训机构培训并考核合格，取得安全资格证书。

4.10　煤矿建设项目的安全设施必须和主体工程同时设计、同时施工、同时投入生产和使用。

【相应处罚】

《特别规定》第十条第一款：煤矿有本规定第八条第二款所列情形之一，仍然进行生产的，由县级以上地方人民政府负责煤矿安全生产监督管理的部门或者煤矿安全监察机构责令停产整顿，提出整顿的内容、时间等具体要求，处50万元以上200万元以下的罚款；对煤矿企业负责人处3万元以上15万元以下的罚款。

《特别规定》第五条第二款：负责颁发前款规定证照的部门，一经发现煤矿无证照或者证照不全从事生产的，应当责令该煤矿立即停止生产，没收违法所得和开采出的煤炭以及采掘设备，并处违法所得 1 倍以上 5 倍以下的罚款；构成犯罪的，依法追究刑事责任；同时于 2 日内提请当地县级以上地方人民政府予以关闭，并可以向上一级地方人民政府报告。

《安全生产法》第九十四条第三项：未按照规定对从业人员、被派遣劳动者、实习学生进行安全生产教育和培训，或者未按照规定如实告知有关的安全生产事项的，责令限期改正，可以处五万元以下的罚款；逾期未改正的，责令停产停业整顿，并处五万元以上十万元以下的罚款，对其直接负责的主管人员和其他直接责任人员处一万元以上二万元以下的罚款。

《煤矿安全监察条例》第三十六条：煤矿建设工程安全设施和条件未经验收或者验收不合格，擅自投入生产的，由煤矿安全监察机构责令停止生产，处 5 万元以上 10 万元以下的罚款；拒不停止生产的，由煤矿安全监察机构移送地质矿产主管部门依法吊销采矿许可证。

【知识链接】

依据国家煤矿建设项目管理的有关规定，煤矿建设项目必须履行项目核准、初步设计和安全设施设计审查程序。项目开工前，建设单位应将项目核准、初步设计、安全设施设计批复文件和采矿许可证，设计、施工、监理单位资质证，施工企业安全生产许可证、中标文件，工程质量监督手续，保证安全施工的措施，以及拟开工日期等，一并向省级发改委、煤炭行业管理部门、煤矿安全监管部门和煤矿安全监察机构告知备案。

（1）政府有关部门对该建设项目核准（或批准）文件。

（2）省级政府批准的煤矿资源整合或兼并重组方案。

（3）采矿许可证或者划定矿区范围批复文件，并在有效期内。

（4）具有相应资质的设计单位编制初步设计、安全设施设计并经有关部门审查批复。

（5）编制职业病危害防护设施设计并进行评审。

（6）主要负责人取得安全生产知识和管理能力考核合格证。

2. 单位资质

【体检内容】

建设、设计、施工、监理等单位必须具有与工程项目规模相适应的能力。设计、施工、监理单位按《煤矿建设安全规范》（AQ 1083—2011）4.7、4.2、4.8 规定取得资质。

【法规依据】

1）《煤矿建设安全规范》（AQ 1083—2011）

4.2 煤矿施工单位必须取得国家颁发的建筑业企业资质和安全生产许可证，并严格按资质等级许可的范围承建相应规模的煤矿建设项目，严禁超资质等级施工。煤矿建设项目招标时应合理划分工程标段，一个建设项目单项工程(或同类专业工程)，原则上发包给1家有相应资质的施工单位，大型及以上项目单项工程（或同类专业工程）施工单位不得超过2家。高瓦斯及煤（岩）与瓦斯（二氧化碳）突出矿井、水文地质条件复杂及以上的矿井、立井井深大于600 m、斜井长度大于1000 m或垂深大于200 m的项目，施工单位必须具有相应的煤矿施工业绩，同时具有国家一级及以上施工资质。

4.7 设计单位必须取得国家颁发的、与工程项目规模相适应的设计资质。

4.8 煤矿建设项目监理单位必须取得国家颁发的、与工程项目规模相适应的监理资质。现场监理人员必须取得监理资格证书，人员配备能够满足工程监理需要。煤矿建设项目由2家施工单位共同施工的，由建设单位负责组织制定和督促落实有关安全技术措施，并签订安全生产管理协议，指定专职安全生产管理人员进行安全检查与协调。

2)《建设工程勘察设计管理条例》

第八条 建设工程勘察、设计单位应当在其资质等级许可的范围内承揽建设工程勘察、设计业务。

禁止建设工程勘察、设计单位超越其资质等级许可的范围或者以其他建设工程勘察、设计单位的名义承揽建设工程勘察、设计业务。禁止建设工程勘察、设计单位允许其他单位或者个人以本单位的名义承揽建设工程勘察、设计业务。

第九条 国家对从事建设工程勘察、设计活动的专业技术人员，实行执业资格注册管理制度。

未经注册的建设工程勘察、设计人员，不得以注册执业人员的名义从事建设工程勘察、设计活动。

3)《工程监理企业资质管理规定》

第三条 从事建设工程监理活动的企业，应当按照本规定取得工程监理企业资质，并在工程监理企业资质证书（以下简称资质证书）许可的范围内从事工程监理活动。

【相应处罚】

《特别规定》第十条第一款：煤矿有本规定第八条第二款所列情形之一，仍然进行生产的，由县级以上地方人民政府负责煤矿安全生产监督管理的部门或者煤矿安全监察机构责令停产整顿，提出整顿的内容、时间等具体要求，处50万元以上200万元以下的罚款；对煤矿企业负责人处3万元以上15万元以下的罚款。

《安全生产法》第九十五条第四项：矿山、金属冶炼建设项目或者用于生产、储存危险物品的建设项目竣工投入生产或者使用前，安全设施未经验收合格的，责令停止建设或者停产停业整顿，限期改正；逾期未改正的，处五十万元以上一百万元以下的罚款，对其直接负责的主管人员和其他直接责任人员处二万元以上五万元以下的罚款；构成犯罪的，依照刑法有关规定追究刑事责任。

《煤矿安全监察条例》第三十六条：煤矿建设工程安全设施和条件未经验收或者验收不合格，擅自投入生产的，由煤矿安全监察机构责令停止生产，处5万元以上10万元以下的罚款；拒不停止生产的，由煤矿安全监察机构移送地质矿产主管部门依法吊销采矿许可证。

3. 安全责任

【体检内容】

建设单位承担建设项目的安全生产管理主体责任，符合《煤矿建设安全规范》（AQ 1083—2011）4.3、4.4、4.6等规定。

施工单位对煤矿建设施工安全承担主体责任，符合《煤矿建设安全规范》（AQ 1083—2011）4.3、4.4、4.5、4.13等规定。

监理单位对煤矿施工质量和安全等承担监理责任，符合国家安全监管总局等五部门《关于印发加强煤矿建设安全管理规定的通知》（安监总煤监〔2012〕153号）文件第17条、第18条等规定。

【法规依据】

1）《煤矿建设安全规范》（AQ 1083—2011）

4.3　煤矿建设、施工单位必须建立健全安全生产责任制度、安全目标管理制度、安全投入保障制度、安全教育与培训制度、事故隐患排查与整改制度、安全监督检查制度、安全技术审批制度、安全会议等制度。

4.4　煤矿建设、施工单位必须设置安全生产管理机构，配备满足安全生产需要的专职安全生产管理人员和装备。

4.5　煤矿施工项目部必须配备满足需要的矿建、机电、通风、地测等工程技术人员和特种作业人员。

4.6　煤矿建设单位必须对建设项目实行全面安全管理，为施工单位提供必要的安全施工条件，不得随意压减工程造价影响施工安全投入，不得强令施工单位改变正常施工工艺，不得强令施工单位抢进度、冒险施工。

4.13　施工单位必须严格按批准的设计、施工组织设计组织施工。当施工过程中发现设计存在重大缺陷，或者地质条件变化较大时，应立即停止施工并向建设单位报告。建设单位应及时组织相关各方制定应急安全防范措施，组织修改设计并按规定重新报批。

2)《加强煤矿建设安全管理规定》

（十七）明确监理单位安全责任。项目监理单位必须依法取得相应资质并在相应资质等级范围内承揽业务。监理单位对煤矿施工质量和安全等承担监理责任，应当公正、独立、自主地开展监理工作，配备与建设项目监理工作相适应的足够数量的监理工程师和监理人员（不得少于 4 人）及监理设备。要明确项目监理机构人员的分工和岗位职责，制定和落实项目监理规划、实施细则，严格监理程序。

（十八）严格履行监理职责。监理单位要按照建设工程监理合同、监理规范等规定，严格审查施工组织设计中的安全技术措施或专项施工方案是否符合工程建设强制性标准，并监督落实，开展工程质量现场巡视检查和工程情况监理。对存在事故隐患的，要及时下达整改指令并报告建设单位；对存在重大事故隐患的，应当要求立即停止施工，并监督施工单位予以排除，待隐患消除后方可恢复施工。现场监理人员应当认真填写监理日志并做好监理报告。

【相应处罚】

《安全生产法》

第九十一条第一款　生产经营单位的主要负责人未履行本法规定的安全生产管理职责的，责令限期改正；逾期未改正的，处二万元以上五万元以下的罚款，责令生产经营单位停产停业整顿。

第九十四条第一、二项　生产经营单位有下列行为之一的，责令限期改正，可以处五万元以下的罚款；逾期未改正的，责令停产停业整顿，并处五万元以上十万元以下的罚款，对其直接负责的主管人员和其他直接责任人员处一万元以上二万元以下的罚款：

（一）未按照规定设置安全生产管理机构或者配备安全生产管理人员的。

（二）危险物品的生产、经营、储存单位以及矿山、金属冶炼、建筑施工、道路运输单位的主要负责人和安全生产管理人员未按照规定经考核合格的。

第一百条第二款　生产经营单位未与承包单位、承租单位签订专门的安全生产管理协议或者未在承包合同、租赁合同中明确各自的安全生产管理职责，或者未对承包单位、承租单位的安全生产统一协调、管理的，责令限期改正，可以处五万元以下的罚款，对其直接负责的主管人员和其他直接责任人员可以处一万元以下的罚款；逾期未改正的，责令停产停业整顿。

第一百零一条　两个以上生产经营单位在同一作业区域内进行可能危及对方安全生产的生产经营活动，未签订安全生产管理协议或者未指定专职安全生产管理人员进行安全检查与协调的，责令限期改正，可以处五万元以下的罚款，对其直接负责的主管人员和其他直接责任人员可以处一万元以下的罚款；

逾期未改正的，责令停产停业。

第九十三条 生产经营单位的安全生产管理人员未履行本法规定的安全生产管理职责的，责令限期改正；导致发生生产安全事故的，暂停或者撤销其与安全生产有关的资格；构成犯罪的，依照刑法有关规定追究刑事责任。

第九十四条第二项 生产经营单位有下列行为之一的，责令限期改正，可以处五万元以下的罚款；逾期未改正的，责令停产停业整顿，并处五万元以上十万元以下的罚款，对其直接负责的主管人员和其他直接责任人员处一万元以上二万元以下的罚款：

（二）危险物品的生产、经营、储存单位以及矿山、金属冶炼、建筑施工、道路运输单位的主要负责人和安全生产管理人员未按照规定经考核合格的。

【知识链接】

近年来，因一些建设单位疏于对建设项目的安全管理，工程地质、水文地质资料不详，随意压减工程造价，安全投入不到位，安全设施不完善，特别是强令施工单位改变施工工艺、盲目压缩施工工期、抢进度、甚至冒险蛮干等原因，造成的责任事故屡见不鲜。因此，要求煤矿建设单位要全面负起安全管理职责，为施工单位提供必要的施工安全条件和技术资料，加强施工过程安全监督管理，及时协调解决存在的安全问题；在工程招标和项目结算中，不得随意压减工程造价而影响施工安全投入，应确保施工过程中安全系统、安全设施、安全保障投入到位；在确定工期时，不得随意改变施工设计、压减施工工期；在施工管理中，不得强令施工单位改变正常施工工艺，不得强令施工单位抢进度、冒险施工。

相关法规要求一期、二期、三期工程结束时间比施工组织设计原计划时间提前超过 3 个月的，应作为建设期间重大事项，及时向政府有关部门报告。因故停工影响工期的，按影响时间顺延计算。

建设单位在编制施工组织设计、确定施工工期时，必须遵守以下规定：项目进入二期工程前，必须安装矿井安全监测监控系统；高瓦斯、煤（岩）与瓦斯（二氧化碳）突出、有突水危险或水文地质条件类型复杂及以上的矿井进入二期工程前，其他矿井进入三期工程前，必须按设计建成双回路供电；高瓦斯、煤（岩）与瓦斯（二氧化碳）突出矿井，进入二期工程前，必须形成由地面主要通风机供风的全风压通风系统；煤（岩）与瓦斯（二氧化碳）突出矿井揭露突出煤层前，必须建成瓦斯抽采系统并投入运行，同时严格落实“四位一体”（突出危险性预测、防治突出措施、防治突出措施的效果检验和安全防护措施）综合防突措施；高瓦斯矿井进入三期工程前，必须形成瓦斯抽采系统；有突水危险或水文地质条件复杂及以上的矿井，进入三期工程前，必须形成永久排水系统。

4. 管理制度

【体检内容】

建设、施工单位必须建立健全并落实安全生产责任制度、事故隐患排查、治理、报告等制度，符合《煤矿建设安全规范》（AQ 1083—2011）4.3 等规定。

【法规依据】

1）《煤矿建设安全规范》（AQ 1083—2011）

4.3 煤矿建设、施工单位必须建立健全安全生产责任制度、安全目标管理制度、安全投入保障制度、安全教育与培训制度、事故隐患排查与整改制度、安全监督检查制度、安全技术审批制度、安全会议等制度。

2）《煤矿企业安全生产管理制度规定》

三、煤矿企业必须建立以下安全生产管理制度：

（一）安全生产责任制；

（二）安全办公会议制度；

（三）安全目标管理制度；

（四）安全投入保障制度；

（五）安全质量标准化管理制度；

（六）安全教育与培训制度；

（七）事故隐患排查制度；

（八）安全监督检查制度；

（九）安全技术审批制度；

（十）矿用设备、器材使用管理制度；

（十一）矿井主要灾害预防管理制度；

（十二）煤矿事故应急救援制度；

（十三）安全奖罚制度；

（十四）入井检身与出入井人员清点制度；

（十五）安全操作规程管理制度等。

四、煤矿企业安全生产管理制度应满足下列规定：

（一）符合相关的法律、法规、规章、规程和标准；

（二）内容具体，责任明确，能够对照执行和检查，严格管理措施，有针对性、可操作；

（三）对违反制度的各种行为有明确、具体的处罚措施和责任追究办法；

（四）所引用的依据及适用范围和时间明确，表述规范，条款清晰，能确保相关人员了解和掌握；

（五）以正式文件发布，并确保其能够约束涉及到的部门和人。

五、煤矿企业安全生产管理制度内容的具体要求。

（一）安全生产责任制。要按照岗位、职能、权利和责任相统一的原则，明确各级负责人、职能机构和各岗位人员承担的安全生产责任和义务；要将企业、部门或单位的全部安全生产责任逐项分解，逐级落实到各岗位和人员。

（二）安全办公会议制度。要明确安全办公会议的召开周期、内容、主持人和参加人员。安全办公会议必须由安全生产第一责任人主持。会议应当有完整的记录，载明议定的事项、决定以及落实的人员、措施和期限。会议记录、纪要应纳入档案管理。

（三）安全目标管理制度。应依据上级下达的安全指标，结合实际制定年度或阶段安全生产目标，并将指标逐级分解，明确责任、保证措施、考核和奖惩办法。

（四）安全投入保障制度。应按国家有关规定建立稳定的安全投入资金渠道，保证新增、改善和更新安全系统、设备、设施，消除事故隐患，改善安全生产条件，安全生产宣传、教育、培训，安全奖励，推广应用先进安全技术措施和管理方法，抢险救灾等均有可靠的资金来源；安全投入应能充分保证安全生产需要，安全投入资金要专款专用；煤矿企业应当编制年度安全技术措施计划，确定项目，落实资金、完成时间和责任人。

（五）安全质量标准化管理制度。明确检查标准、检查周期、考核评级奖惩办法、组织检查的部门和人员。

（六）安全教育与培训制度。应保证煤矿企业职工掌握本职工作应具备的法律法规知识、安全知识、专业技术知识和操作技能；明确企业职工教育与培训的周期、内容、方式、标准和考核办法；明确相关部门安全教育与培训的职责和考核办法；明确年度安全生产教育与培训计划，确定任务，落实费用。

（七）事故隐患排查制度。应保证及时发现和消除矿井在通风、瓦斯、煤尘、火灾、顶板、机电、运输、放炮、水害和其他方面存在的隐患；明确事故隐患的识别、评估、报告、监控和治理标准；按照分级管理的原则，明确隐患治理的责任和义务。

（八）安全监督检查制度。应保证有专门的安全管理机构，配备足额的专职安全管理人员，有效地监督安全生产规章制度、规程、标准、规范等执行情况；重点检查矿井“一通三防”的装备、管理情况；明确安全检查的周期、内容、检查标准、检查方式、负责组织检查的部门和人员、对检查结果的处理办法。对查出的问题和隐患应按“四定”原则（定项目、定人员、定措施、定时间）落实处理，并将结果进行通报及存档备案。

（九）安全技术审批制度。要确定各类工程设计、作业规程、安全措施和方案等安全技术审批的内容、程序、标准、时限、审批级别；审批人员职别和资格，编制、审核、审批人员的职责、权限和义务。安全技术审批应保证依据充分、正确、内容全面、具体、安全措施可靠，能够有效指导生产施工、作业和操作。

（十）矿用设备、器材使用管理制度。应保证在用设备、器材符合相关标准，保持完好状态；明确矿用设备、器材使用前的检测标准、程序、方法和检验单位、人员的资质；明确使用过程中的检验标准、周期、方法和校验单位、人员的资质；明确维修、更新和报废的标准、程序和方法。

（十一）矿井主要灾害预防管理制度。要明确可能导致重大事故的“一通三防”、防治水、冲击地压、职业危害等主要危险，有针对性地分别制定专门制度，强化管理，加强监控，制定预防措施。

（十二）煤矿事故应急救援制度。要制定事故应急救援预案，明确发生事故后的上报时限、上报部门、上报内容、应采取的应急救援措施等。

（十三）安全奖罚制度。必须兼顾责任、权利、义务，规定明确，奖罚对应；明确奖罚的项目、标准和考核办法。

（十四）入井检身与出入井人员清点制度。明确入井人员禁止带入井下的物品和检查方法；明确人员入井、升井登记、清点和统计、报告办法，保证准确掌握井下作业人数和人员名单，及时发现未能正常升井的人员并查明原因。

（十五）安全操作规程管理制度。操作规程要涵盖从进入操作现场、操作准备到操作结束和离开操作现场全过程的各个操作环节。要分别制定各工种的岗位操作规程，明确各工种、岗位对操作人员的基本要求、操作程序和标准，明确违反操作程序和标准可能导致的危险和危害。

六、煤矿企业及其所属单位、部门应制定相关配套的制度，并根据企业实际情况和安全生产管理工作需要制定其他安全生产管理制度。

【相应处罚】

《安全生产法》第九十八条第四项：未建立事故隐患排查治理制度的，责令限期改正，可以处十万元以下的罚款；逾期未改正的，责令停产停业整顿，并处十万元以上二十万元以下的罚款，对其直接负责的主管人员和其他直接责任人员处二万元以上五万元以下的罚款；构成犯罪的，依照刑法有关规定追究刑事责任。

《煤矿企业安全生产管理制度规定》第七条：负有煤矿安全生产监督管理职责的部门应加强对煤矿企业建立健全安全生产管理制度工作的监督管理，指导企业制定安全生产管理制度。煤矿安全监察人员实施安全监察时，发现煤矿企业未按本规定建立安全生产管理制度或制度内容未达到本规定要求的，应责令限期改正；逾期不改正的，依照有关法律法规实施处罚。

5. 按期开工建设

【体检内容】

在规定期限内（安全设施设计批复1年内）开工建设，1年内未进行施工的，施工前建设单位必须重新申请审查。

【法规依据】

1)《关于加强煤矿建设项目安全设施设计审查与竣工验收工作的通知》

九、安全设施设计审查批复后，1年内未进行施工的，施工前建设单位必须重新申请审查。

2)《标本兼治遏制煤矿重特大事故工作实施方案》

1. 严格安全准入和许可。自2016年起3年内，原则上停止新核准（审批）的建设项目和新增产能的技术改造项目安全设施设计审查工作；确需新建煤矿的，一律实行减量置换。对安全设施设计批复之日起1年内不开工的煤矿建设项目，安全设施设计审批文件要予以撤销。要进一步加强安全生产许可证颁发管理工作，安全生产许可证期限不得超过采矿许可证期限，采矿许可证到期的要暂扣安全生产许可证；安全生产许可证到期不申请延期的要予以注销。

【相应处罚】

《安全生产违法行为行政处罚办法》第四十五条第一项：违反操作规程或者安全管理规定作业的，给予警告，并可以对生产经营单位处1万元以上3万元以下罚款，对其主要负责人、其他有关人员处1000元以上1万元以下的罚款。

6. 按设计施工

【体检内容】

施工单位应当按照批准的安全设施设计施工，并对安全设施的工程质量负责。

建设单位负责组织编制施工组织设计，并经设计、施工、监理等单位会审，内容必须有保障安全施工的措施，确定矿井一期、二期、三期工程施工顺序。矿井进入主要大巷施工前，必须安装安全监控、人员位置监测、通信联络系统，符合《煤矿安全规程》第七十条规定。按照矿井灾害程度，进入二期、三期工程前必须建成相应的供电、通风、瓦斯抽采及排水系统，符合安监总煤监〔2012〕153号文件第7条规定。

【法规依据】

1)《煤矿安全规程》

第七十条　建井期间应当尽早形成永久的供电、提升运输、供排水、通风等系统。未形成上述永久系统前，必须建设临时系统。

矿井进入主要大巷施工前，必须安装安全监控、人员位置监测、通信联络系统。

2）《煤矿建设安全规范》（AQ 1083—2011）

4.11 单项工程施工组织设计由项目总承包单位负责组织编制，并根据年度施工进展情况进行调整。没有实行总承包的由建设单位负责组织编制。施工组织设计需经设计、监理、施工等相关单位会审后组织实施，原设计变更的应作相应调整变更。

4.12 单位工程施工组织设计、作业规程、安全技术措施，由施工单位（工程处或项目部）组织编制，报上一级主管单位审批，批准后报送建设单位和监理单位；无上级主管单位的施工单位，报送建设单位批准实施。

3）《加强煤矿建设安全管理规定》

（七）编制建设项目施工组织设计。施工组织设计应当由建设单位（或项目总承包单位）负责组织编制，并经设计、施工、监理等相关单位会审。施工组织设计中必须有保障安全施工的措施，确定的矿井一期、二期、三期工程施工顺序，应科学合理，符合有关规定。

4）《安全生产法》

第三十一条 矿山、金属冶炼建设项目和用于生产、储存、装卸危险物品的建设项目的施工单位必须按照批准的安全设施设计施工，并对安全设施的工程质量负责。

【相应处罚】

《安全生产法》第九十五条第三项：矿山、金属冶炼建设项目或者用于生产、储存、装卸危险物品的建设项目的施工单位未按照批准的安全设施设计施工的，责令停止建设或者停产停业整顿，限期改正；逾期未改正的，处五十万元以上一百万元以下的罚款，对其直接负责的主管人员和其他直接责任人员处二万元以上五万元以下的罚款；构成犯罪的，依照刑法有关规定追究刑事责任。

《安全生产违法行为行政处罚办法》第四十五条第一项：违反操作规程或者安全管理规定作业的，给予警告，并可以对生产经营单位处1万元以上3万元以下罚款，对其主要负责人、其他有关人员处1000元以上1万元以下的罚款。

【知识链接】

（1）由于煤矿施工牵扯矿建、土建、安装等多家施工单位相互协作、相互配合才能完成，因此单项工程施工组织设计应由项目总承包单位负责组织编制，如果没有实行总承包的则由建设单位负责编制。施工组织设计应经设计、监理、施工等相关单位会审后组织实施。编制单项工程施工组织设计，应遵循安全设施应优先建设的原则，以满足施工安全需要。

单项工程施工组织设计应根据《简明建井工程手册》（煤炭工业出版社）施工组织设计的编制内容与要求编制，并进行适当补充和调整，以适应现场施工管理的需要。施工组织设计中提出的矿井一期、二期、三期工程施工工期，应科学合理，满足“4.6”条文执行说明的规定。

（2）单位工程开工前必须有批准的施工组织设计、作业规程和安全技术措施。施工单位应按照技术管理制度，明确编制层次、审批权限、责任、流程。重要工程，如大型设备安装、大硐室开凿、过断层等必须编制安全技术措施和作业规程；煤与瓦斯突出、自然发火、水害、冲击地压威胁的掘进工作面，必须编制防治灾害的专门安全技术措施和作业规程。上述施工组织设计、作业规程、安全技术措施由施工单位（工程处）总工程师组织编制，上级主管单位审批，报送建设和监理单位后实施；无上级主管单位的施工单位，报送建设单位审批。一般安全技术措施和作业规程，由项目部技术负责人组织编制，报施工单位（工程处）总工程师审批。施工组织设计、作业规程、安全技术措施要根据现场安全生产条件的变化，及时补充完善。

下列技术文件，由施工单位（工程处）总工程师负责组织编制，报上级主管部门（或建设单位）审批：①井筒掘砌及井筒延伸工程施工组织设计；②二、三期工程施工组织设计；③二、三期工程通风设计；④采用特殊凿井工艺施工的井巷工程施工组织设计；⑤高瓦斯、煤与瓦斯突出矿井的揭煤及防突施工专项措施；⑥年度矿井灾害预防与处理计划；⑦安全生产事故应急预案；⑧井筒永久装备的施工组织设计；⑨井筒转入平巷的改装工程（临时改绞）施工组织设计；⑩起吊总重200吨以上金属构件井架、直径4 m以上提升机、大型洗选设备、35 kV以上线路及变电所、宽度1.4 m及长度3000 m以上皮带和井下综采工作面等永久设备安装施工组织设计；⑪其他专项施工组织设计和安全技术措施。

（3）规范建设项目设计报批程序。建设单位应根据批准的煤矿建设规模，委托具有相应资质的设计单位编制设计，同一项目的初步设计与安全设施设计应当由同一设计单位编制。初步设计应当按照批准的安全设施设计进行修改完善和报批。煤矿建设项目施工过程中瓦斯、煤层自燃倾向性、煤尘爆炸危险性、水文地质类型等条件发生变化，原设计的开拓方式、开采工艺，提升、运输、通风等主要生产系统以及首采区、首采工作面布置等需要变更，或施工过程中发现设计存在重大缺陷、影响安全施工，需要修改设计的，应当立即停止施工，委托原设计单位对初步设计和安全设施设计进行修改，报原批准部门审批。其中，涉及项目核准文件所规定的建设规模、重大技术方案等有关内容调整的，还应当事先以书面形式向原核准部门报批。矿井瓦斯等级、水文地质类型升级，应当重新考核施工单位的资质和业绩，确保施工单位具有相应的资质和能力。

7. 变更设计和报批

【体检内容】

当矿井灾害、安全生产系统等发生重大变化时，应停止施工，按规定对安全设施设计进行变更修改，经原审批机构审查同意后实施。

【法规依据】

1）《煤矿建设安全规范》（AQ 1083—2011）

4.13　施工单位必须严格按批准的设计、施工组织设计组织施工。当施工过程中发现设计存在重大缺陷，或者地质条件变化较大时，应立即停止施工并向建设单位报告。建设单位应及时组织相关各方制定应急安全防范措施，组织修改设计并按规定重新报批。

2）《煤矿和煤层气地面开采建设项目安全设施监察规定》

第二十一条　在施工期间，发现安全设施设计不合理、地质条件发生较大变化或者存在重大事故隐患时，应当立即停止施工。建设单位应当及时修改设计、消除隐患。建设单位需对安全设施设计作重大变更的，应当按照本规定第十七条的规定重新申请审查。

【相应处罚】

《建设项目安全设施“三同时”监督管理办法》第二十九条：已经批准的建设项目安全设施设计发生重大变更，生产经营单位未报原批准部门审查同意擅自开工建设的，责令限期改正，可以并处1万元以上3万元以下的罚款。

《煤矿和煤层气地面开采建设项目安全设施监察规定》第三十四条：生产经营单位有下列行为之一的，责令限期改正；逾期未改正的，责令停产停业整顿，并处10万元以上50万元以下的罚款，对其直接负责的主管人员和其他直接责任人员处2万元以上5万元以下的罚款；构成犯罪的，依照刑法有关规定追究刑事责任：

（一）施工单位在施工期间，发现安全设施设计不合理、地质条件发生较大变化或者存在重大事故隐患时，不立即停止施工的；

（二）建设单位在施工期间，发现安全设施设计不合理、地质条件发生较大变化或者存在重大事故隐患时，未及时修改设计、消除隐患的；

（三）监理单位发现安全事故隐患未及时要求施工单位整改或者暂时停止施工的；

（四）施工单位拒不整改或者不停止施工，监理单位未及时向煤矿安全监察机构报告的。

【知识链接】

施工组织设计是根据工程建设的基本规律、施工工艺规律编制的组织方案、施工方案，能够合理安排施工顺序、设备配置、人员调配、安全管理、环境保护和进度计划等现场各项工作，是指导现场科学组织施工的纲领性文件。施工单位必须严格按照批准的施工组织设计组织施工。但煤矿施工受水、火、瓦斯、顶板、煤尘等自然灾害影响，具有复杂性、多变性，因此在施工中发现设计存在重大缺陷，或者地质条件发生较大变化时，应立即停止施工并向建设单位报告。建设单位在接到报告后，要认真核实，针对具体情况组织制定各类灾害事故的应急防范措施，确保施工安全。施工组织设计存在重大缺陷、施工条件发生较大变化，原施工方案不能满足正常施工和安全生产需要时，必须停止施工，由建设单位根据条件变化修改设计。重大设计变更，应事先以书面形式向原项目核准部门报告，经原核准部门同意后，重新履行煤矿初步设计和安全设施设计报批程序。严禁先施工后报批、边施工边修改。不需要重新报批的，由建设单位修改后施工单位按新的设计方案施工。

8. 设计单位指导建设施工

【体检内容】

对已开工的建设项目，设计单位必须委派相关专业人员常驻施工现场，加强与施工和建设单位沟通交流，及时协助解决相关问题。

【法规依据】

《加强煤矿建设安全管理规定》

（十二）强化建设项目现场服务。对已开工的建设项目，设计单位必须委派相关专业人员常驻施工现场，加强与施工和建设单位沟通交流，及时协助解决相关问题。

9. 地面安全设施

【体检内容】

双回路供电：建井期间应当形成两回路供电。符合《煤矿安全规程》第七十一条规定。

安全出口：开凿或者延深立井时，井筒内必须设有在提升设备发生故障时专供人员出井的安全设施和出口。井筒到底后，应当先短路贯通，形成至少2个通达地面的安全出口。

井筒悬挂设备的安全防护：悬挂吊盘、模板、抓岩机、管路、电缆和安全梯的凿井绞车，必须装设制动装置和防逆转装置，并设有电气闭锁。

【法规依据】

《煤矿安全规程》

第四十条　矿井建设期间的安全出口应当符合下列要求：

（一）开凿或者延深立井时，井筒内必须设有在提升设备发生故障时专供人员出井的安全设施和出口；井筒到底后，应当先短路贯通，形成至少2个通达地面的安全出口。

（二）相邻的两条斜井或者平硐施工时，应当及时按设计要求贯通联络巷。

第七十一条　建井期间应当形成两回路供电。当任一回路停止供电时，另一回路应当能担负矿井全部用电负荷。暂不能形成两回路供电的，必须有备用电源，备用电源的容量应当满足通风、排水和撤出人员的需要。

高瓦斯、煤与瓦斯突出、水文地质类型复杂和极复杂的矿井进入巷道和硐室施工前，其他矿井进入采区巷道施工前，必须形成两回路供电。

第七十二条　悬挂吊盘、模板、抓岩机、管路、电缆和安全梯的凿井绞车，必须装设制动装置和防逆转装置，并设有电气闭锁。

【相应处罚】

《安全生产违法行为行政处罚办法》第四十五条第一项：违反操作规程或者安全管理规定作业的，给予警告，并可以对生产经营单位处 1 万元以上 3 万元以下罚款，对其主要负责人、其他有关人员处 1000 元以上 1 万元以下的罚款。

【知识链接】

1）矿井应当有两回路电源线路

（1）所有矿井都应当有两回路电源线路（即来自两个不同变电站或者来自不同电源进线的同一变电站的两段母线），当任一回路发生故障停止供电时，另一回路应当担负矿井全部用电负荷。

（2）安全生产许可证颁发管理部门对边远地区符合产业政策和安全生产其他条件，但区域内不具备两回路供电条件的矿井应当严格审查，并报相应国家煤矿安全监察机构审核；经审查只能采用单回路供电的，必须有备用电源。

（3）备用电源的容量必须满足通风、排水、提升等要求，并保证主要通风机等在 10 分钟内可靠启动和运行。备用电源应当有专人负责管理和维护，每 10 天至少进行一次启动和运行试验，试验期间不得影响矿井通风等，试验记录要存档备查。

2）安全出口

（1）每个生产矿井必须至少有 2 个能行人的通达地面的安全出口，各出口间距不得小于 30 m。

采用中央式通风的新建和改扩建矿井，设计中应当规定井田边界的安全出口。

新建、扩建矿井的回风井严禁兼作提升和行人通道，紧急情况下可作为安全出口。

（2）井下每一个水平到上一个水平和各个采（盘）区都必须至少有 2 个

便于行人的安全出口，并与通达地面的安全出口相连。未建成2个安全出口的水平或者采（盘）区严禁回采。

井巷交岔点，必须设置路标，标明所在地点，指明通往安全出口的方向。

通达地面的安全出口和2个水平之间的安全出口，倾角不大于45°时，必须设置人行道，并根据倾角大小和实际需要设置扶手、台阶或者梯道。倾角大于45°时，必须设置梯道间或者梯子间，斜井梯道间必须分段错开设置，每段斜长不得大于10 m；立井梯子间中的梯子角度不得大于80°，相邻2个平台的垂直距离不得大于8 m。

安全出口应当经常清理、维护，保持畅通。

10. 立井凿井提升安全

【体检内容】

采用吊桶升降人员时，乘坐人员必须挂牢安全绳，不得人、物混装，严禁用自动翻转式、底卸式吊桶升降人员。

信号装置：掘进工作面与吊盘、吊盘与井口、吊盘与辅助盘、腰泵房与井口、翻矸平台与绞车房、井口与提升机房要设置独立信号装置。井口信号装置要与绞车的控制回路闭锁。吊盘与井口、腰泵房与井口、井口与提升机房，要装设直通电话。

建井期间罐笼与箕斗混合提升，提人时应当设置信号闭锁，当罐笼提人时箕斗不得运行。

装备1套提升系统的井筒，必须有备用通信、信号装置。

钢丝绳及连接装置：立井凿井期间，提升钢丝绳与吊桶的连接，要采用具有可靠保险和回转卸力装置的专用钩头。钩头主要受力部件每年应进行1次无损探伤检测。

井筒中悬挂吊盘、模板、抓岩机的钢丝绳，使用期限为1年；悬挂水管、风管、输料管、安全梯和电缆的钢丝绳，使用期限为2年（经检测检验，满足安全要求的可继续使用）。

临时改绞：立井井筒临时改绞必须编制施工组织设计。井筒井底水窝深度必须满足过放距离的要求。提升容器过放距离内严禁积水积物。

【法规依据】

1）《煤矿安全规程》

第七十五条　立井凿井期间采用吊桶升降人员时，应当遵守下列规定：

（一）乘坐人员必须挂牢安全绳，严禁身体任何部位超出吊桶边缘。

（二）不得人、物混装。运送爆炸物品时应当执行本规程第三百三十九条的规定。

（三）严禁用自动翻转式、底卸式吊桶升降人员。

（四）吊桶提升到地面时，人员必须从井口平台进出吊桶，并只准在吊桶停稳和井盖门关闭后进出吊桶。

（五）吊桶内人均有效面积不应小于0.2 m^2，严禁超员。

第七十七条　立井凿井期间，提升钢丝绳与吊桶的连接，必须采用具有可靠保险和回转卸力装置的专用钩头。钩头主要受力部件每年应当进行1次无损探伤检测。

第七十八条　建井期间，井筒中悬挂吊盘、模板、抓岩机的钢丝绳，使用期限一般为1年；悬挂水管、风管、输料管、安全梯和电缆的钢丝绳，使用期限一般为2年。钢丝绳到期后经检测检验，不符合本规程第四百一十二条的规定，可以继续使用。

煤矿企业应当根据建井工期、在用钢丝绳的腐蚀程度等因素，确定是否需要储备检验合格的提升钢丝绳。

第七十九条　立井井筒临时改绞必须编制施工组织设计。井筒井底水窝深度必须满足过放距离的要求。提升容器过放距离内严禁积水积物。

同一工业广场内布置2个及以上井筒时，未与另一井筒贯通的井筒不得进行临时改绞。单井筒确需临时改绞的，必须制定专项措施。

【相应处罚】

《安全生产违法行为行政处罚办法》第四十五条第一项：违反操作规程或者安全管理规定作业的，给予警告，并可以对生产经营单位处1万元以上3万元以下罚款，对其主要负责人、其他有关人员处1000元以上1万元以下的罚款。

11. 联合试运转

【体检内容】

按规定经有关主管部门批准后进行联合试运转，联合试运转总时长不得超过12个月，并编制联合试运转报告。

【法规依据】

1）煤矿建设项目安全设施监察规定

第二十六条　煤矿建设项目在竣工完成后，应当在正式投入生产或使用前进行联合试运转。联合试运转的时间一般为1至6个月，有特殊情况需要延长的，总时长不得超过12个月。

煤矿建设项目联合试运转，应按规定经有关主管部门批准。

第二十七条　煤矿建设项目联合试运转期间，煤矿企业应当制定可靠的安全措施，做好现场检测、检验，收集有关数据，并编制联合试运转报告。

2）《建设项目安全设施“三同时”监督管理办法》

第二十一条　本办法第七条规定的建设项目竣工后，根据规定建设项目需要试运行（包括生产、使用，下同）的，应当在正式投入生产或者使用前进行试运行。

试运行时间应当不少于30日，最长不得超过180日，国家有关部门有规定或者特殊要求的行业除外。

生产、储存危险化学品的建设项目和化工建设项目，应当在建设项目试运行前将试运行方案报负责建设项目安全许可的安全生产监督管理部门备案。

第二十二条　本办法第七条规定的建设项目安全设施竣工或者试运行完成后，生产经营单位应当委托具有相应资质的安全评价机构对安全设施进行验收评价，并编制建设项目安全验收评价报告。

建设项目安全验收评价报告应当符合国家标准或者行业标准的规定。

生产、储存危险化学品的建设项目和化工建设项目安全验收评价报告除符合本条第二款的规定外，还应当符合有关危险化学品建设项目的规定。

3）《煤矿和煤层气地面开采建设项目安全设施监察规定》

第二十二条　建设项目竣工后，正式投入生产或使用前，应当进行联合试运转。联合试运转前，建设单位应当编制联合试运转方案，并应及时将联合试运转方案报省级煤矿安全监察局等有关部门。

联合试运转的时间一般为1至6个月，有特殊情况需要延长的，总时长不得超过12个月。

第二十三条　建设项目联合试运转期间，建设单位应当制定可靠的安全措施，做好现场检测、检验，收集有关数据，并编制联合试运转报告。

【相应处罚】

《安全生产违法行为行政处罚办法》第四十五条第一项：违反操作规程或者安全管理规定作业的，给予警告，并可以对生产经营单位处1万元以上3万元以下罚款，对其主要负责人、其他有关人员处1000元以上1万元以下的罚款。

《加强煤矿建设安全管理规定》第九条：建设单位必须统筹安排联合试运转与竣工验收工作，联合试运转的时间一般为1至6个月；有特殊情况需要延期的，必须按规定经省级煤炭行业管理部门或投资主管部门批准，但联合试运转总时间最长不得超过12个月。未提交联合试运转报告，或者联合试运转没有达到预期目标和效果的，不得申请竣工验收。超过批准的联合试运转期限的，必须立即停止联合试运转，严禁以联合试运转名义组织生产。

【知识链接】

煤矿建设项目联合试运转报告应当包含以下主要内容：各主要系统运行情况；主要生产设备故障处理记录与分析；提升、运输、排水、通风、供电、采掘等主要设施与装备的检测、检验报告；联合试运转的效果分析；有关安全生产的建议；其他应说明的事项。

12. 施工工期管理

【体检内容】

按设计批复规定期限进行施工，超期按规定办理延期手续。资源整合技改矿井延长期限不得超过 1 年。

【法规依据】

1）《关于加强煤矿建设项目安全设施设计审查与竣工验收工作的通知》

九、安全设施设计审查批复后，1 年内未进行施工的，施工前建设单位必须重新申请审查。

2）《标本兼治遏制煤矿重特大事故工作实施方案》

1. 严格安全准入和许可。自 2016 年起 3 年内，原则上停止新核准（审批）的建设项目和新增产能的技术改造项目安全设施设计审查工作；确需新建煤矿的，一律实行减量置换。对安全设施设计批复之日起 1 年内不开工的煤矿建设项目，安全设施设计审批文件要予以撤销。要进一步加强安全生产许可证颁发管理工作，安全生产许可证期限不得超过采矿许可证期限，采矿许可证到期的要暂扣安全生产许可证；安全生产许可证到期不申请延期的要予以注销。

【相应处罚】

《关于进一步规范煤矿资源整合技改工作的通知》第四条：有下列情形之一的，取消整合技改资格，由地方人民政府依法予以关闭：

1. 资源整合或兼并重组方案批复之日起 1 年内（因企业原因）未申请办理采矿许可证的；

2. 安全设施设计批复之日起 1 年内不开工的；

3. 在规定建设工期内（特殊情况经批准可适当延长，但延长期最长不得超过 1 年）不能完成项目建设的；

4. 整合技改期间非法违法组织生产的；

5. 整合技改期间发生重特大事故的。

13. 依法依规组织建设

【体检内容】

不得边建设边生产、未经验收组织生产、在改扩建区域组织生产。

【法规依据】

1）《特别规定》

第八条第二款第十二项　煤矿有下列重大安全生产隐患和行为的，应当立即停止生产，排除隐患：

（十二）新建煤矿边建设边生产，煤矿改扩建期间，在改扩建的区域生产，或者在其他区域的生产超出安全设计规定的范围和规模的。

2）《安全生产法》

第三十一条第二款　矿山、金属冶炼建设项目和用于生产、储存危险物品的建设项目竣工投入生产或者使用前，应当由建设单位负责组织对安全设施进行验收；验收合格后，方可投入生产和使用。安全生产监督管理部门应当加强对建设单位验收活动和验收结果的监督核查。

《煤矿安全监察条例》

第二十二条　煤矿建设工程竣工后或者投产前，应当经煤矿安全监察机构对其安全设施和条件进行验收；未经验收或者验收不合格的，不得投入生产。

煤矿安全监察机构对煤矿建设工程安全设施和条件进行验收，应当自收到申请验收文件之日起30日内验收完毕，签署合格或者不合格的意见，并书面答复。

【相应处罚】

《特别规定》第十条第一款：煤矿有本规定第八条第二款所列情形之一，仍然进行生产的，由县级以上地方人民政府负责煤矿安全生产监督管理的部门或者煤矿安全监察机构责令停产整顿，提出整顿的内容、时间等具体要求，处50万元以上200万元以下的罚款；对煤矿企业负责人处3万元以上15万元以下的罚款。

《安全生产法》第九十五条第四项：矿山、金属冶炼建设项目或者用于生产、储存危险物品的建设项目竣工投入生产或者使用前，安全设施未经验收合格的，责令停止建设或者停产停业整顿，限期改正；逾期未改正的，处五十万元以上一百万元以下的罚款，对其直接负责的主管人员和其他直接责任人员处二万元以上五万元以下的罚款；构成犯罪的，依照刑法有关规定追究刑事责任。

《煤矿安全监察条例》第三十六条：煤矿建设工程安全设施和条件未经验收或者验收不合格，擅自投入生产的，由煤矿安全监察机构责令停止生产，处5万元以上10万元以下的罚款；拒不停止生产的，由煤矿安全监察机构移送地质矿产主管部门依法吊销采矿许可证。

14. 整合主体责任

【体检内容】

兼并重组（资源整合）主体企业承担安全生产主体责任，全面负责安全管理工作。矿长、实际控制人和投资人均是安全生产的第一责任人，必须落实安全生产责任。

【法规依据】

1）《企业安全生产责任体系五落实五到位规定》

一、必须落实“党政同责”要求，董事长、党组织书记、总经理对本企业安全生产工作共同承担领导责任。

二、必须落实安全生产“一岗双责”，所有领导班子成员对分管范围内安全生产工作承担相应职责。

三、必须落实安全生产组织领导机构，成立安全生产委员会，由董事长或总经理担任主任。

四、必须落实安全管理力量，依法设置安全生产管理机构，配齐配强注册安全工程师等专业安全管理人员。

五、必须落实安全生产报告制度，定期向董事会、业绩考核部门报告安全生产情况，并向社会公示。

六、必须做到安全责任到位、安全投入到位、安全培训到位、安全管理到位、应急救援到位。

2）《关于进一步加强企业安全生产规范化建设严格落实企业安全生产主体责任的指导意见》（安监总办〔2010〕139号）

【相应处罚】

《安全生产法》第九十一条：生产经营单位的主要负责人未履行本法规定的安全生产管理职责的，责令限期改正；逾期未改正的，处二万元以上五万元以下的罚款，责令生产经营单位停产停业整顿。

生产经营单位的主要负责人有前款违法行为，导致发生生产安全事故的，给予撤职处分；构成犯罪的，依照刑法有关规定追究刑事责任。

生产经营单位的主要负责人依照前款规定受刑事处罚或者撤职处分的，自刑罚执行完毕或者受处分之日起，五年内不得担任任何生产经营单位的主要负责人；对重大、特别重大生产安全事故负有责任的，终身不得担任本行业生产经营单位的主要负责人。

15. 按规定关闭兼并（整合）矿井

【体检内容】

资源整合矿井不予利用的井筒和地面设施等按标准实施关闭。

【法规依据】

《关于进一步规范煤炭资源整合工作的通知》（安委办〔2007〕7号）

三、严格遵循煤炭资源整合原则

（一）先关闭后整合的原则。先关闭是指：属于《通知》规定的16种关闭类型的矿井，由地方人民政府按照关闭矿井的标准依法组织实施关闭；拟保留整合的矿井要吊（注）销所有证照，停产停工。后整合是指：保留的合法矿井按照煤炭资源整合的原则制定资源整合方案，经批准后组织实施，进一步减少矿点数量；资源整合的矿井待初步设计核准后，不予利用的井筒和地面设施等按标准实施关闭；已关闭矿井的资源经认定确有开采价值的，由合法矿井进行整合；已经关闭的矿井，严禁作为资源整合主体，整合其他资源。

16. 托管煤矿管理

【体检内容】

建设项目属于托管煤矿的，委托方或托管煤矿与承托单位都承担安全生产责任，同时承托单位上级主管单位也承担相应的安全责任，各单位要严格按国家安全监管总局、国家煤矿安监局《关于加强托管煤矿安全监管监察工作的通知》（安监总煤监〔2015〕15 号）要求落实安全责任。

【法规依据】

《关于加强托管煤矿安全监管监察工作的通知》（安监总煤监〔2015〕15 号）

二、切实加强托管煤矿安全管理，落实安全责任

（四）委托方或托管煤矿与承托单位要依据国家相关法律法规签订托管合同或协议，明确托管的方式、时间和内容以及双方的安全生产责任和权利、义务等。委托方或托管煤矿与承托单位都承担安全生产责任。

（五）开展托管工作前，托管合同或协议应书面报告所在地县级以上人民政府煤炭行业管理部门或煤矿安全监管部门，并抄送驻地煤矿安全监察机构。

（六）托管煤矿应保证安全生产所必须的资金投入，按规定提取和使用安全生产费用。

（七）煤矿托管必须采取整体托管形式。承托单位要对托管煤矿的生产、技术、安全实施全面管理，不得进行部分托管，或以技术服务、分项承包的形式进行托管，不得将托管煤矿再次委托第三方管理。同时，要将托管煤矿纳入承托单位的统一安全管理体系，承托单位上级主管单位要对托管煤矿进行安全管理，并承担相应的安全责任。

（八）托管合同签订后，承托单位应当按照法律、法规等规定，组建安全生产管理机构，配齐矿长、总工程师和分管安全、生产、机电的副矿长，以及负责采煤、掘进、机电运输、通风、地质测量工作的专业技术人员，重新组建成建制的生产队伍，建立健全安全生产责任制、安全管理和隐患排查治理等相关规章制度。为托管煤矿组建的安全管理团队不得兼管其他煤矿。

（九）承托单位应当强化对托管煤矿从业人员的教育和培训，将托管煤矿的教育培训纳入本单位安全生产教育和培训计划，夯实托管煤矿安全基础。

【相应处罚】

《关于加强托管煤矿安全监管监察工作的通知》第十一条：驻地煤矿安全监察机构应按照《煤矿企业安全生产许可证实施办法》（原国家安全监管局、国家煤矿安监局令第 8 号）严格对托管煤矿进行审查，不符合条件的，要依法暂扣其安全生产许可证。

第三部分　责令停产停建整改煤矿安全体检工作指南

1. 专人盯守

【体检内容】

有煤矿安全监管部门专人盯守，盯守人员责任和分工明确；盯守人员工作记录和汇报记录应完整、齐全。

【相应处罚】

建议列出问题清单移交地方政府处理

2. 整改方案及组织实施

【体检内容】

隐患整改方案要由主要负责人组织制定，方案应包括以下内容：①整改的目标和任务；②整改的方法和措施；③落实的经费和物资；④整改的责任单位和责任人员；⑤整改的时限、进度安排；⑥采取的安全防护措施和制定的应急预案；⑦方案要明确作业范围和作业人数，并严格组织实施。

【法规依据】

《安全生产事故隐患排查治理暂行规定》

第十五条第二款　对于重大事故隐患，由生产经营单位主要负责人组织制定并实施事故隐患治理方案。重大事故隐患治理方案应当包括以下内容：

（一）治理的目标和任务；

（二）采取的方法和措施；

（三）经费和物资的落实；

（四）负责治理的机构和人员；

（五）治理的时限和要求；

（六）安全措施和应急预案。

【相应处罚】

《安全生产事故隐患排查治理暂行规定》第二十六条第三项：未制定事故隐患治理方案的，由安全监管监察部门给予警告，并处三万元以下的罚款。

3. 整改工作进展

【体检内容】

整改工作严格按整改方案进行，严禁边整顿边生产或只生产不整顿。

【法规依据】

《特别规定》

第十一条第二款　被责令停产整顿的煤矿应当制定整改方案，落实整改措施和安全技术规定；整改结束后要求恢复生产的，应当由县级以上地方人民政府负责煤矿安全生产监督管理的部门自收到恢复生产申请之日起60日内组织验收完毕；验收合格的，经组织验收的地方人民政府负责煤矿安全生产监督管理的部门的主要负责人签字，并经有关煤矿安全监察机构审核同意，报请有关地方人民政府主要负责人签字批准，颁发证照的部门发还证照，煤矿方可恢复生产；验收不合格的，由有关地方人民政府予以关闭。

【相应处罚】

《特别规定》第十一条第三款：被责令停产整顿的煤矿擅自从事生产的，县级以上地方人民政府负责煤矿安全生产监督管理的部门、煤矿安全监察机构应当提请有关地方人民政府予以关闭，没收违法所得，并处违法所得1倍以上5倍以下的罚款；构成犯罪的，依法追究刑事责任。

4. 复产复工验收

【体检内容】

复工复产前制订详细的工作方案，全面排查矿井各系统、各环节、各岗位，特别是采掘工作面和重要硐室存在的安全隐患，制定知识链接和安全技术措施，彻底治理隐患；隐患治理完毕、煤矿先行组织验收后，按照属地管理原则提出申请，省属煤矿和中央企业煤矿由省级煤矿安全监管部门组织验收，局长签字；市属煤矿由市（地）级煤矿安全监管部门组织验收，市（地）级人民政府主要负责人签字；其他煤矿由县级煤矿安全监管部门组织验收，县级人民政府主要负责人签字，验收工作符合《关于切实做好春节后煤矿复工复产验收工作的通知》（安监总煤行〔2017〕9号）的要求。

【法规依据】

《关于切实做好春节后煤矿复工复产验收工作的通知》（安监总煤行〔2017〕9号）

一、严格煤矿复工复产程序

（一）煤矿复工复产前要制定详细的工作方案，安排领导干部带队深入井下，全面排查矿井各系统、各环节、各岗位，特别是采掘工作面和重要硐室是否存在安全隐患；要针对查出的隐患，研究制定整改措施和安全技术措施，落实治理责任，彻底治理隐患；隐患治理完毕，煤矿企业或煤矿要先行组织验收。对于自行停产停工或停产检修的煤矿，由煤矿企业主要负责人或矿长签字确认后方可复工复产；对于长期停工停产、被责令停产的煤矿，在先行组织验收合格后，按照属地管理原则，省属煤矿和中央企业煤矿向省级煤矿安全监管部门申请验收，市属煤矿向市（地）级煤矿安全监管部门申请验收，其他煤矿向县级煤矿安全监管部门申请验收，煤矿安全监管部门组织验收合格并履行局长（市长、县长）签字手续后，以正式文件通知煤矿复工复产。复工复产通知要抄送相关煤矿安全监察机构。

（二）列入去产能淘汰退出规划、近期关闭的矿井，原则上不再复工复产，不设“过渡期”或“回撤期”，并派人盯守，对因人员安置、设备回收不能立即停产的矿井，要督促煤矿企业制定具体实施方案，明确每一个采掘工作面、每个采区、每个水平及全矿井的封闭时间，报省级人民政府或省级化解过剩煤炭产能领导办公室批准。

二、严格煤矿复工复产签字手续

对自行停工停产矿井，由煤矿企业主要负责人或矿长签字；对长期停工停产、被责令停产的煤矿，省属煤矿和中央企业煤矿由省级煤矿安全监管部门主要负责人签字，市属煤矿由市（地）级人民政府主要负责人签字，其他煤矿由县级人民政府主要负责人签字。各类煤矿复工复产，均不得以验收组组长、验收部门负责人或验收专家等替代签字；已经复工复产但未严格履行签字手续的煤矿，要逐矿进行补签。煤矿复工复产实行“谁验收、谁签字、谁负责”制度，凡在验收工作中违反程序、降低标准、把关不严、弄虚作假的，一经发现要严肃查处并问责。故意隐瞒问题违规申请复工复产的，严肃追究申请煤矿的责任，并作为重点监管对象，6个月内不再受理复工复产验收申请。

三、严格复工复产现场管理

严禁以治理隐患名义进行采掘活动，参与隐患治理的人数要在隐患治理整改措施中予以明确，重大隐患整改要安排煤矿领导干部现场监管；矿井恢复通风、供电及启封密闭，要严格瓦斯检查排放制度，制定安全技术措施，由煤矿专业救护队实施瓦斯排放；冲击地压矿井恢复生产前要对冲击地压危险程度进行评价，并采取相应的安全技术措施。各类复工复产煤矿，要严格按核定（设计）产能组织生产，严禁超能力、超强度、超定员组织生产。

各产煤省（区、市）煤矿安全监管部门要在当地政府领导下，立即对煤矿复工复产验收工作作出专项部署，并依据煤矿安全生产许可证颁发条件和《煤矿安全规程》，结合煤矿安全生产大检查“八查”内容和本地区实际，制定本辖区煤矿复工复产验收标准。对于未申请或未通过复工复产验收的煤矿，要重点落实盯守责任，安排盯守人员。复工复产煤矿名单要及时抄送相关煤矿安全监察机构，煤矿安全监察机构将对复工复产煤矿进行复查或抽查。

第四部分　长期停产停建煤矿安全体检工作指南

1. 盯守或巡查

【体检内容】

有煤矿安全监管部门派人盯守、巡回检查、定期检查、突击检查等方式进行监督检查。

【相应处罚】

列出问题清单，移交地方政府处理。

2. 停止或限制供电、停止供应火工品

【体检内容】

被相关部门采取断电或限制供电、停止供应火工品等措施。

【法规依据】

《特别规定》

第十三条第二款　关闭煤矿应当达到下列要求：

（一）吊销相关证照；

（二）停止供应并处理火工用品；

（三）停止供电，拆除矿井生产设备、供电、通信线路；

（四）封闭、填实矿井井筒，平整井口场地，恢复地貌；

（五）妥善遣散从业人员。

【相应处罚】

《特别规定》第十三条第三款：关闭煤矿未达到前款规定要求的，对组织实施关闭的地方人民政府及其有关部门的负责人和直接责任人给予记过、记大过、降级、撤职或者开除的行政处分；构成犯罪的，依法追究刑事责任。

3. 擅自恢复维修、生产、建设

【体检内容】

不允许人员下井煤矿：人员严禁下井。

经批准允许人员下井进行通风、排水、维修等作业的煤矿：下井人数、作业地点和范围、作业时限严禁超过规定，严禁进行生产活动，特种作业人员经培训合格并持证上岗。

【相应处罚】

《安全生产违法行为行政处罚办法》第四十五条第一项：违反操作规程或者安全管理规定作业的，给予警告，并可以对生产经营单位处 1 万元以上 3 万元以下罚款，对其主要负责人、其他有关人员处 1000 元以上 1 万元以下的罚款。

《特别规定》第十三条第五款：关闭的煤矿擅自恢复生产的，依照本规定第五条第二款规定予以处罚；构成犯罪的，依法追究刑事责任。

4. 制定并落实安全技术措施

【体检内容】

不允许人员下井煤矿：采取防止人员进（坠）入井下的安全防护措施。

经批准允许井下作业煤矿：下井人数、作业范围、目标和任务、时限等，在批准文件中明确规定，并由主要负责人组织制定通风、瓦斯检查、提升运输等安全技术措施，落实矿领导带班下井、特种作业人员持证上岗制度。

【相应处罚】

《安全生产违法行为行政处罚办法》第四十五条第一项：违反操作规程或者安全管理规定作业的，给予警告，并可以对生产经营单位处 1 万元以上 3 万元以下罚款，对其主要负责人、其他有关人员处 1000 元以上 1 万元以下的罚款。

《特别规定》第十三条第五款：关闭的煤矿擅自恢复生产的，依照本规定第五条第二款规定予以处罚；构成犯罪的，依法追究刑事责任。

5. 巡查和抽查

【体检内容】

有煤矿监管监察部门进行定期巡查或抽查。

【相应处罚】

列出问题清单，移交地方政府处理。

第五部分　列入退出规划（计划）尚未停产的煤矿安全体检工作指南

1. 明确企业领导层负责人员和地方监管责任人

【体检内容】

严格按照签订的目标责任书，把责任层层细化分解，确保每项工作、每个时间节点，有人负责、有人监督，不出现责任落空现象，符合《国家发展改革委国家能源局国家煤矿安监局关于防止停工停产煤矿违规复工复产的通知》（发改电〔2016〕541 号）的要求。

2. 明确封闭时间

【体检内容】

明确了每一个采掘工作面、每个采区、每个水平及全矿井的封闭时间，报省级人民政府或省级化解过剩煤炭产能领导办公室批准，符合《关于做好春节后煤矿复工复产验收工作的通知》（安监总煤行〔2017〕9 号）的要求。

3. 制定回撤设备的具体方案和安全技术措施

【体检内容】

制定了回撤设备的具体方案和安全技术措施，符合《关于做好春节后煤矿复工复产验收工作的通知》（安监总煤行〔2017〕9 号）的要求。

4. 防止违规组织生产

【体检内容】

杜绝违规组织生产，符合《国务院安委会办公室关于进一步落实各项安全防范责任和制度措施坚决遏制煤矿重特大事故的紧急通知》（安委办明电〔2016〕21 号）的要求。

第六部分　煤矿上一级企业安全体检工　作　指　南

1. 管理机构和人员

【体检内容】

落实企业安全生产组织领导机构，成立安全生产委员会，由董事长（党委书记）或总经理担任主任；设置安全生产管理机构，配齐配全专职安全生产管理人员；建立以总工程师为首的技术管理体系；设置采掘技术管理、“一通三防”、地质勘探、防治水等安全技术管理机构，配齐专业技术管理人员。

【法规依据】

《安全生产法》

第二十一条　矿山、金属冶炼、建筑施工、道路运输单位和危险物品的生产、经营、储存单位，应当设置安全生产管理机构或者配备专职安全生产管理人员。

前款规定以外的其他生产经营单位，从业人员超过一百人的，应当设置安全生产管理机构或者配备专职安全生产管理人员；从业人员在一百人以下的，应当配备专职或者兼职的安全生产管理人员。

第二十二条　生产经营单位的安全生产管理机构以及安全生产管理人员履行下列职责：

（一）组织或者参与拟订本单位安全生产规章制度、操作规程和生产安全事故应急救援预案；

（二）组织或者参与本单位安全生产教育和培训，如实记录安全生产教育和培训情况；

（三）督促落实本单位重大危险源的安全管理措施；

（四）组织或者参与本单位应急救援演练；

（五）检查本单位的安全生产状况，及时排查生产安全事故隐患，提出改进安全生产管理的建议；

（六）制止和纠正违章指挥、强令冒险作业、违反操作规程的行为；

（七）督促落实本单位安全生产整改措施。

第二十三条　生产经营单位的安全生产管理机构以及安全生产管理人员应

当恪尽职守，依法履行职责。

生产经营单位作出涉及安全生产的经营决策，应当听取安全生产管理机构以及安全生产管理人员的意见。

生产经营单位不得因安全生产管理人员依法履行职责而降低其工资、福利等待遇或者解除与其订立的劳动合同。

危险物品的生产、储存单位以及矿山、金属冶炼单位的安全生产管理人员的任免，应当告知主管的负有安全生产监督管理职责的部门。

第二十四条　生产经营单位的主要负责人和安全生产管理人员必须具备与本单位所从事的生产经营活动相应的安全生产知识和管理能力。

危险物品的生产、经营、储存单位以及矿山、金属冶炼、建筑施工、道路运输单位的主要负责人和安全生产管理人员，应当由主管的负有安全生产监督管理职责的部门对其安全生产知识和管理能力考核合格。考核不得收费。

危险物品的生产、储存单位以及矿山、金属冶炼单位应当有注册安全工程师从事安全生产管理工作。鼓励其他生产经营单位聘用注册安全工程师从事安全生产管理工作。注册安全工程师按专业分类管理，具体办法由国务院人力资源和社会保障部门、国务院安全生产监督管理部门会同国务院有关部门制定。

【相应处罚】

《安全生产法》第九十一条第一款：生产经营单位的主要负责人未履行本法规定的安全生产管理职责的，责令限期改正；逾期未改正的，处二万元以上五万元以下的罚款，责令生产经营单位停产停业整顿。

第九十四条第一项、第二项：未按照规定设置安全生产管理机构或者配备安全生产管理人员的，危险物品的生产、经营、储存单位以及矿山、金属冶炼、建筑施工、道路运输单位的主要负责人和安全生产管理人员未按照规定经考核合格的，责令限期改正，可以处五万元以下的罚款；逾期未改正的，责令停产停业整顿，并处五万元以上十万元以下的罚款，对其直接负责的主管人员和其他直接责任人员处一万元以上二万元以下的罚款。

2. 管理制度和责任制

【体检内容】

建立健全主要负责人、安全生产管理人员、职能部门、各岗位安全生产责任制；制定并落实了安全目标管理、投入、奖惩、技术措施审批、培训、办公会议、安全检查、事故隐患排查治理报告、井下劳动组织定员、领导干部带班下井等安全生产规章制度，并及时修订；属于煤矿承托单位的，制定了承担托管煤矿安全的责任制，对托管煤矿的生产、技术、安全实施全面管理，符合《国家安全监管总局国家煤矿安监局关于加托管煤矿安全监管监察工作的通知》（安监总煤监〔2015〕15 号）的要求。

【法规依据】

《安全生产法》

第十八条　生产经营单位的主要负责人对本单位安全生产工作负有下列职责：

（一）建立、健全本单位安全生产责任制；

（二）组织制定本单位安全生产规章制度和操作规程；

（三）组织制定并实施本单位安全生产教育和培训计划；

（四）保证本单位安全生产投入的有效实施；

（五）督促、检查本单位的安全生产工作，及时消除生产安全事故隐患；

（六）组织制定并实施本单位的生产安全事故应急救援预案；

（七）及时、如实报告生产安全事故。

第十九条　生产经营单位的安全生产责任制应当明确各岗位的责任人员、责任范围和考核标准等内容。

生产经营单位应当建立相应的机制，加强对安全生产责任制落实情况的监督考核，保证安全生产责任制的落实。

【相应处罚】

《安全生产法》第九十一条第一款：生产经营单位的主要负责人未履行本法规定的安全生产管理职责的，责令限期改正；逾期未改正的，处二万元以上五万元以下的罚款，责令生产经营单位停产停业整顿。

3. 隐患排查治理

【体检内容】

按规定召开安全办公会、瓦斯防治专题会议和防治水专题会议，认真组织开展重大事故隐患排查治理工作；公司职能部门按规定对所属矿井开展经常性安全检查。

【法规依据】

《安全生产事故隐患排查治理暂行规定》

第十五条第二款　对于重大事故隐患，由生产经营单位主要负责人组织制定并实施事故隐患治理方案。重大事故隐患治理方案应当包括以下内容：

（一）治理的目标和任务；

（二）采取的方法和措施；

（三）经费和物资的落实；

（四）负责治理的机构和人员；

（五）治理的时限和要求；

（六）安全措施和应急预案。

【相应处罚】

《安全生产事故隐患排查治理暂行规定》第二十六条第三项：未制定事故隐患治理方案的，由安全监管监察部门给予警告，并处三万元以下的罚款。

《安全生产法》第九十八条第四项：未建立事故隐患排查治理制度的，责令限期改正，可以处十万元以下的罚款；逾期未改正的，责令停产停业整顿，并处十万元以上二十万元以下的罚款，对其直接负责的主管人员和其他直接责任人员处二万元以上五万元以下的罚款；构成犯罪的，依照刑法有关规定追究刑事责任。

4. 安全生产投入

【体检内容】

建立健全安全生产费用管理制度和管理台账；按照《企业安全生产费用提取和使用管理办法》（财企〔2012〕16号）和地方有关规定编制企业年度安全费用提取和使用计划，按计划提取和使用安全生产费用。

【法规依据】

1)《安全生产法》

第二十条第二款　有关生产经营单位应当按照规定提取和使用安全生产费用，专门用于改善安全生产条件。安全生产费用在成本中据实列支。安全生产费用提取、使用和监督管理的具体办法由国务院财政部门会同国务院安全生产监督管理部门征求国务院有关部门意见后制定。

2)《企业安全生产费用提取和使用管理办法》

第十七条　煤炭生产企业安全费用应当按照以下范围使用：

（一）煤与瓦斯突出及高瓦斯矿井落实"两个四位一体"综合防突措施支出，包括瓦斯区域预抽、保护层开采区域防突措施、开展突出区域和局部预测、实施局部补充防突措施、更新改造防突设备和设施、建立突出防治实验室等支出；

（二）煤矿安全生产改造和重大隐患治理支出，包括"一通三防"（通风，防瓦斯、防煤尘、防灭火）、防治水、供电、运输等系统设备改造和灾害治理工程，实施煤矿机械化改造，实施矿压（冲击地压）、热害、露天矿边坡治理、采空区治理等支出；

（三）完善煤矿井下监测监控、人员定位、紧急避险、压风自救、供水施救和通信联络安全避险"六大系统"支出，应急救援技术装备、设施配置和维护保养支出，事故逃生和紧急避难设施设备的配置和应急演练支出；

（四）开展重大危险源和事故隐患评估、监控和整改支出；

（五）安全生产检查、评价（不包括新建、改建、扩建项目安全评价）、咨询、标准化建设支出；

（六）配备和更新现场作业人员安全防护用品支出；

（七）安全生产宣传、教育、培训支出；

（八）安全生产适用新技术、新工艺、新标准、新装备的推广应用支出；

（九）安全设施及特种设备检测检验支出；

（十）其他与安全生产直接相关的支出。

第二十六条　在本办法规定的使用范围内，企业应当将安全费用优先用于满足安全生产监督管理部门、煤矿安全监察机构以及行业主管部门对企业安全生产提出的整改措施或者达到安全生产标准所需的支出。

第二十七条第一款　企业提取的安全费用应当专户核算，按规定范围安排使用，不得挤占、挪用。年度结余资金结转下年度使用，当年计提安全费用不足的，超出部分按正常成本费用渠道列支。

【相应处罚】

《特别规定》第十条第一款：煤矿有本规定第八条第二款所列情形之一，仍然进行生产的，由县级以上地方人民政府负责煤矿安全生产监督管理的部门或者煤矿安全监察机构责令停产整顿，提出整顿的内容、时间等具体要求，处50万元以上200万元以下的罚款；对煤矿企业负责人处3万元以上15万元以下的罚款。

5. 安全培训

【体检内容】

制定并实施主要负责人和安全生产管理人员、特种作业人员培训计划、从业人员再培训、职业病危害防治计划；主要负责人和安全生产管理人员的安全生产知识和管理能力经考核合格。

【法规依据】

1）《生产经营单位安全培训规定》

第九条　生产经营单位主要负责人和安全生产管理人员初次安全培训时间不得少于32学时。每年再培训时间不得少于12学时。

煤矿、非煤矿山、危险化学品、烟花爆竹、金属冶炼等生产经营单位主要负责人和安全生产管理人员初次安全培训时间不得少于48学时，每年再培训时间不得少于16学时。

第十一条　煤矿、非煤矿山、危险化学品、烟花爆竹等生产经营单位必须对新上岗的临时工、合同工、劳务工、轮换工、协议工等进行强制性安全培训，保证其具备本岗位安全操作、自救互救以及应急处置所需的知识和技能后，方能安排上岗作业。

第十三条　生产经营单位新上岗的从业人员，岗前培训时间不得少于24学时。

煤矿、非煤矿山、危险化学品、烟花爆竹等生产经营单位新上岗的从业人员安全培训时间不得少于 72 学时，每年接受再培训的时间不得少于 20 学时。

2）《安全生产法》

第二十五条　生产经营单位应当对从业人员进行安全生产教育和培训，保证从业人员具备必要的安全生产知识，熟悉有关的安全生产规章制度和安全操作规程，掌握本岗位的安全操作技能，了解事故应急处理措施，知悉自身在安全生产方面的权利和义务。未经安全生产教育和培训合格的从业人员，不得上岗作业。

生产经营单位使用被派遣劳动者的，应当将被派遣劳动者纳入本单位从业人员统一管理，对被派遣劳动者进行岗位安全操作规程和安全操作技能的教育和培训。劳务派遣单位应当对被派遣劳动者进行必要的安全生产教育和培训。

生产经营单位接收中等职业学校、高等学校学生实习的，应当对实习学生进行相应的安全生产教育和培训，提供必要的劳动防护用品。学校应当协助生产经营单位对实习学生进行安全生产教育和培训。

生产经营单位应当建立安全生产教育和培训档案，如实记录安全生产教育和培训的时间、内容、参加人员以及考核结果等情况。

第二十七条　生产经营单位的特种作业人员必须按照国家有关规定经专门的安全作业培训，取得相应资格，方可上岗作业。

特种作业人员的范围由国务院安全生产监督管理部门会同国务院有关部门确定。

3）《特种作业人员安全技术培训考核管理规定》

第五条　特种作业人员必须经专门的安全技术培训并考核合格，取得《中华人民共和国特种作业操作证》（以下简称特种作业操作证）后，方可上岗作业。

第二十一条　特种作业操作证每 3 年复审 1 次。特种作业人员在特种作业操作证有效期内，连续从事本工种 10 年以上，严格遵守有关安全生产法律法规的，经原考核发证机关或者从业所在地考核发证机关同意，特种作业操作证的复审时间可以延长至每 6 年 1 次。

4）《煤矿安全规程》

第九条　煤矿企业必须对从业人员进行安全教育和培训，培训不合格的，不得上岗作业。

主要负责人和安全生产管理人员必须具备煤矿安全生产知识和管理能力，并经考核合格。特种作业人员必须按国家有关规定培训合格，取得资格证书，方可上岗作业。

矿长必须具备安全专业知识，具有组织、领导安全生产和处理煤矿事故的能力。

【相应处罚】

《安全生产法》

第九十四条　生产经营单位有下列行为之一的，责令限期改正，可以处五万元以下的罚款；逾期未改正的，责令停产停业整顿，并处五万元以上十万元以下的罚款，对其直接负责的主管人员和其他直接责任人员处一万元以上二万元以下的罚款：

（一）未按照规定设置安全生产管理机构或者配备安全生产管理人员的；

（二）危险物品的生产、经营、储存单位以及矿山、金属冶炼、建筑施工、道路运输单位的主要负责人和安全生产管理人员未按照规定经考核合格的；

（三）未按照规定对从业人员、被派遣劳动者、实习学生进行安全生产教育和培训，或者未按照规定如实告知有关的安全生产事项的；

（四）未如实记录安全生产教育和培训情况的；

（五）未将事故隐患排查治理情况如实记录或者未向从业人员通报的；

（六）未按照规定制定生产安全事故应急救援预案或者未定期组织演练的；

（七）特种作业人员未按照规定经专门的安全作业培训并取得相应资格，上岗作业的。

6. 应急救援

【体检内容】

制定并按时修订生产安全事故应急救援预案；定期组织开展生产安全事故应急救援演练。

【法规依据】

《安全生产法》

第二十二条第一、四项　生产经营单位的安全生产管理机构以及安全生产管理人员履行下列职责：

（一）组织或者参与拟订本单位安全生产规章制度、操作规程和生产安全事故应急救援预案。

（四）组织或者参与本单位应急救援演练。

第七十八条　生产经营单位应当制定本单位生产安全事故应急救援预案，与所在地县级以上地方人民政府组织制定的生产安全事故应急救援预案相衔接，并定期组织演练。

【相应处罚】

《安全生产法》第九十四条第六项：未按照规定制定生产安全事故应急救援预案或者未定期组织演练的，责令限期改正，可以处五万元以下的罚款；逾期未改正的，责令停产停业整顿，并处五万元以上十万元以下的罚款，对其直接负责的主管人员和其他直接责任人员处一万元以上二万元以下的罚款。

7. 事故报告与调查处理

【体检内容】

建立健全并落实生产安全事故报告制度；事故责任人员责任追究落实到位，事故防范措施落实到位；认真开展事故警示教育，吸取事故教训。

【法规依据】

1)《安全生产法》

第八十条　生产经营单位发生生产安全事故后，事故现场有关人员应当立即报告本单位负责人。

单位负责人接到事故报告后，应当迅速采取有效措施，组织抢救，防止事故扩大，减少人员伤亡和财产损失，并按照国家有关规定立即如实报告当地负有安全生产监督管理职责的部门，不得隐瞒不报、谎报或者迟报，不得故意破坏事故现场、毁灭有关证据。

第八十一条　负有安全生产监督管理职责的部门接到事故报告后，应当立即按照国家有关规定上报事故情况。负有安全生产监督管理职责的部门和有关地方人民政府对事故情况不得隐瞒不报、谎报或者迟报。

第八十二条　有关地方人民政府和负有安全生产监督管理职责的部门的负责人接到生产安全事故报告后，应当按照生产安全事故应急救援预案的要求立即赶到事故现场，组织事故抢救。

参与事故抢救的部门和单位应当服从统一指挥，加强协同联动，采取有效的应急救援措施，并根据事故救援的需要采取警戒、疏散等措施，防止事故扩大和次生灾害的发生，减少人员伤亡和财产损失。

事故抢救过程中应当采取必要措施，避免或者减少对环境造成的危害。

任何单位和个人都应当支持、配合事故抢救，并提供一切便利条件。

第八十三条　事故调查处理应当按照科学严谨、依法依规、实事求是、注重实效的原则，及时、准确地查清事故原因，查明事故性质和责任，总结事故教训，提出整改措施，并对事故责任者提出处理意见。事故调查报告应当依法及时向社会公布。事故调查和处理的具体办法由国务院制定。

事故发生单位应当及时全面落实整改措施，负有安全生产监督管理职责的部门应当加强监督检查。

2)《生产安全事故报告和调查处理条例》

第二条　生产经营活动中发生的造成人身伤亡或者直接经济损失的生产安全事故的报告和调查处理，适用本条例；环境污染事故、核设施事故、国防科研生产事故的报告和调查处理不适用本条例。

8. 责任考核与责任追究

【体检内容】

重大灾害防治工程设计和防治措施按规定进行审批；经理层向职工代表大会等机构和部门报告安全生产情况；对安全生产违法违规人员和事故责任人员按煤机构批复的意见进行责任追究。

9. 生产计划和经营指标

【体检内容】

生产经营决策听取安全生产管理机构及安全生产管理人员的意见。严禁超能力、超强度、超定员下达生产计划或经营指标。

【法规依据】

《煤矿生产能力管理办法》

第十八条 煤矿应当按照均衡生产原则，安排年度、季度、月度生产计划，合理组织生产。年度原煤产量不得超过生产能力，月度原煤产量不得超过月计划的10%。无月度计划的，月产量不得超过生产能力的1/12。煤矿应在显著位置公示煤矿生产能力和年度、月度生产计划，接受社会、群众和舆论监督。

【相应处罚】

负责煤矿生产能力核定工作的部门发现煤矿企业有超能力生产行为的，按照《国务院关于预防煤矿生产安全事故的特别规定》（国务院令第446号）予以严厉处罚。

《特别规定》第十条第一款：煤矿有本规定第八条第二款所列情形之一，仍然进行生产的，由县级以上地方人民政府负责煤矿安全生产监督管理的部门或者煤矿安全监察机构责令停产整顿，提出整顿的内容、时间等具体要求，处50万元以上200万元以下的罚款；对煤矿企业负责人处3万元以上15万元以下的罚款。

第七部分 煤矿企业全面安全体检报告编写指南

一、填写封面信息

如实填写封面信息，如企业名称、矿井名称、企业法人姓名、联系电话以及填表日期等，见附件1。

二、煤矿企业安全体检基本情况表

位置、交通、企业性质、主要负责人、核定生产能力（设计能力）；煤矿企业隶属关系；安全管理人员配备情况；持证情况；各生产、安全系统简要情况；2017年“采、掘、抽”接续计划情况；主要灾害类型和等级；主要灾害的防治措施；近5年事故情况。见附件2。

三、煤矿全面安全体检内容基础表

认真、如实填写正常生产煤矿全面安全体检内容基础表、正常建设（新建、改扩建、技术改造、兼并重组）煤矿全面安全体检内容基础表、责令停产停建煤矿全面安全体检内容基础表、长期停产停建煤矿全面安全体检内容基础表、列入退出规划（计划）尚未停产的煤矿全面安全体检内容基础表、煤矿上一级公司全面安全体检内容基础表。正常生产或进行联合试运转的正常建设井工煤矿还应当填写采煤工作面全面安全体检内容基础表、掘进工作面全面安全体检内容基础表，见附件3、4。对标对表检查各类煤矿企业存在的隐患和问题，分类列出问题清单。

煤矿安全监管监察部门对体检查出的隐患和问题可依法进行处置。

四、煤矿全面安全体检自检情况审查表

由地方煤矿安全监管部门填写，见附件5。

五、煤矿企业全面安全体检工作记录表

由煤矿企业、地方煤矿安全监管部门、安全“体检”工作组、督查组填

写，见附件 6。

六、煤矿全面安全体检汇总表

由地方煤矿安全监管部门填写，见附件 7。

附件 1

煤矿企业全面安全体检表

企　业　名　称：____________________

矿　井　名　称：____________________

企业法人姓名：____________________

联　系　电　话：____________________

填　表　日　期：____________________

附件 2

煤矿企业安全体检基本情况表

<table>
<tr><td>企业名称</td><td colspan="3"></td><td>企业类别</td><td></td></tr>
<tr><td>经营性质</td><td></td><td>设计能力</td><td></td><td>检查时间</td><td></td></tr>
<tr><td colspan="6">参与安全体检人员名单</td></tr>
<tr><td>姓名</td><td colspan="2">单位</td><td>职称/职务</td><td>专业</td><td>签名</td></tr>
<tr><td></td><td colspan="2"></td><td></td><td></td><td></td></tr>
<tr><td></td><td colspan="2"></td><td></td><td></td><td></td></tr>
<tr><td></td><td colspan="2"></td><td></td><td></td><td></td></tr>
<tr><td></td><td colspan="2"></td><td></td><td></td><td></td></tr>
<tr><td></td><td colspan="2"></td><td></td><td></td><td></td></tr>
<tr><td></td><td colspan="2"></td><td></td><td></td><td></td></tr>
<tr><td></td><td colspan="2"></td><td></td><td></td><td></td></tr>
<tr><td></td><td colspan="2"></td><td></td><td></td><td></td></tr>
<tr><td></td><td colspan="2"></td><td></td><td></td><td></td></tr>
<tr><td></td><td colspan="2"></td><td></td><td></td><td></td></tr>
<tr><td></td><td colspan="2"></td><td></td><td></td><td></td></tr>
<tr><td></td><td colspan="2"></td><td></td><td></td><td></td></tr>
<tr><td></td><td colspan="2"></td><td></td><td></td><td></td></tr>
<tr><td></td><td colspan="2"></td><td></td><td></td><td></td></tr>
</table>

注：煤矿企业类别按对应的 6 类煤矿企业填写；其中“煤矿上一级公司”的设计能力填所属煤矿设计生产能力之和。

附件 3

采煤工作面安全体检内容基础表

<table>
<tr><td>煤矿（井）名称</td><td colspan="3"></td></tr>
<tr><td>工作面名称</td><td colspan="3"></td></tr>
<tr><td colspan="4">采煤工作面基本情况</td></tr>
<tr><td>采煤方法及工艺</td><td></td><td>支护方式</td><td></td></tr>
<tr><td>工作面初采时间</td><td></td><td>预计结束时间</td><td></td></tr>
<tr><td>走向长度（m）/剩余走向长度（m）</td><td></td><td>工作面长度（m）</td><td></td></tr>
<tr><td>煤层厚度（m）/煤层倾角（°）</td><td></td><td>工作面煤量/剩余煤量（万吨）</td><td></td></tr>
<tr><td>工作面风量（m^3/min）</td><td></td><td>运输方式</td><td></td></tr>
<tr><td>煤层顶底板岩性</td><td></td><td>采空区管理</td><td></td></tr>
<tr><td colspan="4">采煤工作面灾害及治理情况</td></tr>
<tr><td>绝对瓦斯涌出量（m^3/min）</td><td></td><td>相对瓦斯涌出量（m^3/t）</td><td></td></tr>
<tr><td>突出危险性</td><td></td><td>自燃倾向性</td><td></td></tr>
<tr><td>煤尘爆炸危险性</td><td></td><td>冲击地压</td><td></td></tr>
<tr><td>主要水害威胁</td><td></td><td>其他灾害</td><td></td></tr>
<tr><td>采取（拟采取）的灾害治理措施和安全防护措施</td><td colspan="3"></td></tr>
<tr><td>检查发现的主要问题</td><td colspan="3"></td></tr>
<tr><td>提出的整改措施和整改时限</td><td colspan="3"></td></tr>
</table>

注：列为 2017 年采掘计划的采煤工作面均要开展安全“体检”，并按“一面一表”的要求填写本表。

附件 4

掘进工作面安全体检内容基础表

<table>
<tr><td>煤矿（井）名称</td><td colspan="4"></td></tr>
<tr><td>工作面名称</td><td colspan="2"></td><td colspan="2">□煤巷、□岩巷、□半煤岩巷（划“√”）</td></tr>
<tr><td colspan="5">掘进工作面基本情况</td></tr>
<tr><td>掘进工艺</td><td></td><td colspan="2">支护方式</td><td></td></tr>
<tr><td>设计长度（m）</td><td></td><td colspan="2">掘进长度（m）</td><td></td></tr>
<tr><td>煤层厚度（m）
煤层倾角（°）
（煤巷、半煤岩巷）</td><td></td><td colspan="2">通风方式</td><td></td></tr>
<tr><td>局部通风机功率</td><td></td><td colspan="2">工作面风量（m^3/min）</td><td></td></tr>
<tr><td>巷道断面</td><td></td><td colspan="2">顶底板岩性</td><td></td></tr>
<tr><td colspan="5">掘进工作面灾害及治理情况</td></tr>
<tr><td>绝对瓦斯涌出量（m^3/min）</td><td colspan="2"></td><td>相对瓦斯涌出量（m^3/t）</td><td></td></tr>
<tr><td>煤尘爆炸危险性</td><td colspan="2"></td><td>自燃倾向性</td><td></td></tr>
<tr><td>突出危险性</td><td colspan="2"></td><td>冲击地压</td><td></td></tr>
<tr><td>主要水害威胁</td><td colspan="2"></td><td>其他灾害</td><td></td></tr>
<tr><td>采取（拟采取）的灾害治理措施和安全防护措施</td><td colspan="2"></td><td></td><td></td></tr>
<tr><td>检查发现的主要问题</td><td colspan="4"></td></tr>
<tr><td>提出的整改措施和整改时限</td><td colspan="4"></td></tr>
</table>

注：列为 2017 年采掘计划的各类掘进工作面均要开展安全“体检”，并按“一面一表”的要求填写本表。

附件5

煤矿全面安全体检自检情况审查表

煤矿企业（井、坑）名称				
审查项目		审　查　内　容	审查意见	审查人员
一、正常生产煤矿				
（一）正常生产井工矿	1. 证照管理	煤矿安全生产许可证、采矿许可证是否合法有效。		
	2. 机构人员	安全生产管理机构和人员配备是否符合要求。		
	3. 安全制度	管理制度和责任制的落实是否符合要求。		
	4. 生产管理	生产管理是否符合自查内容和标准。		
	5. 通风系统	通风系统及设施是否符合规程规定。		
	6. 监测监控	监测监控系统运行是否符合规程相关规定。		
	7. 瓦斯防治	瓦斯防治是否符合规程及防突规定。		
	8. 水害防治	水害防治是否符合规程及防治水规定。		
	9. 防治火灾	防灭火是否符合自检内容和标准。		
	10. 防尘管理	煤尘爆炸性、防尘设施、防尘措施等是否符合规定。		
	11. 顶板管理	掘进工作面顶板管、采煤工作面顶板管理是否符合要求。		
	12. 机电运输	机电运输是否符合自检内容和标准。		
	13. 安全投入	安全费用的提取、使用、管理等是否符合规定。		
	14. 应急救援	是否制定应急方案和定期组织开展应急救援演练。		
	15. 爆炸物品	爆炸物品贮存运输及使用是否符合规定。		
	16. 职业卫生	职业病危害防治是否符合规定。		
（二）正常生产露天矿	1. 安全管理	安全管理是否符合自检内容规定。		
	2. 采剥管理	采剥管理是否符合自检内容规定。		
	3. 运输管理	运输管理是否符合自检内容规定。		
	4. 排土管理	排土管理是否符合自检内容规定。		
	5. 边坡稳定	边坡稳定是否符合自检内容规定。		
	6. 防治火灾	防治火灾是否符合自检内容规定。		
	7. 水害防治	水害防治是否符合自检内容规定。		
	8. 粉尘防治	粉尘防治是否符合自检内容规定。		
	9. 爆炸物品	爆炸物品是否符合自检内容规定。		
	10. 电气设备	电气设备是否符合自检内容规定。		
	11. 生产系统	生产系统是否符合自检内容规定。		
	12. 平面布置	平面布置是否符合自检内容规定。		
	13. 设备维修	设备维修是否符合自检内容规定。		
	14. 油库油站	油库油站是否符合自检内容规定。		
	15. 应急救援	应急救援是否符合自检内容规定。		
	16. 职业卫生	职业卫生是否符合自检内容规定。		

审查项目		审　查　内　容	审查意见	审查人员
二、正常建设煤矿				
1.	项目准入	项目准入是否符合相关规定。		
2.	安全责任	施工安全责任是否落实。		
3.	管理制度	建设项目的安全生产管理制度是否落实。		
4.	建设工期	建设工期是否符合自查相关规定。		
5.	项目施工	项目施工是否符合相关规定。		
6.	变更设计	安全设施设计变更是否符合相关规定。		
7.	施工指导	设计单位是否派相关专业人员常驻施工现场指导。		
8.	地面设施	地面安全设施是否符合相关规定。		
9.	试运转	联合试运转是否符合相关规定。		
10.	施工工期	施工工期是否符合自检相关规定。		
11.	组织建设	是否存在非法组织生产情况。		
12.	主体责任	兼并重组（资源整合）主体安全生产责任是否落实。		
13.	矿井关闭	不予利用的井筒是否按标准实施关闭。		
14.	托管管理	托管煤矿的安全责任是否落实。		
15.	单位资质	建设、设计、施工、监理等单位是否具有相应能力。		
三、责令停产停建煤矿				
1.	专人盯守	专人盯守、盯守责任和工作记录是否符合规定。		
2.	整改方案	隐患整改方案的制定和内容是否符合规定。		
3.	整改进展	整改工作是否严格按整改方案进行。		
4.	复产复工	复工复产是否符合安监总煤行〔2017〕9号的要求。		
5.	巡查抽查	是否有煤矿监管监察部门进行定期巡查或抽查。		

审查项目	审　查　内　容	审查意见	审查人员
四、长期停产停建煤矿			
1. 盯守巡查	是否有盯守。是否巡回检查等方式进行监督检查。		
2. 限制措施	是否采取断电、限电、停止供应火工品等管控措施。		
3. 停产管理	停产管理是否符合自检内容要求。		
4. 措施落实	停产措施落实是否符合自检规定内容。		
5. 巡查抽查	是否有煤矿监管监察部门进行定期巡查或抽查。		
五、列入退出规划（计划）尚未停产的煤矿			
1. 明确责任	是否严格按照签订的目标责任书落实责任。		
2. 明确时间	矿井、采面等退出是不符合自检内容规定。		
3. 回撤方案	回撤方案是否符合安监总煤行〔2017〕9号的要求。		
4. 防范违规	无违规生产，符合安委办明电〔2016〕21号的要求。		
六、煤矿上一级公司			
1. 机构人员	是否符合自检内容规定。		
2. 制度责任	是否符合自检内容规定。		
3. 隐患排查	除患排查是否符合自检内容规定。		
4. 安全投入	安全费用提取和使用是否符合规定。		
5. 安全培训	人员的培训是否符合要求。		
6. 应急救援	是否制定应急方案和定期组织开展应急救援演练。		
7. 事故教训	事故报告制度、防范措施是否落实；教训是否吸取。		
8. 责任考核	责任考核是否符合自检内容规定。		
9. 计划指标	是否存在“三超”下达生产计划或经营指标。		

注：审查意见填写“是”或“否”。

附件 6

煤矿企业全面安全体检工作记录表（县级体检）

<table>
<tr><td>煤矿企业自检自查意见：

主要负责人签字：　　　　单位（盖章）

年　月　日</td></tr>
<tr><td>县级安全体检情况：

安全体检人员签字：

年　月　日</td></tr>
<tr><td>市级督查情况：

督查人员签字：

年　月　日</td></tr>
<tr><td>省级督查情况：

督查人员签字：

年　月　日</td></tr>
</table>

煤矿企业全面安全体检工作记录表（市级体检）

<table>
<tr><td>煤矿企业自检自查意见：

主要负责人签字：　　　　单位（盖章）

年　　月　　日</td></tr>
<tr><td>县级审核情况：

主要负责人签字：

年　　月　　日</td></tr>
<tr><td>安全体检情况：

安全体检人员签字：

年　　月　　日</td></tr>
<tr><td>省级督查情况：

督查人员签字：

年　　月　　日</td></tr>
</table>

煤矿企业全面安全体检工作记录表（省级体检）

<table>
<tr><td>煤矿企业自检自查意见：

主要负责人签字：　　　　单位（盖章）

年　月　日</td></tr>
<tr><td>县级审核情况：

主要负责人签字：

年　月　日</td></tr>
<tr><td>市级审核情况：

主要负责人签字：

年　月　日</td></tr>
<tr><td>安全体检情况：

安全体检人员签字：

年　月　日</td></tr>
<tr><td>省级督查情况：

督查人员签字：

年　月　日</td></tr>
</table>

附件 7

煤矿企业全面安全体检汇总表（一）

填报单位（盖章）：____________　　　　年　　月　　日

煤矿类型	数量（处）	体检数量（处）	成立体检组（个）	参加人员		发现问题和隐患			已整改（条）		处罚情况						
				监管监察部门人员	聘请专家	一般隐患（条）	重大隐患（条）	其中“五假五超”违法违规行为（起）	一般隐患	重大隐患	下达执法文书（份）	责令停止设备使用（台、套）	责令局部停止作业（处）	责令停产停工、停产整顿（处）	暂扣、吊销安全生产许可证（处）	提请关闭（处）	罚款（万元）
正常生产																	
正常建设																	
被责令停产整顿																	
长期停产停建																	
列入化解过剩产能淘汰落后计划																	
煤矿上一级公司																	
典型案例	（空间不足时可附页）																

填报人：　　　　传真：　　　　手机：　　　　邮箱：　　　　负责人：

煤矿企业全面安全体检汇总表（二）

填报单位（盖章）：____________　　　　年　　月　　日

<table>
<tr><td rowspan="2">矿分类情况</td><td colspan="2">正常生产的（处）</td><td colspan="2">正常建设的（处）</td><td colspan="2">责令停产停建整改的（处）</td><td colspan="2">长期停产停建的（处）</td><td colspan="2">列入淘汰落后、化解过剩产能规划（计划）尚未停产的（处）</td><td colspan="3">煤矿上一级公司（家）</td></tr>
<tr><td colspan="2"></td><td colspan="2"></td><td colspan="2"></td><td colspan="2"></td><td colspan="2"></td><td colspan="3"></td></tr>
<tr><td rowspan="3">体检组情况</td><td rowspan="2">成立体检组（个）</td><td colspan="5">参加人员（人次）</td><td colspan="2" rowspan="2">已体检煤矿数（处）</td><td colspan="2" rowspan="2">已体检煤矿上一级公司数（家）</td><td colspan="3" rowspan="2">出具体检报告（份）</td></tr>
<tr><td colspan="2">监管监察部门人员</td><td colspan="3">聘请专家</td></tr>
<tr><td></td><td colspan="2"></td><td colspan="3"></td><td colspan="2"></td><td colspan="2"></td><td colspan="3"></td></tr>
<tr><td rowspan="3">隐患和问题查处情况</td><td colspan="3">发现隐患和问题（条）</td><td colspan="3">已整改隐患（条）</td><td rowspan="2">下达执法文书（份）</td><td rowspan="2">责令停止设备使用（台、套）</td><td rowspan="2">责令局部停止作业（处）</td><td rowspan="2">责令停产停工、停产整顿（处）</td><td rowspan="2">暂扣、吊销安全生产许可证（处）</td><td rowspan="2">提请关闭（处）</td><td rowspan="2">罚款（万元）</td></tr>
<tr><td>一般隐患</td><td>重大隐患</td><td>其中“五假五超”违法违规行为（起）</td><td>一般隐患</td><td>重大隐患</td><td>其中“五假五超”违法违规行为（起）</td></tr>
<tr><td></td><td></td><td></td><td></td><td></td><td></td><td></td><td></td><td></td><td></td><td></td><td></td><td></td></tr>
<tr><td>典型案例</td><td colspan="13">（空间不足时可附页）</td></tr>
</table>

填报人：　　　　传真：　　　　手机：　　　　邮箱：　　　　负责人：

图书在版编目（CIP）数据

煤矿企业全面安全体检工作指南/国家安全生产监督管理总局信息研究院组织编写. --北京：煤炭工业出版社，2017

ISBN 978-7-5020-5785-5

Ⅰ.①煤… Ⅱ.①国… Ⅲ.①煤矿企业—安全生产—安全检查—指南 Ⅳ.①TD7-62

中国版本图书馆 CIP 数据核字(2017)第 073628 号

煤矿企业全面安全体检工作指南

组织编写 国家安全生产监督管理总局信息研究院
责任编辑 成联君
责任校对 孔青青
封面设计 王　滨

出版发行 煤炭工业出版社（北京市朝阳区芍药居 35 号　100029）
电　　话 010-84657898（总编室）
010-64018321（发行部）　010-84657880（读者服务部）
电子信箱 cciph612@126.com
网　　址 www.cciph.com.cn
印　　刷 北京建宏印刷有限公司
经　　销 全国新华书店

开　　本 710mm×1000mm $^{1}/_{16}$　**印张** 15 $^{1}/_{4}$　**字数** 280 千字
版　　次 2017 年 4 月第 1 版　2017 年 4 月第 1 次印刷
社内编号 8648　**定价** 32.00 元
